U0881498

抵消摇动滤镜应用

自动曝光滤镜应用

自动调配滤镜应用

模糊滤镜应用

亮度和对比度滤镜应用

炭笔滤镜应用

云彩滤镜应用

修剪滤镜应用

光芒滤镜应用

发散光晕滤镜应用

镜头闪光与光线滤镜应用

镜像滤镜应用

老电影滤镜应用

三维转场效果1

三维转场效果2

相册转场效果

取代转场效果

时钟转场效果

过滤转场效果

胶片转场效果

闪光转场效果

遮罩转场效果

果皮转场效果

推动转场效果

卷动转场效果

旋转转场效果

滑动转场效果

伸展转场效果

擦拭转场效果

NewBlue样品转场效果

带有边框的画中画效果

覆叠素材变形和半透明

色度键抠像功能

多轨覆叠效果

应用预设动画标题

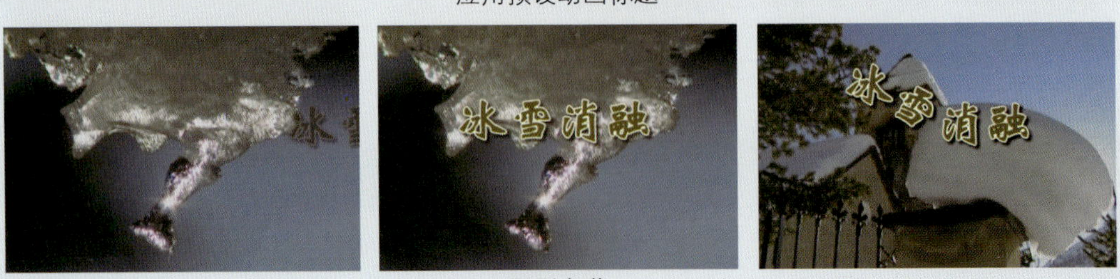

阴影字幕

跑马灯字幕效果

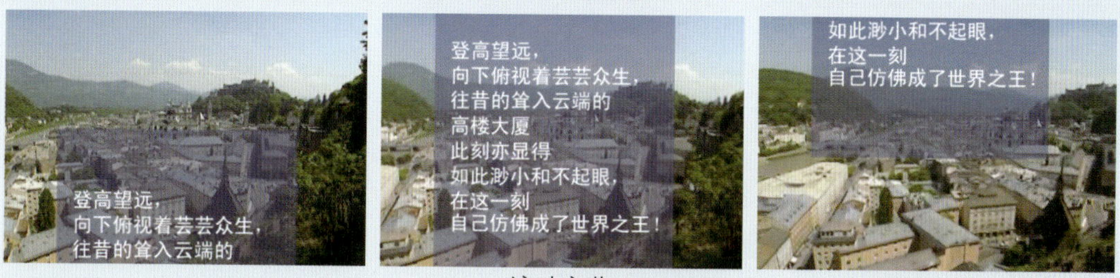

滚动字幕

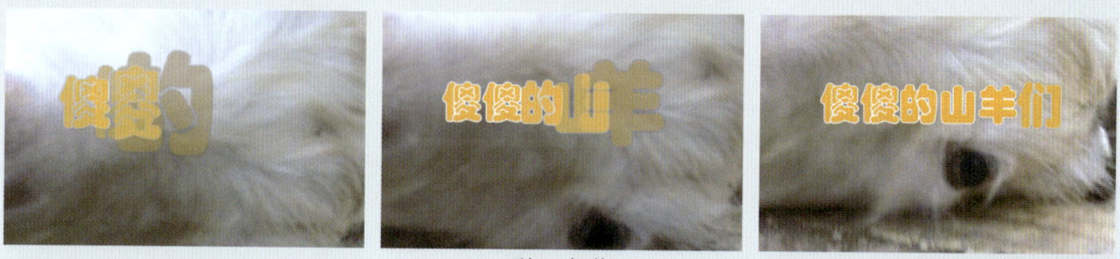

弹入字幕

闪现字幕

双轨字幕

制作电子相册

制作旅游记录片

制作婚庆纪念

全彩印刷

设计师梦工厂

从入门到精通

实现设计师梦想的殿堂

会声会影X3实战从入门到精通

全彩版

高山泉◎编著

人民邮电出版社
北京

图书在版编目（CIP）数据

会声会影X3实战从入门到精通全彩版 / 高山泉编著
-- 北京 : 人民邮电出版社，2010.12
ISBN 978-7-115-23468-1

Ⅰ. ①会… Ⅱ. ①高… Ⅲ. ①图形软件，会声会影
X3 Ⅳ. ①TP391.41

中国版本图书馆CIP数据核字(2010)第154358号

内 容 提 要

本书根据会声会影X3软件和影片编辑制作的特点，精心设计了120个实例，由优秀的影片制作人员编写，循序渐进地讲解了使用会声会影X3制作数码影片所需的全部知识。全书共分10章，包括会声会影X3的各种基本操作和应用。书中首先讲解了DV视频编辑的基本工作流程，接着讲解了视频获取与素材导入、素材的深入编辑、滤镜效果的应用、转场特效、覆叠特效、标题与字幕、声音编辑、视频转换与影片输出等内容，最后介绍了3例综合实例——视频电子相册、图片电子相册和婚礼纪念影片的制作。本书附带的1张DVD光盘，盘中包含了书中所有实例的多媒体语音教学、源文件、素材文件和最终作品欣赏。

本书采用案例教程的编写形式，全彩印刷，具有技术手册和应用专著的特点，附带的DVD教学光盘收录了所有实例的实际操作演示，有如同老师亲自授课一样的效果，技术实用，讲解清晰，不仅可以作为数码影片制作初、中级读者的自学用书，而且也可以作为相关专业以及数码影片制作培训班的学习教材。

会声会影 X3 实战从入门到精通全彩版

◆ 编　　著　高山泉
　责任编辑　郭发明
◆ 人民邮电出版社出版发行　　北京市崇文区夕照寺街 14 号
　邮编　100061　　电子函件　315@ptpress.com.cn
　网址　http://www.ptpress.com.cn
　北京精彩雅恒印刷有限公司印刷
◆ 开本：787×1092　1/16
　印张：17.25　　彩插：4
　字数：475 千字　　2010 年 12 月第 1 版
　印数：1- 4 000 册　　2010 年 12 月北京第 1 次印刷

ISBN 978-7-115-23468-1

定价：59.00 元（附 1 张 DVD）

读者服务热线：(010)67132692　印装质量热线：(010)67129223
反盗版热线：(010)67171154
广告经营许可证：京崇工商广字第 0021 号

前　言

关于本系列图书

感谢您翻开本系列图书。在茫茫的书海中，或许您曾经为寻找一本技术全面、案例丰富的计算机图书而苦恼，或许您为担心自己是否能做出书中的案例效果而犹豫，或许您为了自己应该买一本入门教材而仔细挑选，或许您正在为自己进步太慢而缺少信心……

现在，我们就为您奉献一套优秀的学习用书——“从入门到精通”系列，它采用完全适合自学的“教程+案例”和“完全案例”两种形式编写，兼具技术手册和应用技巧参考手册的特点，随书附带的DVD多媒体教学光盘包含书中所有案例的视频教程、源文件和素材文件。希望通过本系列书能够帮助您解决学习中的难题，提高技术水平，快速成为高手。

■ **自学教程**。书中设计了大量案例，由浅入深、从易到难，可以让您在实战中循序渐进地学习到相应的软件知识和操作技巧，同时掌握相应的行业应用知识。

■ **技术手册**。一方面，书中的每一章都是一个小专题，不仅可以让您充分掌握该专题中提到的知识和技巧，而且举一反三，掌握实现同样效果的更多方法。

■ **应用技巧参考手册**。书中把许多大的案例化整为零，让您在不知不觉中学习到专业应用案例的制作方法和流程，书中还设计了许多技巧提示，恰到好处地对您进行点拨，到了一定程度后，您就可以自己动手，自由发挥，制作出相应的专业案例效果。

■ **老师讲解**。每本书都附带了CD或DVD多媒体教学光盘，每个案例都有详细的语音视频讲解，就像有一位专业的老师在您旁边一样，您不仅可以通过本系列图书研究每一个操作细节，而且还可以通过多媒体教学领悟到更多的技巧。

本系列书近期已推出以下品种。

3ds Max+VRay效果图制作从入门到精通	Flash CS5动画制作实战从入门到精通
Photoshop CS3图像处理实战从入门到精通	Illustrator CS5实践从入门到精通
Photoshop CS5中文版从入门到精通	3ds Max+VRay效果图制作从入门到精通全彩版
Photoshop CS3平面设计实战从入门到精通	Maya 2011从入门到精通
3ds Max 2010中文版从入门到精通	3ds Max 2010中文版实战从入门到精通
Photoshop CS4从入门到精通	AutoCAD 2010中文版辅助绘图从入门到精通
会声会影X3实战从入门到精通全彩版	AutoCAD 2009机械设计实战从入门到精通
3ds Max 2009中文版效果图制作从入门到精通	Photoshop CS4图像处理实战从入门到精通

本书内容特色

会声会影是一款专为个人及家庭所设计的影片剪辑软件，它以其简便的操作流程、全面的媒体兼容及丰富的视频特效，赢得了广大视频处理专业人员与家庭用户的喜爱。在最新的会声会影X3中，采用了双模式操作界面，编辑处理更加简单易用，入门新手或高级用户都可享受快速操作、专业剪辑、完美输出的影片剪辑乐趣。

全书共分为10章，内容包含会声会影X3的各种基本操作和应用。书中首先讲解了DV视频编辑的基本工作流程，接着讲解了视频获取与素材导入、素材的深入编辑、滤镜效果的应用、转场特效、覆叠特效、标题与字幕、声音编辑、视频转换与影片输出等内容，最后讲解了3个综合实例——视频电子相册、图片电子相册和婚礼纪念影片的制作，带领读者完成从掌握软件应用技能到实践创作精彩影片的全面技能提升。

本书内容具有以下特点。

1. 专业设计师讲解。本书由具有丰富教学经验的设计师编写，从数码影片编辑的一般流程入手，逐步引导读者学习软件和编辑制作的各种技能。

2. 语言通俗，标注明了。全书语言浅显易懂，除了图书配合多媒体讲解外，我们对书中的配图也做了详细、清晰的标注，让您学习起来更加轻松，阅读更加容易。

3. 案例丰富专业，技巧全面实用。120个案例＋近100个技巧提示，二者相辅相成，形成了立体化教学的全新思路。

4. 超大容量光盘，学习轻松方便。本书配有1张海量信息的DVD光盘，盘中包含应用案例的多媒体语音教学文件、最终作品欣赏及案例源文件和素材文件，为您扫清了可能的学习障碍。

本书由高山泉编写，参与本书整理工作的还有尹小港、徐春红、严严、覃明揆、周婷婷、唐倩、黄莉、张颖、黄萍、李洁、李英、骆德军、刘彦君、张善军、何玲、周敏、曾全、李静、曾祥辉、诸臻、付杰、翁丹等。由于编写水平有限，书中难免有疏漏之处，敬请读者批评指正，您的意见或问题可以发送邮件至kingsight-reader@126.com，我们会尽快给予回复。如果有好的建议，也可联系本书策划编辑郭发明（guofaming@ptpress.com.cn）。

编者
2010年9月

目 录

第1章 视频编辑的基本工作流程……7
实例1 捕获视频素材……7
实例2 新建视频项目……11
实例3 组合视频素材……13
实例4 添加视频滤镜……16
实例5 添加转场特效……18
实例6 添加标题字幕……21
实例7 添加音频素材……22
实例8 输出影片文件……23

第2章 视频编辑的基本工作流程……25
实例9 捕获视频……25
实例10 截取DVD中的视频……27
实例11 从移动设备中导入素材文件……30
实例12 截取音频CD中的音频文件……33
实例13 从影片中提取单张图像……36
实例14 导入单张静态图像素材……40
实例15 导入序列动态图像素材……42
实例16 直接导入素材到时间轴……44
实例17 单独提取视频中的声音素材……47

第3章 素材的细节处理……49
实例18 调整时间轴显示比例……49
实例19 在时间轴标记章节点……50
实例20 设置视频的入点和出点……51
实例21 在库中修整单个素材……52
实例22 在时间轴修整视频长度……54
实例23 将一段视频素材分割成多段……55
实例24 恢复已删除的视频……57
实例25 调整视频的前后顺序……59
实例26 按场景分割素材……60
实例27 旋转视频方向……62
实例28 调整影片的形状……64
实例29 调整影像白平衡……66
实例30 自动调整影像色调……68
实例31 调整色调与饱和度……70
实例32 调整亮度与对比度……71
实例33 调整Gamma校正影像效果……72
实例34 调整视频素材播放速度……73
实例35 制作影片的倒放效果……75
实例36 对图像素材重新采样……76
实例37 为图像创建摇动动画……77
实例38 编辑图像平移动画……79
实例39 编辑图像缩放动画……82
实例40 编辑图像透明变化动画……84
实例41 重置素材默认设置……87
实例42 添加单色色彩画面……88
实例43 使相片适合音乐的速度和区间……90

第4章 滤镜……93
实例44 “抵消摇动”滤镜应用……93
实例45 自动曝光滤镜应用……94
实例46 “自动调配”滤镜应用……95
实例47 “模糊”滤镜应用……96
实例48 “亮度和对比度”滤镜应用……97
实例49 “炭笔”滤镜应用……99
实例50 云彩滤镜应用……100
实例51 彩色笔滤镜应用……101
实例52 “修剪”滤镜应用……102
实例53 “去除马赛克”滤镜应用……104
实例54 “光芒”滤镜应用……105
实例55 “发散光晕”滤镜应用……107
实例56 浮雕滤镜应用……108
实例57 “FX单色”滤镜应用……109
实例58 FX往内挤压滤镜应用……111
实例59 改善光线滤镜应用……112
实例60 “鱼眼”滤镜应用……113
实例61 幻影动作滤镜应用……114
实例62 “色调和饱和度”滤镜应用……116
实例63 “万花筒”滤镜应用……117
实例64 镜头闪光与光线滤镜应用……118
实例65 “闪电”滤镜应用……120
实例66 镜像滤镜应用……122
实例67 马赛克滤镜应用……123
实例68 “老电影”滤镜应用……124
实例69 “雨点”滤镜应用……125
实例70 “涟漪”滤镜应用……127
实例71 “肖像画”滤镜应用……128
实例72 旋涡滤镜应用……129

第5章　转场……131
实例73　三维转场效果……131
实例74　相册转场效果……140
实例75　取代转场效果……145
实例76　时钟转场效果……149
实例77　过滤转场效果……153
实例78　胶片转场效果……158
实例79　闪光转场效果……165
实例80　遮罩转场效果……168
实例81　果皮转场效果……173
实例82　推动转场效果……177
实例83　卷动转场效果……180
实例84　旋转转场效果……184
实例85　滑动转场效果……187
实例86　伸展转场效果……192
实例87　擦拭转场效果……195
实例88　NewBlue样品转场效果……202

第6章　覆叠……205
实例89　带有边框的画中画效果……205
实例90　覆叠素材变形和半透明……207
实例91　色度键抠像功能……209
实例92　遮罩帧功能……210
实例93　多轨覆叠效果……211

第7章　标题与字幕……215
实例94　应用预设动画标题……215
实例95　阴影字幕……216
实例96　跑马灯字幕效果……218
实例97　滚动字幕……219
实例98　弹入字幕……221
实例99　闪现字幕……223
实例100　摇摆字幕……224
实例101　翻转运动字幕……226
实例102　双轨字幕……227
实例103　三维透视标题效果……229

第8章　声音编辑……233
实例104　剪辑音频素材……233
实例105　控制音量和声道……234
实例106　调整音频速率……236
实例107　制作回音效果……237
实例108　制作音频反射效果……238
实例109　创建5.1声道视频文件……239
实例110　为影片配旁白……239

第9章　视频转换与影片输出……241
实例111　使用影片向导快速制作影片……241
实例112　制作DVD影片……245
实例113　制作可用手机播放的MPEG-4影片……249
实例114　上传到YouTube视频网站……251
实例115　将视频嵌入网页……253
实例116　制作屏幕保护程序……255
实例117　批量转换视频文件格式……257

第10章　综合实例应用……259
实例118　制作电子相册……259
实例119　制作旅游记录片……264
实例120　制作婚庆纪念……268

第1章 视频编辑的基本工作流程

Example 实例 1 捕获视频素材

实例说明

使用会声会影编辑视频，素材的来源渠道有很多，最常见的来源方式有网上下载、在线摄取、手机拍摄和DV拍摄等。

实例要点

- ◆ 通过数据线将移动设备与计算机连接。
- ◆ 选择捕获设备来源。
- ◆ 设置保存的目录。
- ◆ 设置视频捕获选项参数，执行捕获。

操作步骤

01 将数码相机、手机或移动硬盘等存储有素材的移动设备与计算机连接起来，通过USB连接线与计算机上的USB端口连接即可。

02 启动会声会影X3后，在启动画面中单击“高级编辑”选项。

- ◆ 高级编辑：单击该按钮，进入会声会影的编辑窗口。
- ◆ 简易编辑：单击该按钮，可以打开“Corel VideoStudio 2010”窗口，进行视频捕获、影像插入、视频预览、素材简单编排、添加特效模板和输出影片文件等基本的影片编辑工作，方便快速地完成简单影片的编辑制作。

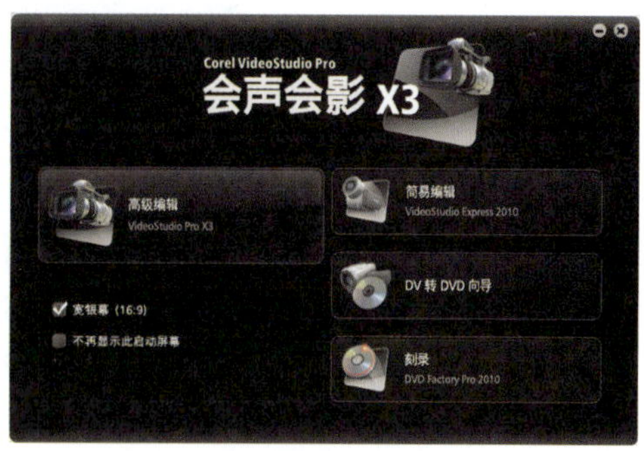

会声会影X3启动画面

编排素材

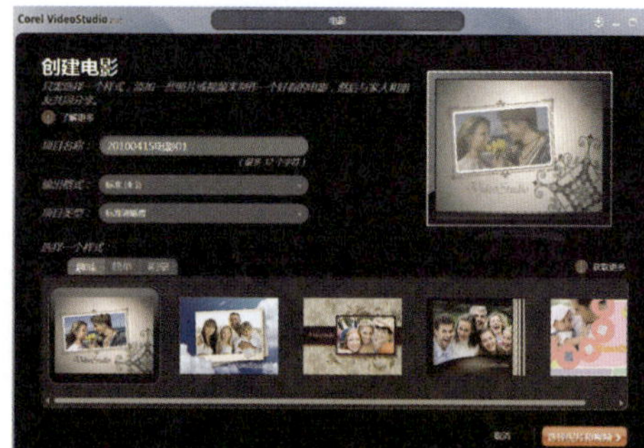

添加模板

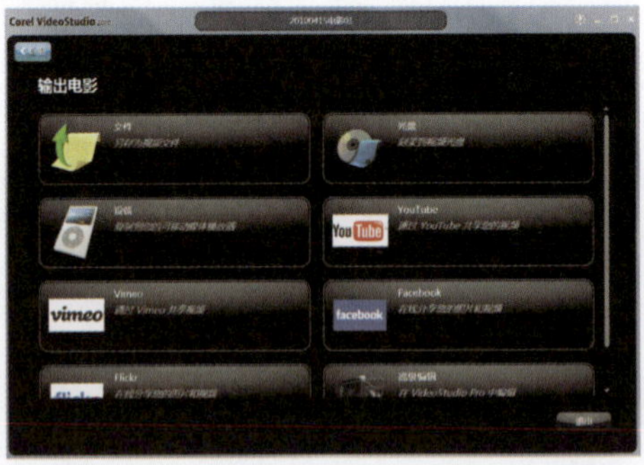

输出影片

◆ DV转DVD向导：单击该按钮，可以打开“DV转DVD向导”窗口，对DV摄像机中的视频素材进行捕获并将所选片段刻录成DVD（视频光盘）。

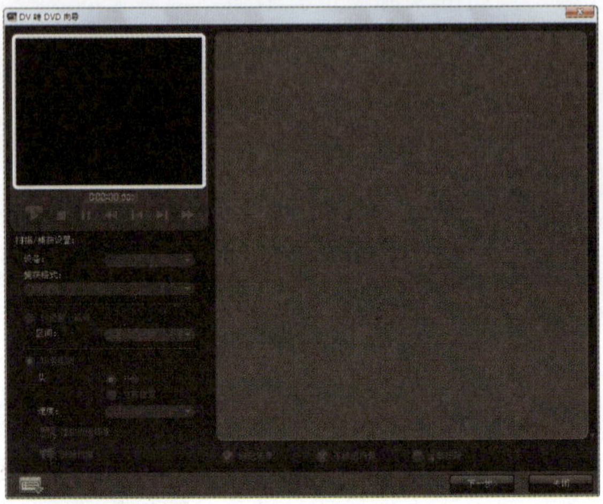

会声会影 DV转DVD向导

◆ 宽银幕（16：9）：默认情况下，会声会影进行的是4：3画面标准的视频内容编辑；勾选此选项并启动程序，可以进行适合宽屏播放的16：9画面的视频捕获与编辑。

◆ 不再显示此启动屏幕：勾选此选项后，在下次启动时将不再显示启动画面而直接进入会声会影编辑窗口。如果需要再次显示启动画面，可以在会声会影中执行“设置”→“参数选择”命令，在“常规”选项卡中勾选“显示启动画面”即可。

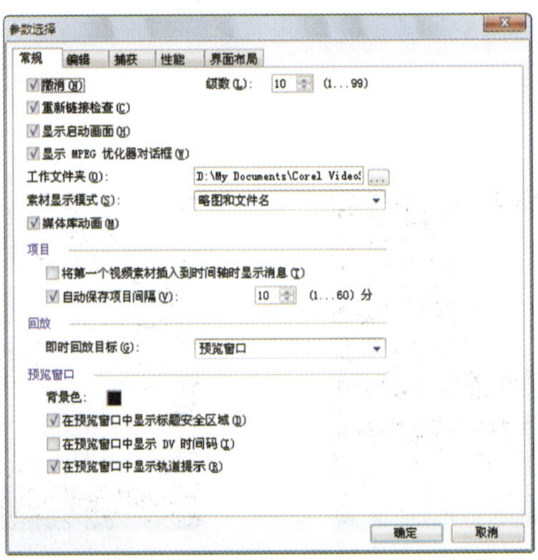

“常规”选项卡

03 在进入会声会影的编辑窗口后，程序会默认显示在“编辑”工作步骤状态。

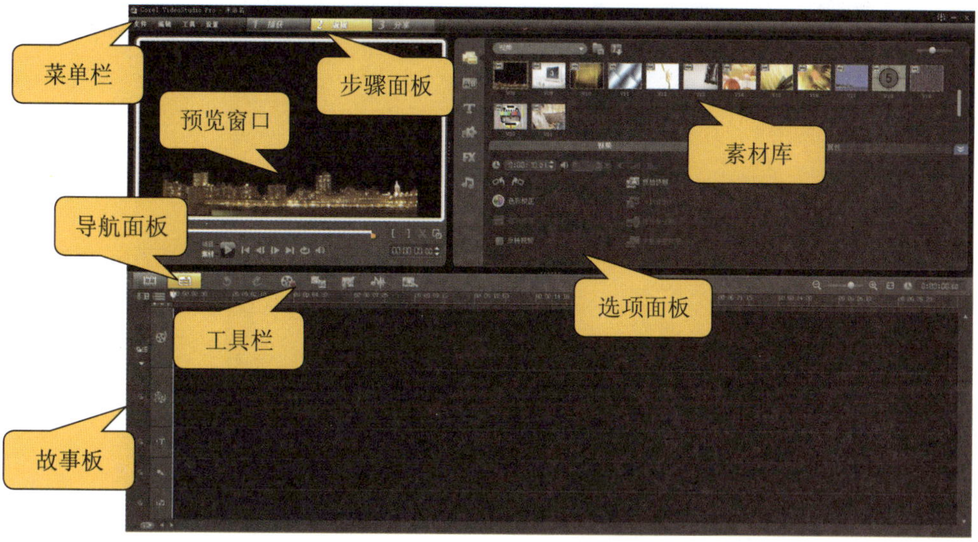

会声会影编辑窗口

04 单击步骤面板中的 1 捕获 按钮，进入“捕获”工作步骤。在出现的窗口中可以看到“捕获视频”、“DV快速扫描”、“从数字媒体导入”和“从移动设备导入”4种获取外部素材的方式。

“捕获”步骤

- 捕获视频：通过连接在计算机上的视频摄录硬件获得视频素材。
- DV 快速扫描：通过扫描磁带式DV摄像机获得视频素材。
- 从数字媒体导入：通过视频光盘等相关存储器获得视频素材。
- 从移动设备导入：通过数码相机、手机存储卡、移动硬盘等设置获得素材。

05 单击 “从移动设备导入”按钮，打开“从硬盘/外部设备导入媒体文件”对话框。在对话框中可以看到连接的外部设备及其中的视频和图像文件。

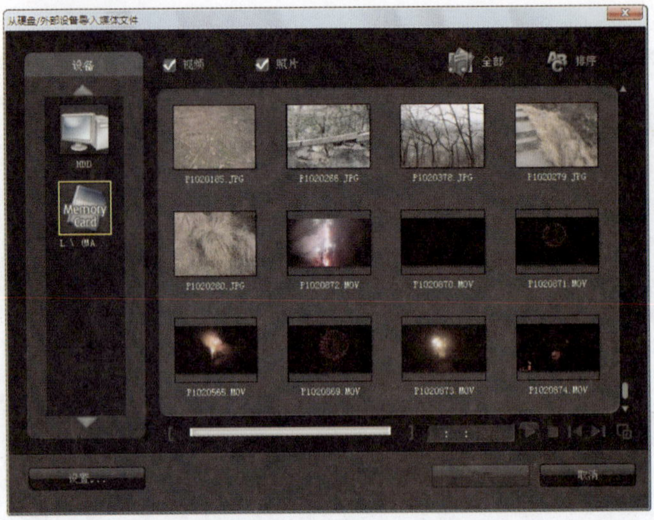

从移动设备导入素材

06 单击窗口左下角的“设置”按钮，在弹出的“设置”对话框中，单击“默认导入/导出路径”后面的“浏览”按钮，在打开的“浏览计算机”对话框中选择需要的保存目录，单击“确定”按钮。

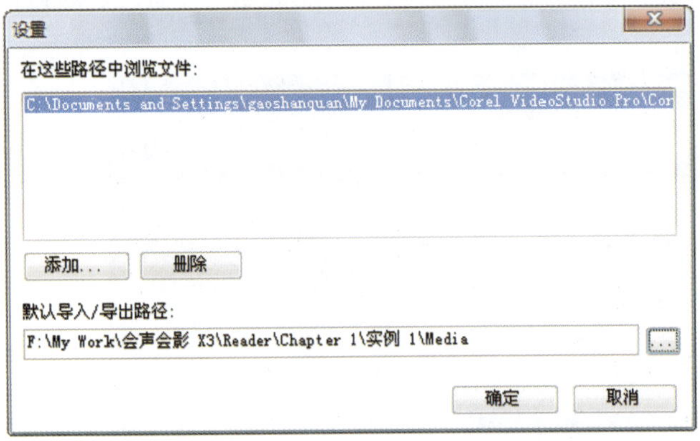

设置文件保存目录

07 选择需要导入程序的一个或多个素材，单击“确定”按钮，程序即对其进行导入处理。

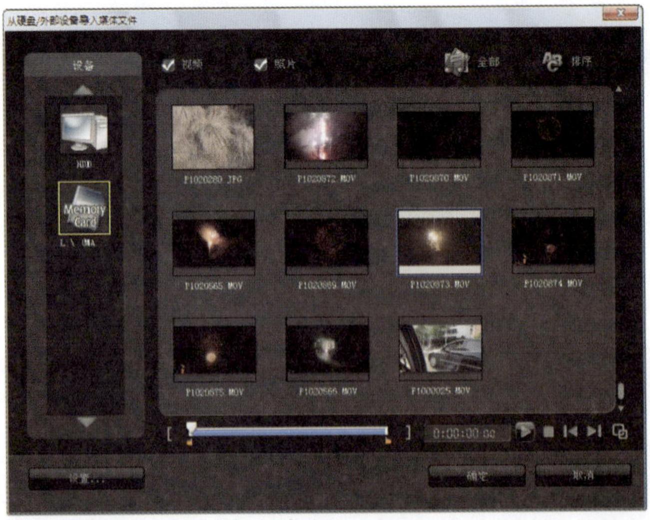

选择要导入的素材

08 导入完毕后，即可在视频素材库中看见导入的视频素材，同时可以在预览窗口中对该视频片段进行播放预览。

预览导入的视频

Example 实例 2 新建视频项目

实例说明

在对影片进行编辑之前，首先需要新建项目文件，并根据目标要求设置好项目属性。

实例要点

- 创建一个新的影片项目。
- 根据素材属性和影片项目的需求进行属性设置。

操作步骤

01 启动会声会影，在打开的启动画面中单击“高级编辑”选项，进入会声会影编辑窗口。

02 执行“设置”→“项目属性”命令，在打开的“项目属性”对话框中，根据需要，输入影片的主题文字和描述说明文字。

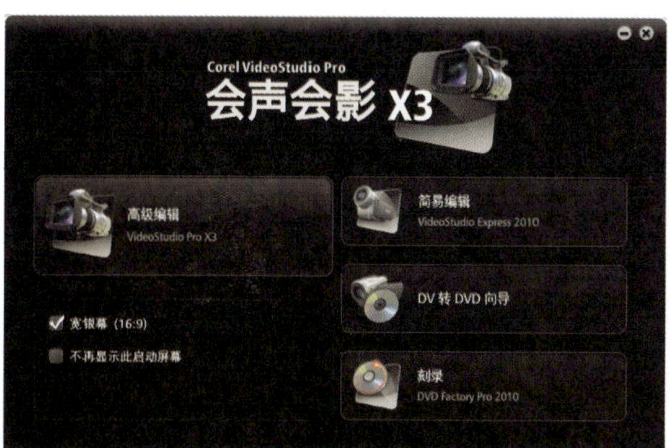

启动会声会影11

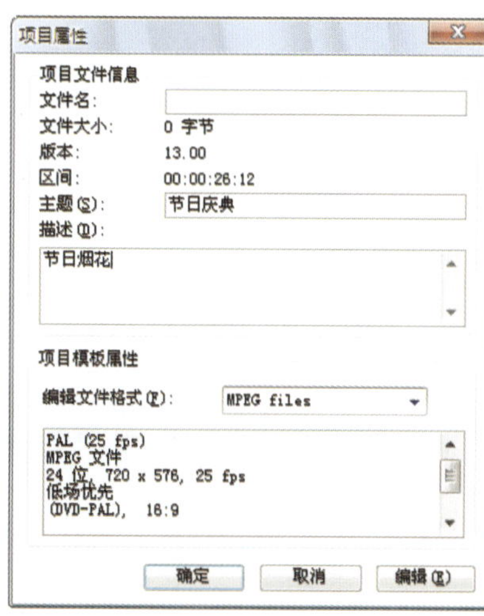

设置项目属性

03 在“编辑文件格式”后面的下拉列表中，将项目的视频格式设置为MPEG或AVI。这里保持默认的MPEG格式，单击“编辑”按钮，在打开的“项目选项”对话框中展开“常规”选项卡，对影片项目的数据轨类型、帧速率、帧大小（影片画面尺寸）、显示宽高比等进行设置。

04 展开“压缩”选项卡，根据影片的输出要求对视频影片的输出介质类型进行选择。选择不同的介质类型，下面的视频设置和音频设置选项也不同，主要用于确定视频画面的数据参数和音频的采样参数。

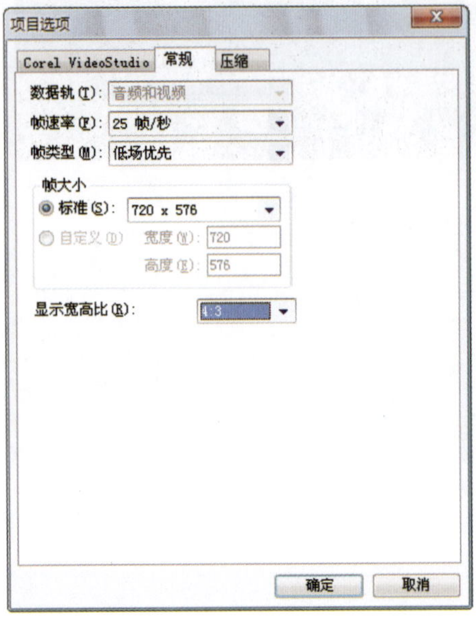

“项目选项”对话框中的“常规”选项卡

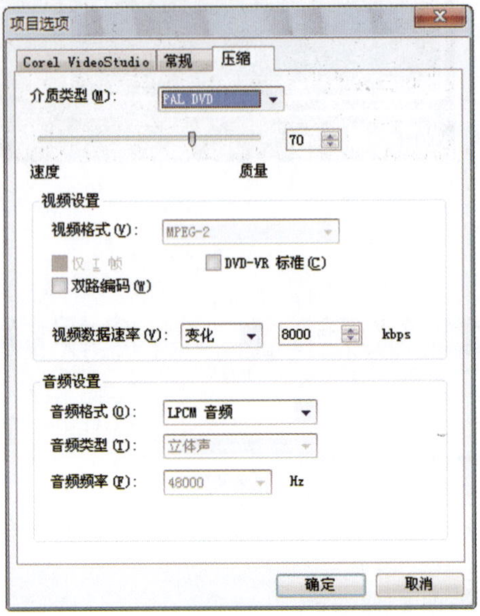

“项目选项”对话框中的“压缩”选项卡

05 这里保持所有选项为默认参数，返回到编辑状态。对项目属性的选项进行了修改后，程序将弹出提示框，提示可能清空缓存内容，以方便进行新项目的编辑。在此单击“确定”按钮即可。

06 执行“文件”→“保存”命令，将项目以“节日庆典”命名并保存到计算机中指定的目录。

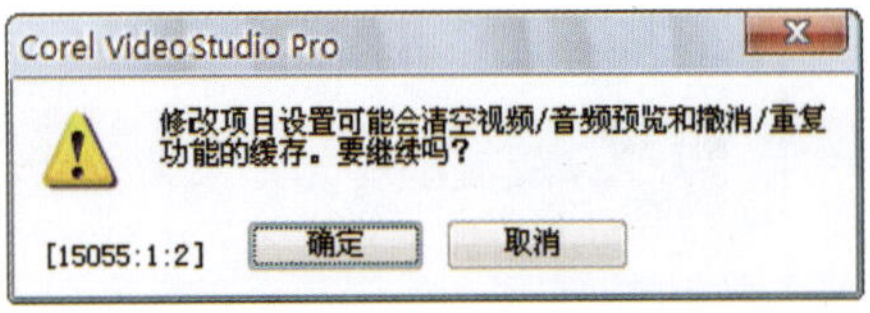

清空缓存内容的提示

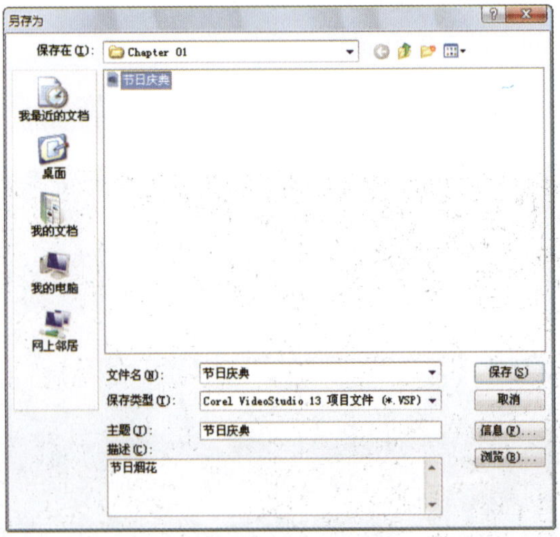

保存项目文件

Example 实例 3 组合视频素材

实例说明

将视频素材导入到项目中，在故事板或时间轴窗口中编排好播放顺序。

实例要点

- 导入视频素材。
- 将视频素材从素材库中加入到故事板或时间轴窗口中。

操作步骤

01 在画廊库下拉列表中选择一个选项后，可以在素材库面板中显示对应类型的素材或效果。默认情况的“编辑”步骤状态下，显示的是视频素材库。

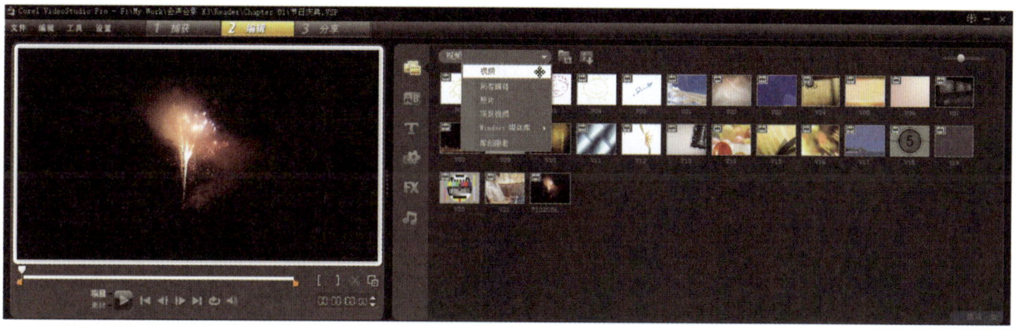

打开视频素材库

- 库创建者：在“画廊”下拉列表中选择该命令，可以在打开的“库创建者”对话框中，选择一种素材文件夹类型，单击“新建”按钮为其添加子文件夹。在不需要时，可以通过“删除”按钮将子文件夹删除。

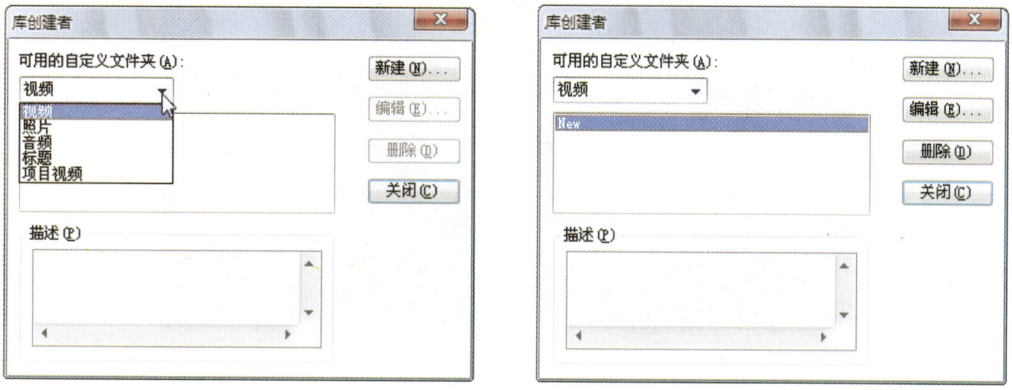

创建素材子文件夹

- 添加：单击该按钮，可以打开“浏览视频”对话框，从外部添加素材到素材库中。
- 对素材库中的素材排序：单击该按钮，可以在弹出的命令菜单中，按照名称或日期的先后对素材进行排序；还可以选择一个素材，并且选择其中的“删除”命令将其从素材库中删除。

02 在视频素材库中按下“添加”按钮，在打开的“浏览视频”对话框中，打开本书实例光盘中Chapter 1\实例3\Media目录，全选所有视频素材后，单击“打开”按钮。

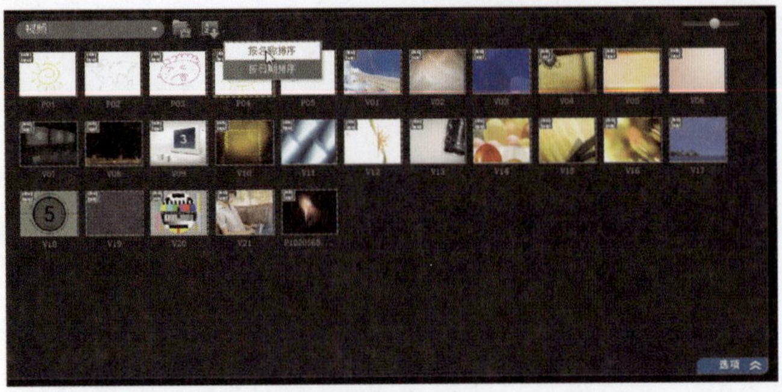

对素材进行排序

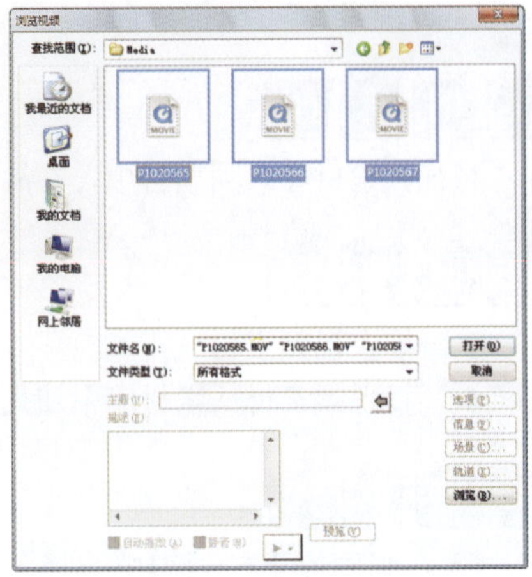

导入视频素材

03 在弹出的“改变素材序列”对话框中，可以查看目前所选视频素材在导入到素材库中的先后顺序。如果在列表中的素材文件顺序不对，可以按住该素材并向上或向下拖动到需要的位置即可。单击列表上方的“素材文件名”栏，可以快速地将列表中的素材文件根据文件名先后进行排列。

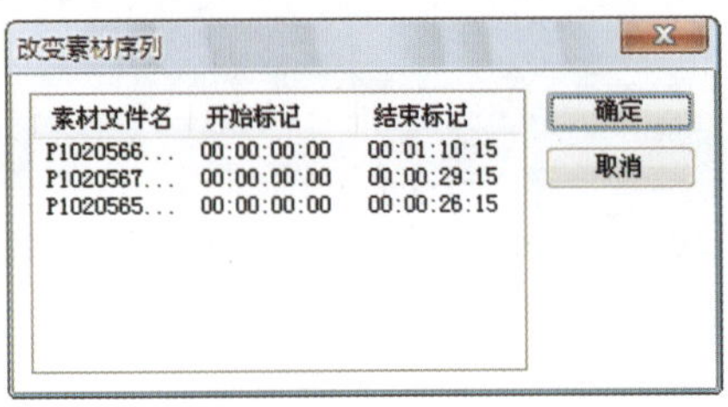

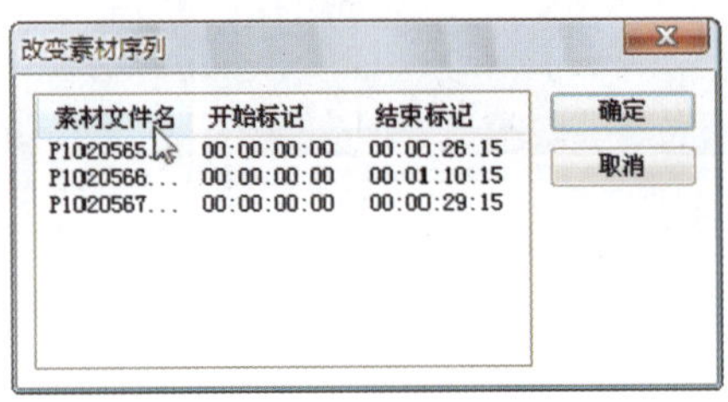

调整素材导入顺序

04 编排好导入顺序后，单击“确定”按钮，将视频素材导入到视频素材库中。

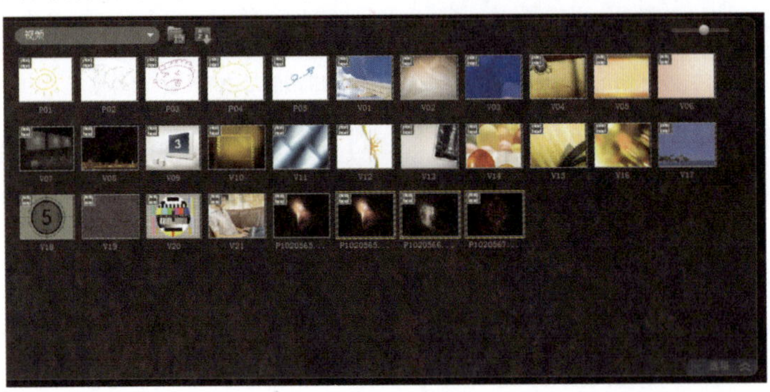

导入视频素材

提示：在素材库中的素材对象名称上双击鼠标左键，即可进入文件名的编辑状态，可以对素材进行重新命名，方便更清楚地查找和选取需要的素材。

05 用鼠标框选刚导入的3个视频素材，将它们拖曳到故事板窗口中，每个视频素材将以第一帧的缩略图进行显示。在播放时将按照在故事板中的先后顺序依次播放，如果需要调整顺序，则只需按住该素材并向前或向后拖曳到需要的位置即可。

将素材拖曳到故事板中

06 按下工具栏上的 “时间轴视图”按钮，可以切换到时间轴视图模式，在此以时间线的方式显示了各段视频素材的长度以及整个影片项目的长度。单击导航面板中的 “播放”按钮，对编排完成的影片进行播放预览。

预览播放

提示 时间轴窗口是进行影片编辑的主要工作窗口，在时间轴中的轨道作用各不相同，从上到下依次为如下选项。

- 视频轨：影片内容的主要工作轨道，可以加入视频、图像、色彩素材和转场效果。
- 覆叠轨：用于设置覆叠效果时加入素材，按下工具栏上的 “轨道管理器”按钮，可以在打开的“轨道管理器”对话框中设置覆叠轨的显示数量，最多可以显示6个覆叠轨。
- 标题轨：用于加入标题和字幕文字。
- 声音轨：主要用于将人物声音素材插入到影片中，也可以插入音乐素材。
- 音乐轨：主要用于将背景音乐素材插入到影片中，也可以插入声音素材。

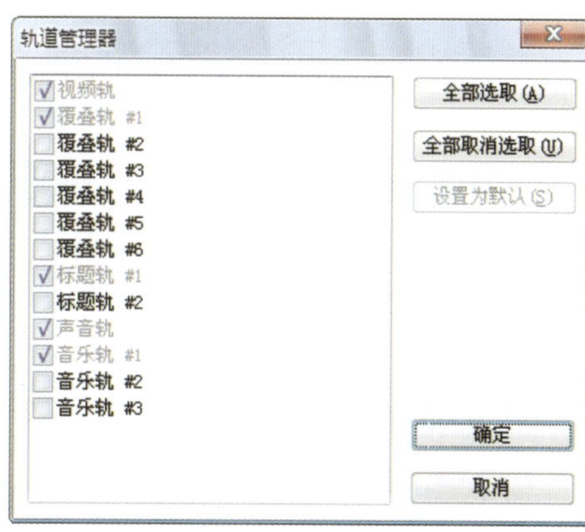

覆叠轨管理器

07 按下快捷键“Ctrl+S”或执行“文件”→“保存”命令，对目前的影片项目进行保存。

Example 实例 4 添加视频滤镜

实例说明

会声会影提供的滤镜效果，可以将对视频进行视觉上的优化处理，表现出更加美丽生动的效果。

实例要点

- 将视频滤镜拖动到时间轴窗口中素材上即可为其添加视频滤镜。
- 在视频滤镜样式下拉列表中选择合适样式应用到视频素材。

操作步骤

01 单击画廊库左侧工具栏中的“滤镜”按钮，打开视频滤镜库。

选择滤镜库

02 在滤镜库中可以通过略图查看效果。选择一个滤镜后，可以在预览窗口中进行预览。选择“改善光线”滤镜，单击鼠标左键并拖动到第一段视频上，即可为其添加滤镜效果。

添加滤镜效果

03 双击轨道上添加了滤镜的素材，打开“属性”选项面板。在面板中单击“自定义滤镜”按钮，打开“改善光线”对话框，调整“填充闪光”和“改善阴影”两项参数，即可对滤镜进行详细设置。

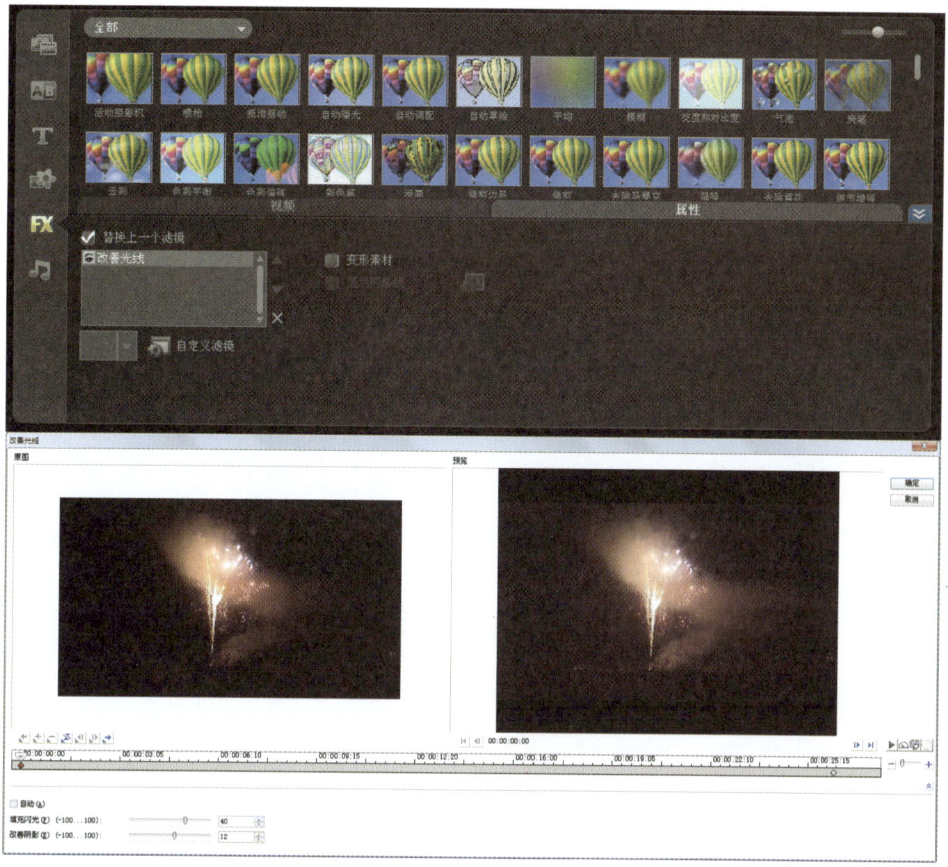

应用新样式

04 在时间轴中选择第2段视频，为其添加“色调和饱和度”滤镜，然后在滤镜样式下拉列表中选择第4个样式进行应用。

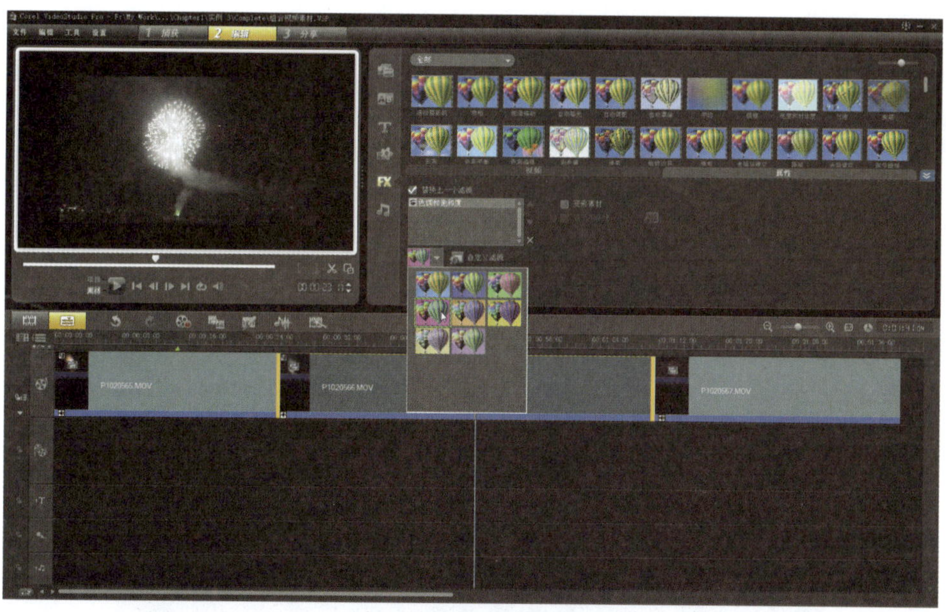

为第二段视频添加滤镜

05 在时间轴中选择第3段视频，为其添加“色调和饱和度”滤镜，然后在滤镜样式下拉列表中选择第6个样式进行应用。

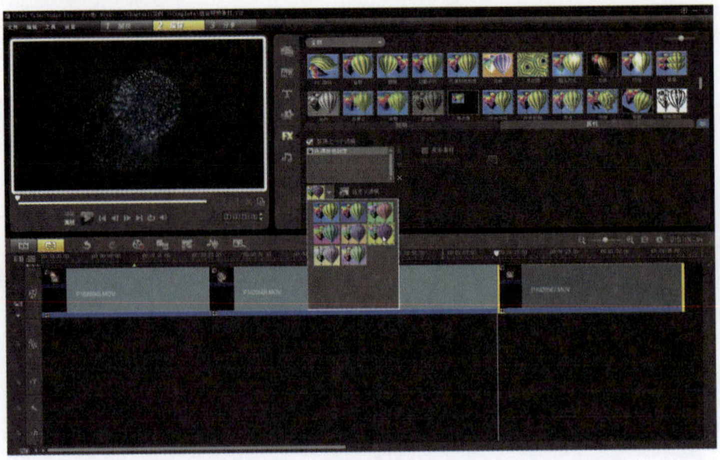

为第3段视频添加滤镜

06 单击导航面板中的“播放”按钮进行预览。按下快捷键“Ctrl+S”，保存目前完成的编辑工作。

Example 实例 5 添加转场特效

实例说明

如果编辑的影片中有多个片段，可以为其添加转场特效，使段与段之间具有自然的过渡。

实例要点

- 将转场特效拖动到时间轴窗口中两个素材的中间位置进行添加。
- 按住鼠标左键并拖动转场特效的开始点或结束点，调整转场特效的持续时间。

操作步骤

01 单击画廊库左侧工具栏中的“转场”按钮，进入转场工作步骤。画廊库面板将自动展开第一个转场效果组“收藏夹”中的效果。

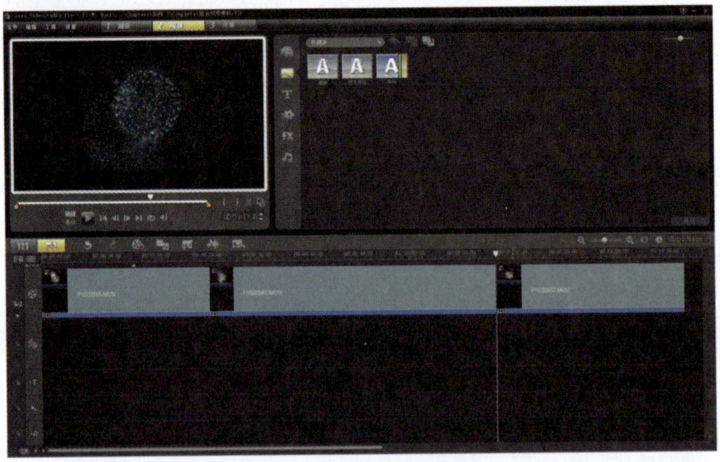

进入“效果”工作步骤

02 在素材库面板中可以通过略图查看转场效果。选择一个转场效果后，可以在预览窗口中进行预览。

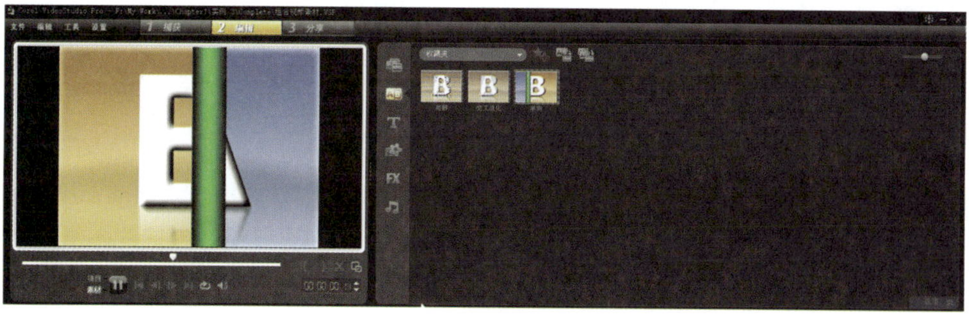

预览转场动画

03 单击 “故事板视图”按钮，将时间轴窗口变成故事板模式，在素材库中选取需要的转场效果，将其拖曳到故事板中两个素材之间即可添加转场效果。

在故事板中加入转场效果

04 在画廊库下拉菜单中可以选择其他的转场组中的不同效果。

打开其他转场组

05 单击 “时间轴视图”按钮切换到标准的时间轴窗口模式，也可以选取需要的转场效果并将其拖动到两个素材之间添加转场效果。

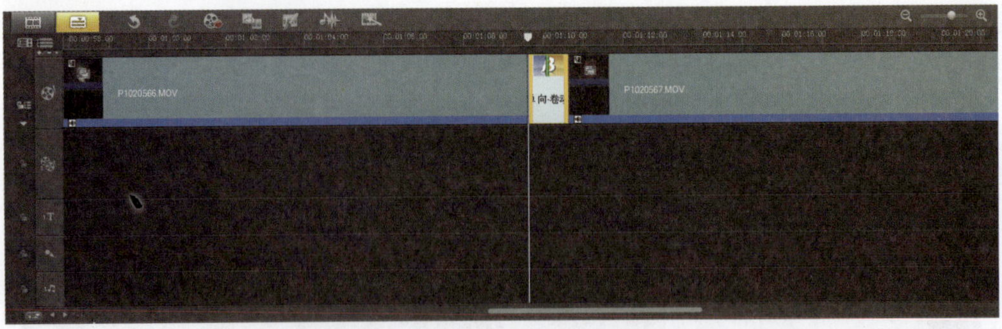

在时间轴窗口中添加转场

06 单击工具栏中的“放大”按钮，调整时间轴的显示比例，然后将鼠标移动到转场效果的开始点或结束点上，在光标变成↔（或↔）形状时按住鼠标左键并左右拖曳即可调整转场效果的持续时间。

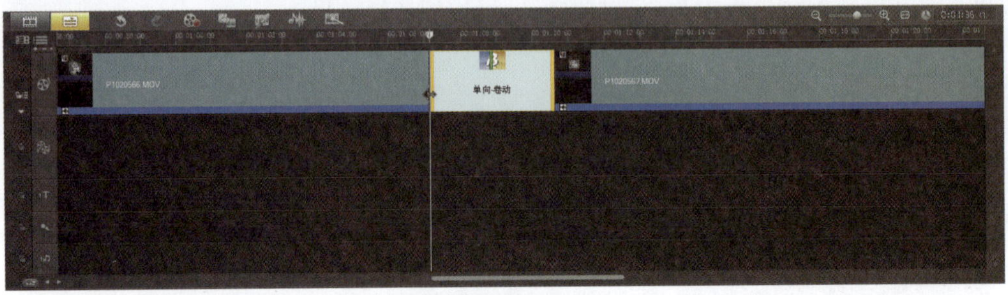

调整转场持续时间

07 将新选取的转场效果拖动到素材间的转场效果上进行覆盖，即可直接应用新的转场效果。

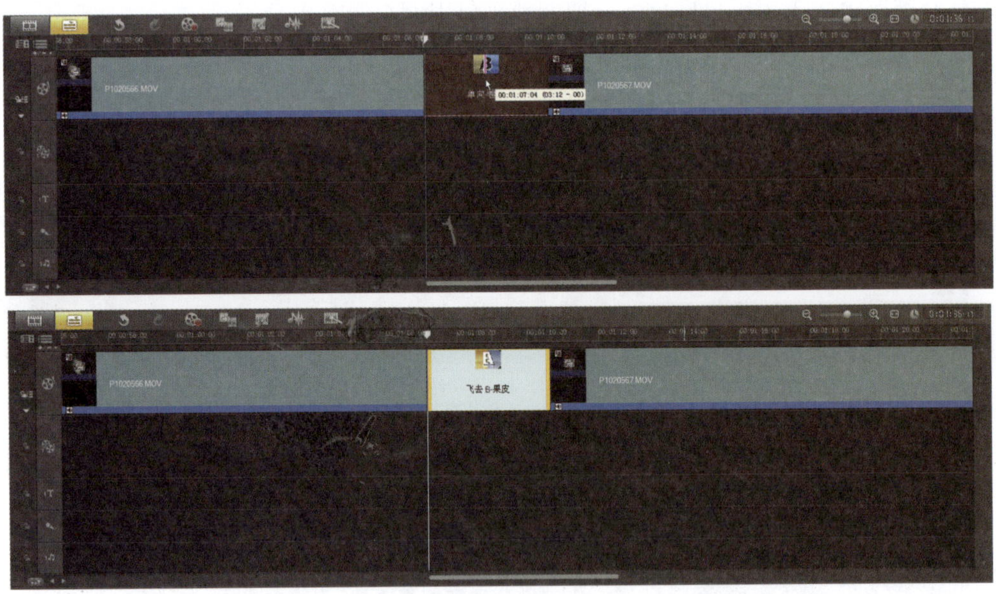

替换原有转场

08 在时间轴上点选被应用的转场效果后，按下“Del”键或在按下鼠标右键弹出的命令菜单中选择“删除”命令，即可将其删除。

09 按下快捷键“Ctrl+S”或执行“文件”→“保存”命令，对目前的影片项目进行保存。

Example 实例 6 添加标题字幕

实例说明

有时为了使影片更加生动、明了，需要为影片加上标题或者说明性的文字。

实例要点

- 在预览窗口中输入文字。
- 对标题文字进行属性设置。

操作步骤

01 单击画廊库左侧工具栏中的 T "标题"按钮，进入"标题"工作步骤，预览窗口中将显示"双击这里可以添加标题"的提示。

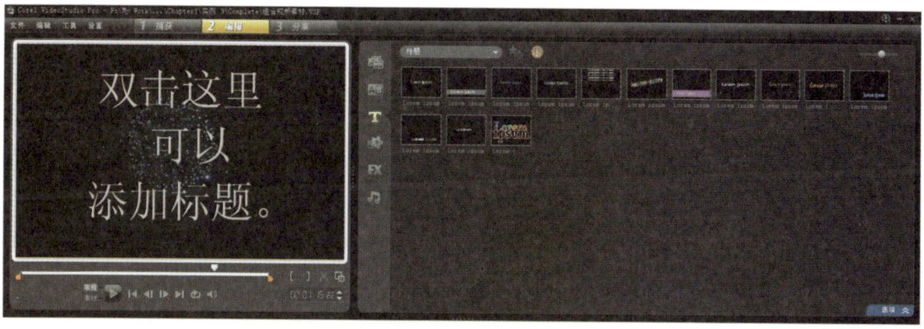

"标题"工作步骤

02 在预览窗口中双击鼠标左键，将会出现一个文字输入框，在其中输入标题文字"节日庆典"。

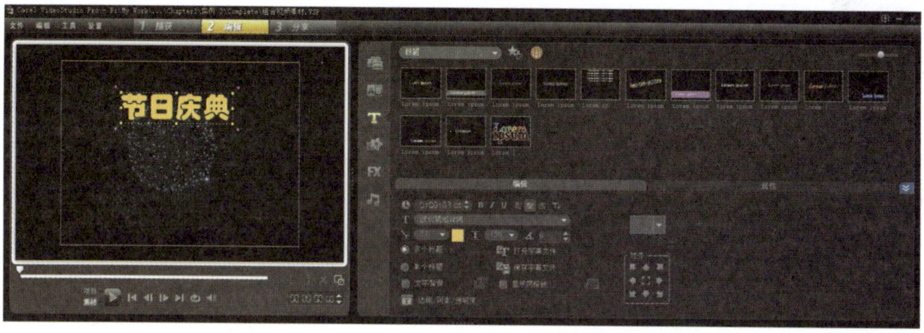

输入文字

提示：在编辑标题时，预览窗口中有一个矩形线框，该线框内区域为文字显示安全区。只要将文字放在安全区范围之内，即使在老式的曲面电视机上播放也可以显示出来。

03 将标题文字移动到画面的中上位置，在"编辑"选项面板中将区间长度设置为6秒，将字体大小设置为57；单击"编辑"面板中的 "边框/阴影/透明度"按钮，在弹出的"边框/阴影/透明度"对话框中设置标题文字的样式。

- 区间：设置标题的持续时间长度。用鼠标左键单击各时间位置的时间码，在其变成闪烁状态后输入新的数值，即可调整其显示区间。
- 样式：设置标题的文字样式，从左到右依次为：粗体、斜体、下划线、左对齐、居中、右对齐、将方向改为垂直。
- 字体：在对应的字体下拉菜单中，可以选择字体。
- 字体大小：通过输入数值或在下拉菜单中选取来设置字体大小。

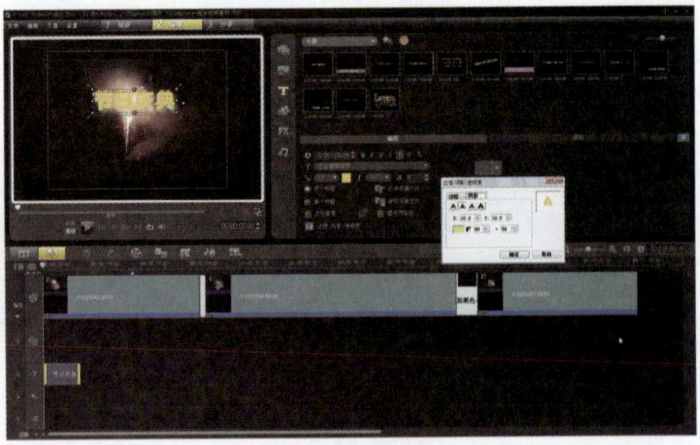

为标题应用样式

04 单击导航面板中的“播放”按钮，可以预览影片效果。按下快捷键“Ctrl+S”，保存目前完成的编辑工作。

Example 实例 7 添加音频素材

实例说明

为一段美丽的视频配上优美的音乐可以使影片更具感染力。

实例要点

- 导入准备好的背景音乐素材。
- 将音频素材加入到时间轴窗口的音乐轨中。

操作步骤

01 在画廊库左侧的工具中，单击“音频”按钮，进入“音频”工作步骤，单击“添加”按钮。

02 在“浏览音频”对话框中，选择本书实例光盘中Chapter 1\实例7\Media目录下的音频素材，单击“打开”按钮即可将其导入。

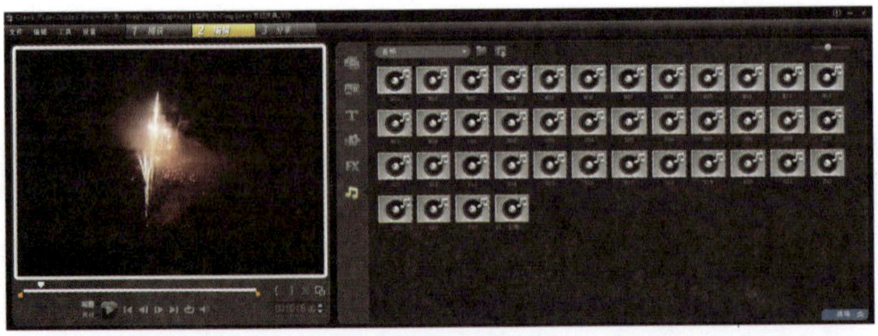

按下“添加”按钮

导入音频素材

03 在音频素材导入到素材库中后，再用鼠标将其向时间轴窗口的音乐轨中拖放两次。

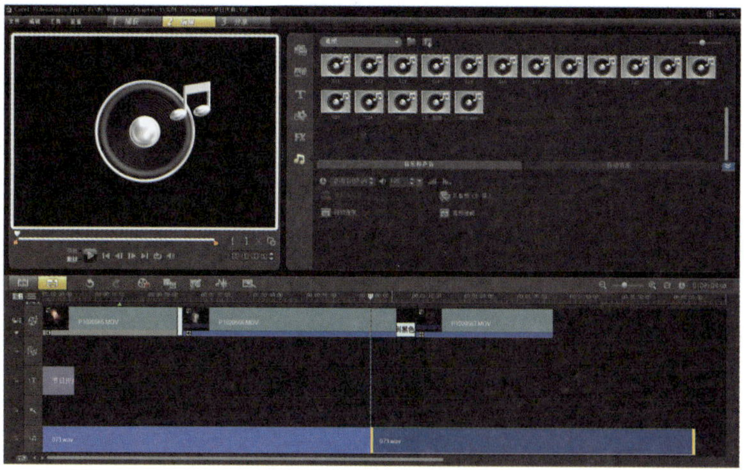

将音频素材加入到音乐轨

04 在时间轴上可以看到，音乐素材比视频播放的时间长，在音乐素材的结尾处单击鼠标左键，当鼠标指针呈↔形状时，向左拖动到视频结尾处对齐，释放鼠标左键即可调整音乐的播放视角到最合适的位置。

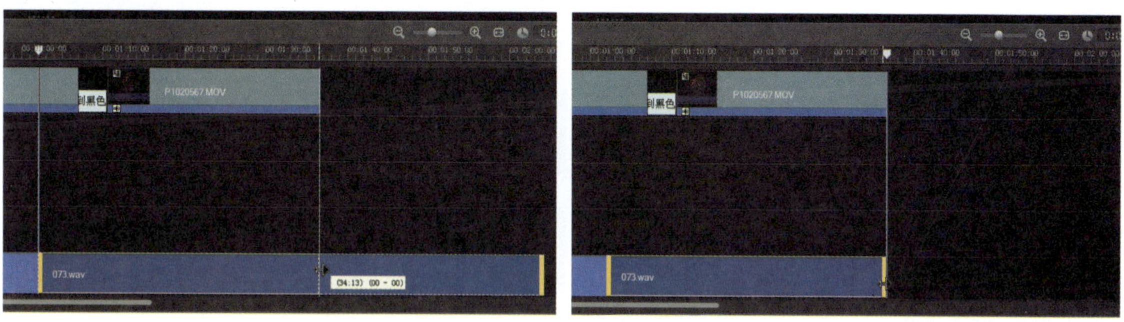

修整音频素材

05 单击导航面板中的“播放”按钮进行预览。按下快捷键“Ctrl+S”，保存目前完成的编辑工作。

Example 实例 8 输出影片文件

实例说明

影片的编辑工作完成后，需要将其输出为一个可以直接在设备上播放的影片，如普通的AVI视频文件、VCD或DVD等。

实例要点

- 通过“项目回放”功能对影片进行预览。
- 通过“创建视频文件”命令输出影片。

操作步骤

01 单击步骤面板中的 3 分享 按钮，进入“分享”工作步骤，单击选项面板中的 “项目回放”按钮。

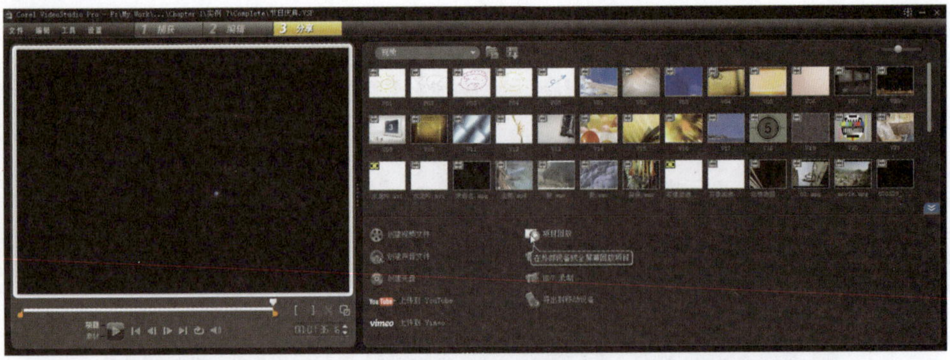

单击“项目回放”按钮

02 在弹出的“项目回放-选项”对话框中，单击“完成”按钮开始预览播放。

03 播放时画面自动进入全屏状态，按下“Esc”键可以停止回放，返回编辑窗口。

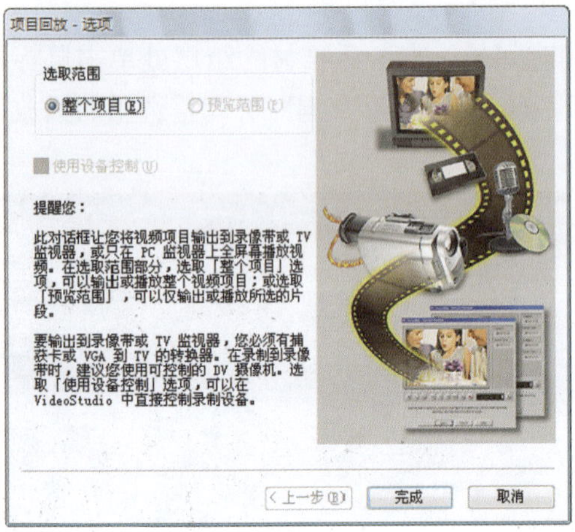

“项目回放-选项”对话框

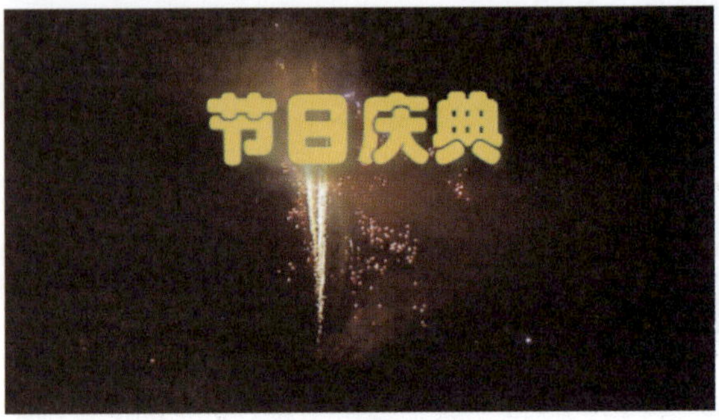

项目回放

04 单击“创建视频文件”按钮，在弹出的菜单中选择“与项目设置相同”命令，使用与项目设置相同的视频压缩方式对项目进行输出。

05 在打开的“创建视频文件”对话框中，为影片命名并设置输出保存目录。

选择“与项目设置相同”命令

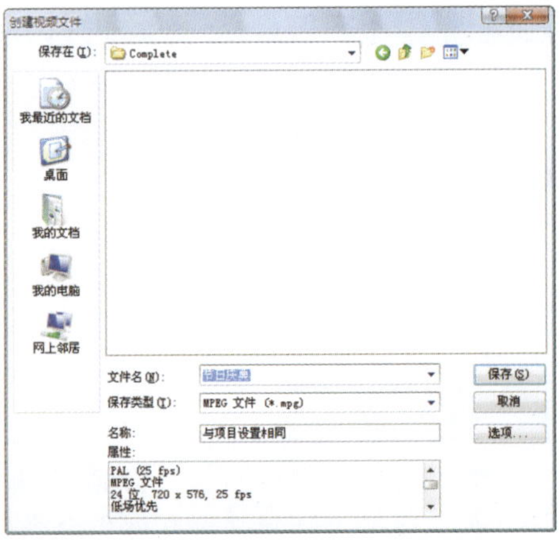

保存影片

06 单击“保存”按钮渲染输出影片。输出完成后，可在保存目录中查看完成的影片效果。

第2章 视频编辑的基本工作流程

Example 实例 9 捕获视频

实例目标

通过捕获视频功能，可以直接通过连接的数字电视和摄像头等设备捕获即时视频片段，并可以随时停止捕获。

实例要点

- 将数字电视或摄像头与计算机连接好。
- 设置参数，开始捕获视频。

操作步骤

01 将摄像头与计算机正确连接，并安装好驱动程序。启动会声会影，单击步骤面板中的 1 捕获 “捕获”按钮，进入“捕获”工作步骤后，单击“捕获视频”按钮。

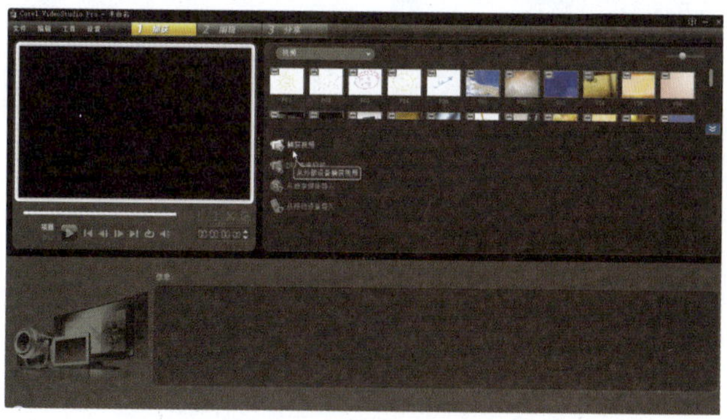

单击“捕获视频”按钮

02 当软件检测到计算机连接的摄像设备后，进入视频捕获窗口界面，在其中可以看到视频捕获设备的相关信息。

捕获视频

03 在设置面板中单击“捕获文件夹”后面的“浏览”按钮，打开“浏览文件夹”对话框，并在其中选择捕获的视频文件存放目录。

设置视频文件存放目录

04 单击设置面板中的“捕获视频”按钮，即可开始视频的捕获，直到单击“停止捕获”按钮为止。

开始捕获视频

05 单击“停止捕获”按钮后，单击“编辑”按钮，即可进入编辑工作步骤，可以在画廊库和时间轴中看到刚刚捕获的视频内容。

查看捕获的视频内容

Example 实例 10 截取DVD中的视频

实例目标

会声会影X3可以将DVD中的视频文件截取出来并保存到计算机中。

实例要点

- 在“参数设置”对话框中设置好保存视频文件的文件夹。
- 执行“导入数字媒体”命令，选择DVD中需要的章节进行导入。

操作步骤

01 将DVD放入DVD光驱中，在会声会影X3中执行“设置”→“参数选择”命令，打开“参数选择”对话框。

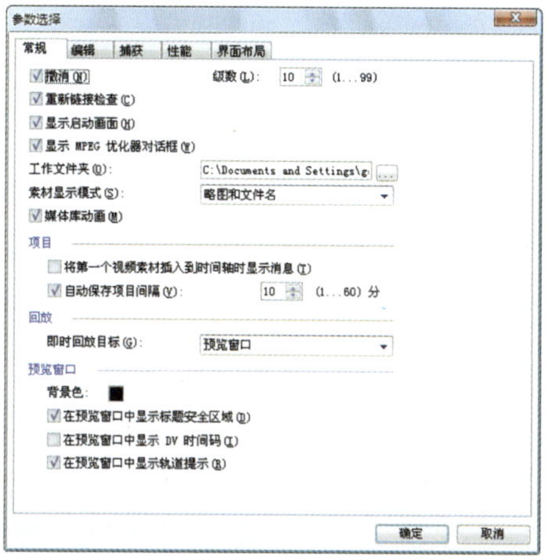

“参数选择”对话框

- 撤消：用于设置恢复操作的步骤级数，数值越高，可以恢复的步骤数越多，但会占用更多系统资源，建议保持默认设置。
- 重新链接检查：勾选该选项，可以在打开影片项目时，由程序自动对项目中所使用的素材进行重新链接。
- 在预览窗口显示标题安全区：勾选该选项，可以在进行标题字幕编辑时，在预览窗口中显示标题安全区，以作为确定标题字幕位置的参考。
- 即时回放目标：选择回放目标的方式，包括“预览窗口”、“DV摄像机”和“预览窗口和DV摄像机”3种方式。
- 素材显示模式：用于设置素材在添加到时间轴窗口中后的显示模式，可以选择“仅略图”、“仅文件名”和“略图和文件名”。
- 工作文件夹：用于设置会声会影保存项目临时文件以及保存捕获到的视频文件的目录。

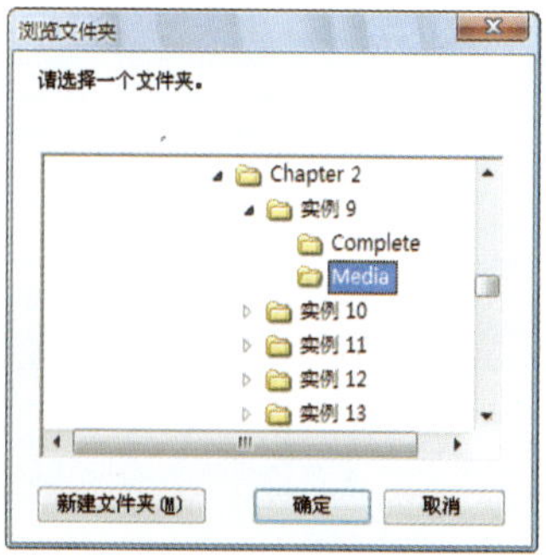

选择文件夹

02 单击“工作文件夹”后面的“浏览”按钮，在打开的“浏览文件夹”对话框中，设置保存捕获的视频文件的目录。

03 单击“确定”按钮，返回“参数选择”对话框，即可看到“工作文件夹”后面的文本框中显示了设置好的保存目录。

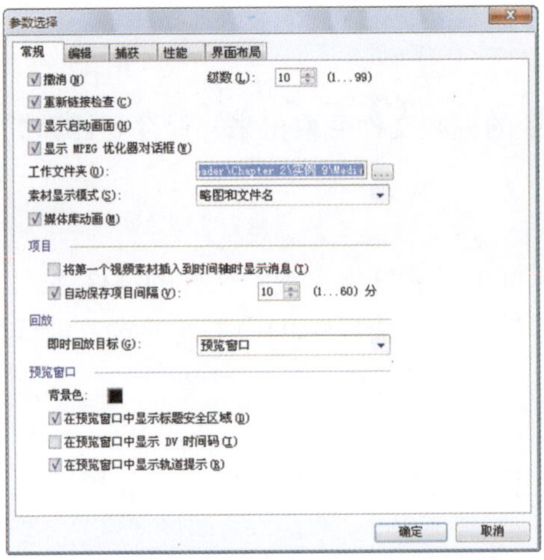

确认文件保存目录

04 单击 1 捕获 按钮切换到“捕获”工作步骤，单击“从数字媒体导入”按钮。

单击“从数字媒体导入”按钮

05 在打开的“选取‘导入源文件夹’”对话框中，选择DVD所在的驱动器位置，然后单击“确定”按钮。

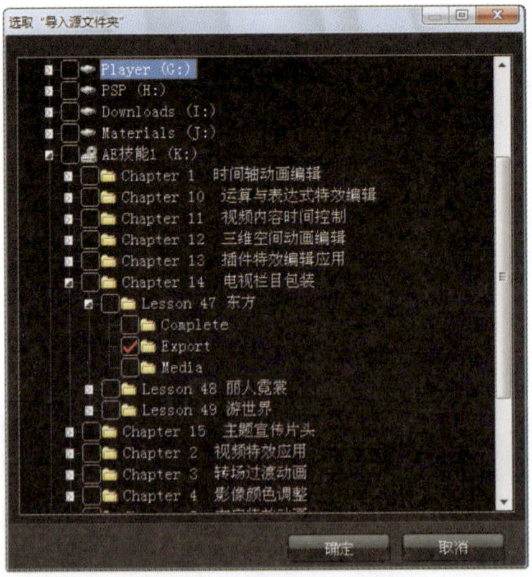

选择DVD中的视频文件夹

06 在打开的“从数字媒体导入”对话框中选择要导入的源文件夹后，单击“起始”按钮。

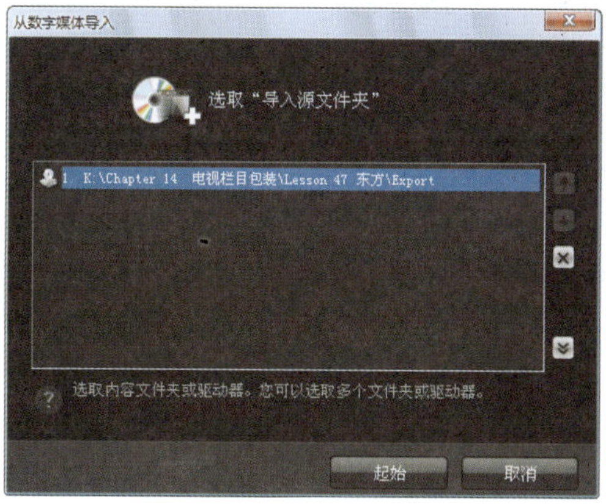

从数字媒体导入

07 在打开的新窗口中，单击“工作文件夹”后面的“浏览”按钮，打开“浏览文件夹”对话框。在对话框中选择一个存放导入的视频文件的文件夹，单击“确定”按钮。

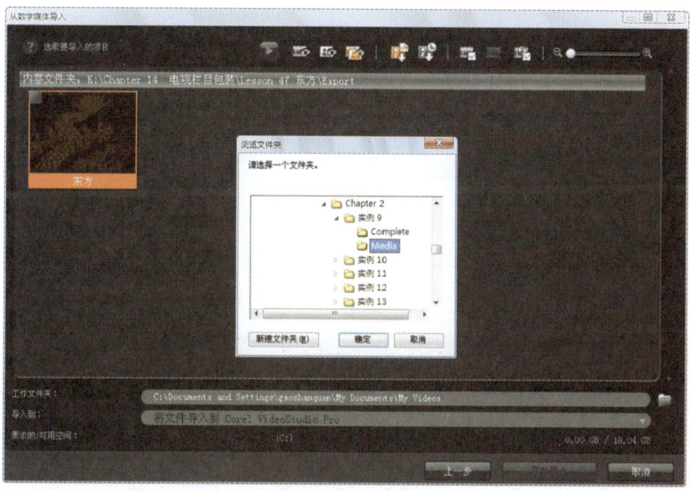

设置工作文件夹

08 在窗口中选中视频项目左上角的复选框，单击“开始导入”按钮，导入选中的视频文件。

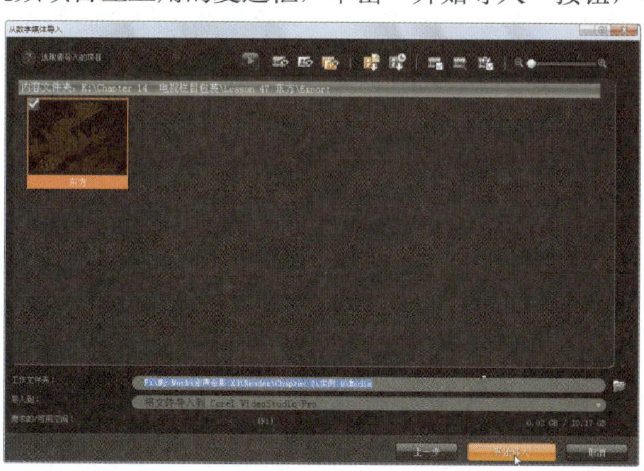

开始导入视频文件

09 软件会自动弹出一个面板，显示导入视频文件的进度；在导入进度面板中显示了视频文件的创建日期、格式、大小、音频类型等参数。

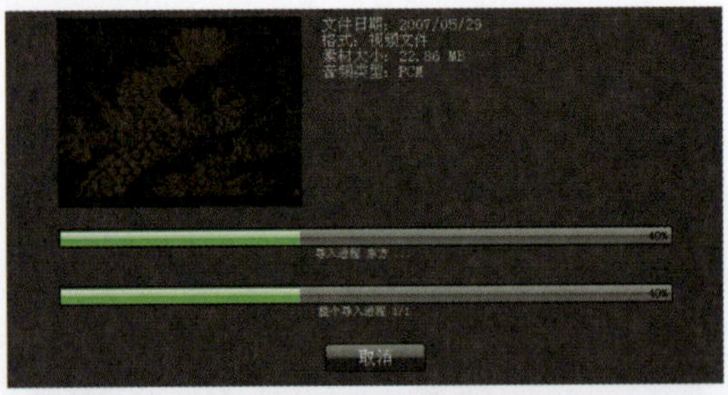

导入视频文件

⑩ 导入完成后，会自动弹出“导入设置”对话框，在对话框中保持默认参数不变，单击“确定”按钮，即可在将视频文件导入到指定文件夹的同时，将视频存放到素材库并插入到时间轴中。

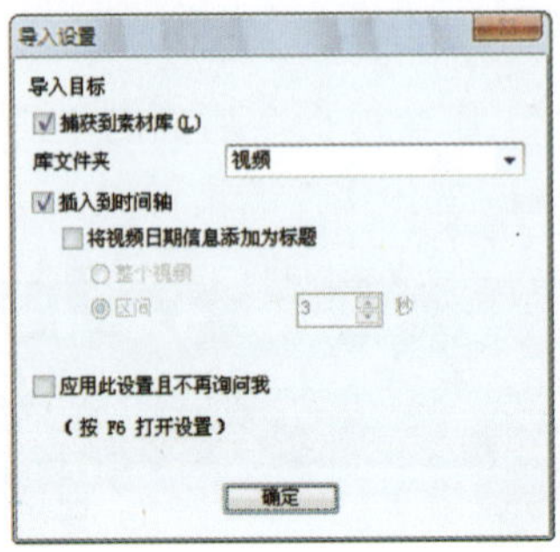

完成视频素材的导入

⑪ 导入完毕后，被导入的片段将自动添加到“视频”素材库中，在预览窗口中可以预览导入的视频内容。

导入后的视频

Example 实例 11 从移动设备中导入素材文件

实例目标

将硬盘式数码摄像机或者数码相机的存储卡中拍摄的视频片段或图像素材导入到会声会影中，作为影片项目的编辑素材。

实例要点

使用“从移动设备中导入”功能，可以很方便地预览和选取外部移动设备中需要的视频片段和图像进行导入。

操作步骤

01 将移动设备与计算机连接好。如果是存储卡，则通过对应的读卡设备与计算机连接即可。这里以数码相机存储卡为例进行讲解。

02 启动会声会影X3并进入“捕获”步骤，单击 “从移动设备导入”按钮。

单击“从移动设备导入”按钮

03 在打开的“从硬盘/外部设备导入媒体文件”窗口中，单击“Memory Card”按钮，打开移动存储设备中的文件目录。

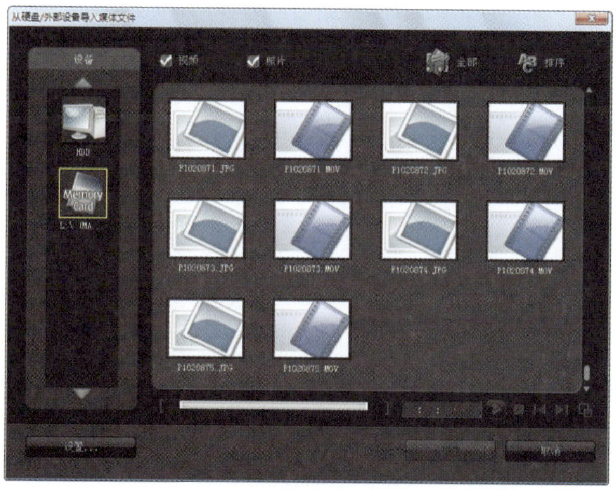

打开移动存储设备

04 选择需要预览的素材后，可以在窗口下方的播放控制栏对其进行播放预览，以及通过开始标记和结束标记对视频片段进行导入区间的设置。

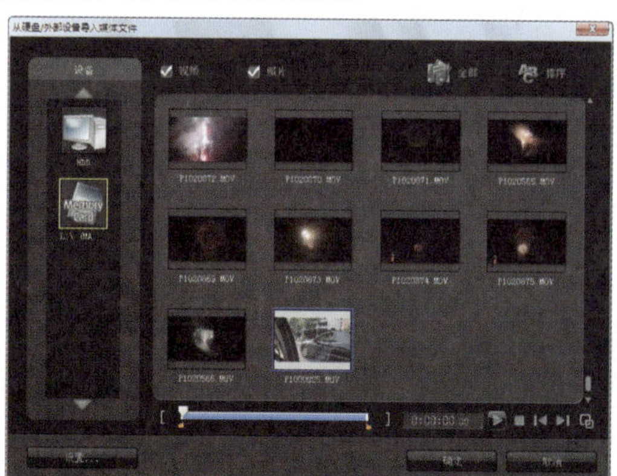

预览视频片段

05 单击“扩大播放窗口”按钮，可以将所选视频片段的播放窗口放大，方便更清晰地对视频素材的内容进行播放预览。

放大预览视频素材

06 接下来，设置视频素材的导入保存目录。单击窗口左下角的“设置”按钮，在弹出的“设置”对话框中，单击“默认导入/导出路径”后面的“浏览”按钮，在打开的“浏览计算机”对话框中选择需要的保存目录。

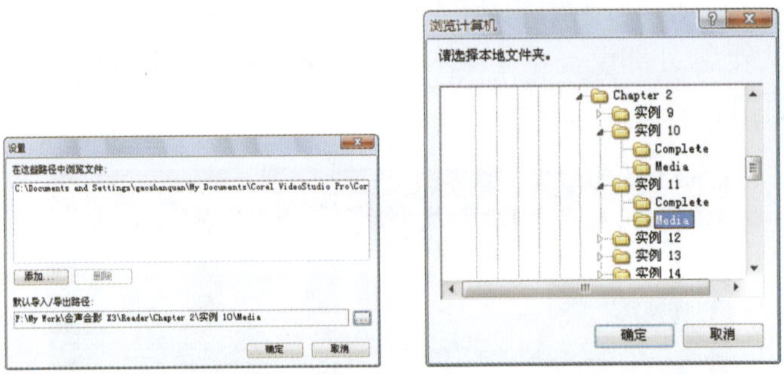

设置导出路径

07 单击“确定”按钮，返回“设置”对话框，检查确认设置的导出路径，单击“确定”按钮即可返回“从硬盘/外部设备导入媒体文件”窗口。

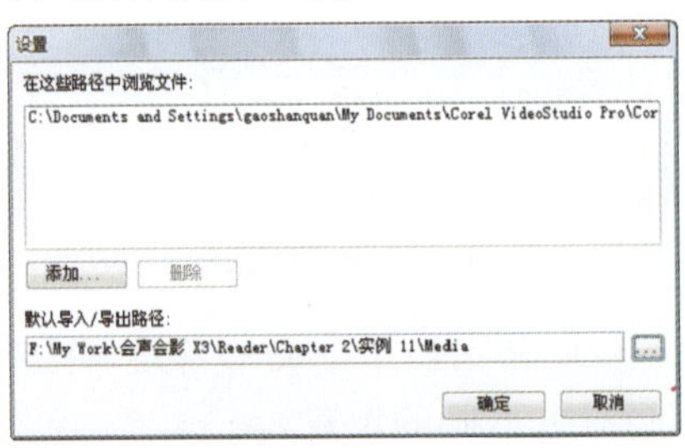

确认设置的导出路径

08 选择需要导入程序的一个或多个素材，单击“确定”按钮，程序即对其进行导入处理。

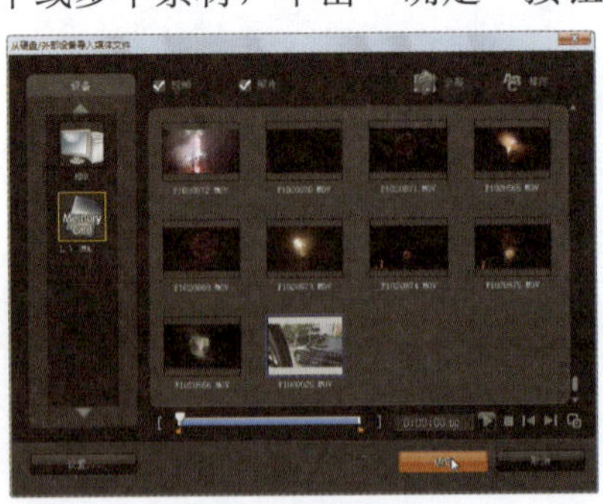

对视频片段进行导出

09 导入完毕后，可在视频素材库中看见导入的视频素材，同时可以在预览窗口中对该视频片段进行播放预览。

预览视频素材

打开设置为导出路径的文件夹，即可看见导出的视频文件。

Example 实例 12 截取音频CD中的音频文件

实例目标

会声会影X3可以直接从音乐CD上的音轨进行抓取，得到完美音质的音频素材。

实例要点

- 执行“从音频CD导入”命令，导入音频CD中的声音文件。
- 在“转存CD音频”对话框中设置好音频的保存属性和输出路径，执行转存输出。

操作步骤

01 将音乐CD放入光驱中，启动会声会影X3，进入“编辑”模式，单击画廊库左侧工具面板中的“音频”按钮，在“音乐和声音”选项卡中单击“从音频CD导入”按钮。

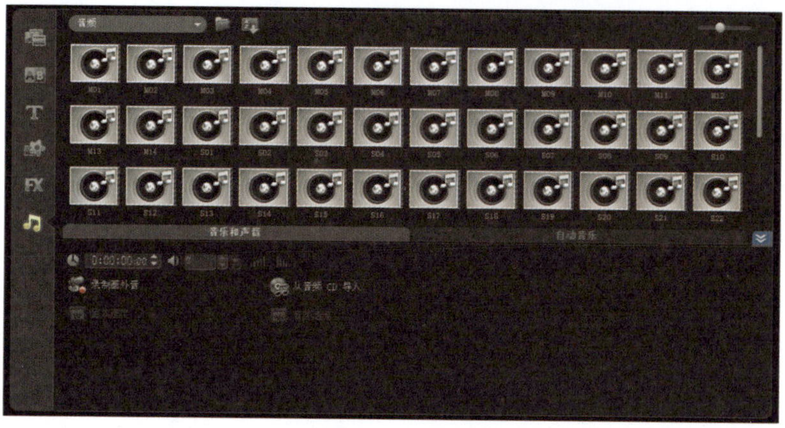

单击“从音乐CD导入”按钮

02 在打开的“转存CD音频”对话框中，显示了目前光驱中音乐CD里面的音轨内容列表，可以在其中查看各段音轨内容的名称和时间长度等信息。选择一个音轨文件后，单击对话框左上角的“播放所选文件”按钮，可以对该音频文件进行预览。

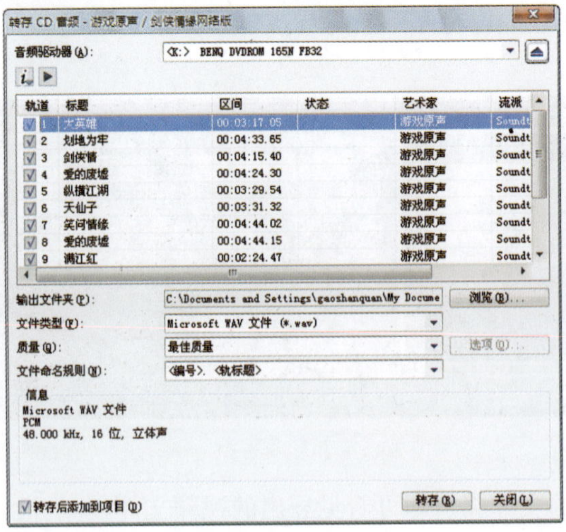

预览播放音频文件

03 取消对不需要导入音轨的勾选，选取需要导入的音频文件，单击“输出文件夹”后面的“浏览”按钮。

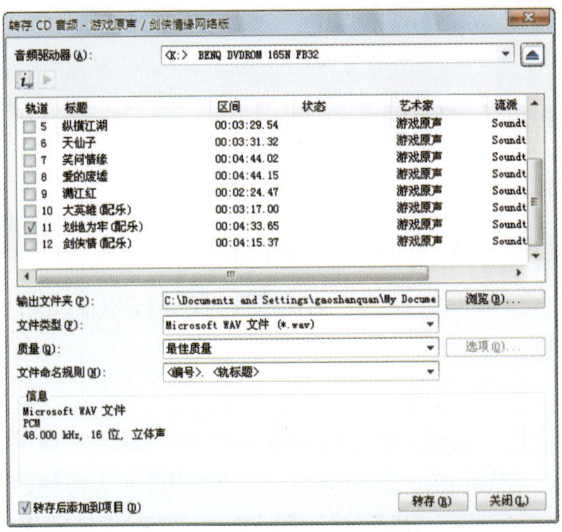

选取需要导入的音频文件

04 在打开的“浏览文件夹”对话框中，设置音频的保存路径，然后单击“确定”按钮。

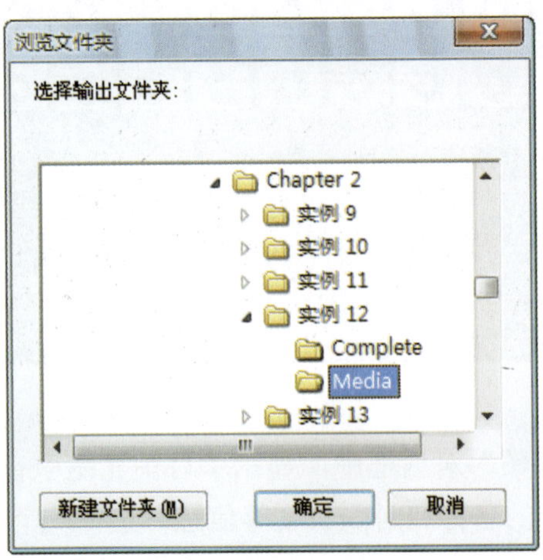

设置保存目录

05 返回“转存CD音频”对话框，单击“质量”后面的下拉按钮，选择“自定义”选项，然后单击后面的“选项”按钮。

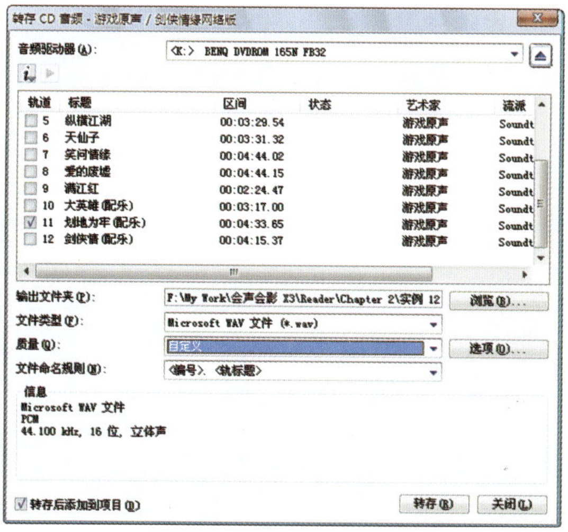

选择“自定义”选项

06 在打开的“音频保存选项”对话框中，单击“格式”后面的下拉按钮，选择需要的音频转存的压缩格式和音频采样属性。

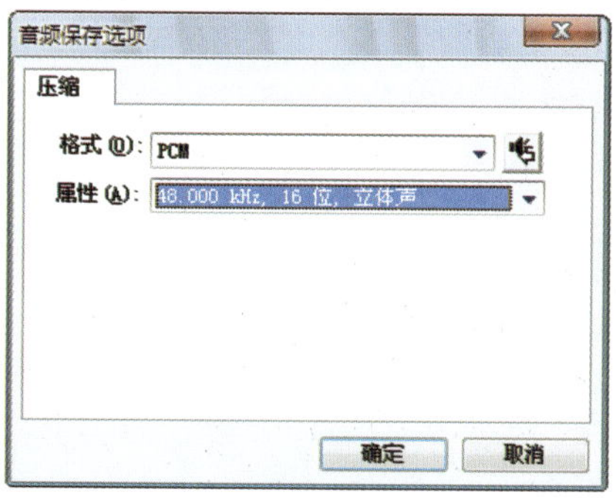

设置音频采样属性

07 设置好需要的音频保存选项后，按下“确定”按钮回到“转存CD音频”对话框，在“文件命名规则”后面的下拉列表中选择合适的文件命名方式后，单击“转存”按钮执行转存处理。

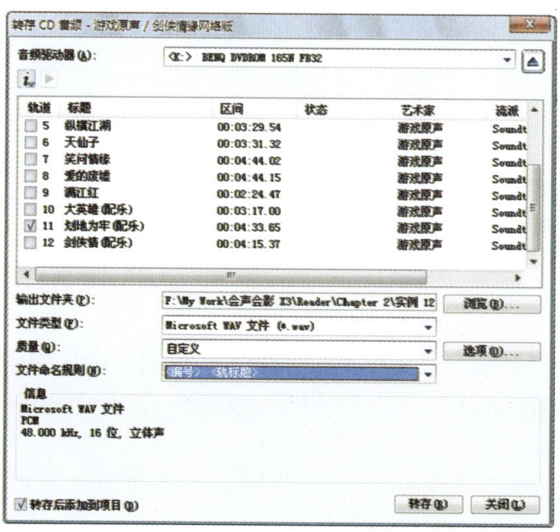

设置文件命名方式

08 在转存处理过程中，程序将对音乐CD上所选音轨进行抓轨提取，在对话框中将以进度条的形式来显示音频抓轨的进度。

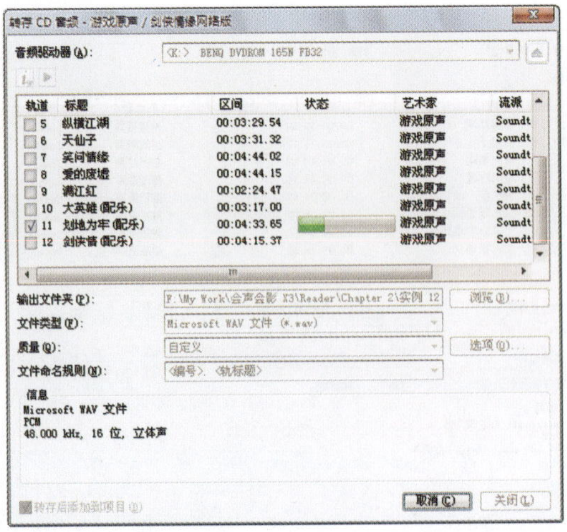

执行音频抓轨

09 转存完毕后，按下“关闭”按钮关闭对话框，返回会声会影中，即可看见转存得到的音频文件已经被添加到音频素材库中，该素材也被自动加入到时间轴窗口的音乐轨道中。

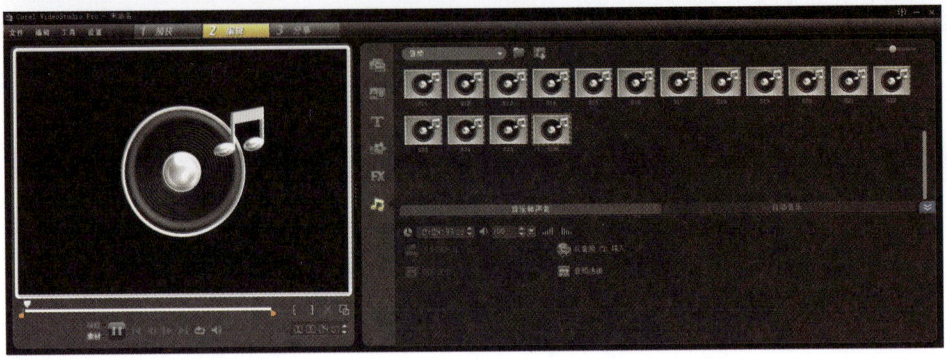

预览抓取的音频素材

10 打开设置为转存导出路径的文件夹，即可看到在其中转换保存好的音频文件。

Example 实例 13 从影片中提取单张图像

实例目标

会声会影X3可以将视频素材中的一个画面单独提取出来作为图像素材使用。

实例要点

确定了提取画面的时间位置后，单击“抓拍快照”按钮，即可将该画面保存为图像素材，添加到图像素材库中以备编辑使用。

操作步骤

01 在会声会影X3中展开视频素材库，单击“添加”按钮。

单击“加载视频”按钮

提示 在视频素材库中的空白位置单击鼠标右键，然后在弹出的快捷菜单中选择“插入视频”命令，也可以执行加载视频文件的操作。

在快捷菜单中选择命令

02 在打开的“打开视频文件”对话框中，选择本书实例光盘中Chapter 2\实例13\Media目录下准备的素材，将其导入到会声会影中。

“打开视频文件”对话框

03 在视频素材导入到素材库窗口中后，将其拖入时间轴窗口中，可以先对视频素材的内容进行播放预览，记录需要提取图像的时间位置。

将素材加入到时间轴中

04 执行“设置”→“参数选择”命令，在弹出的“参数选择”对话框中展开“常规”选项卡，单击“工作文件夹”后面的...按钮，在打开的“浏览文件夹”对话框中，选择用于保存从视频素材中所提取图像的文件夹。

选择保存图像的文件夹

05 单击“确定”按钮，返回“参数选择”对话框，即可看到“工作文件夹”后面的文本框中显示了设置好的保存目录。

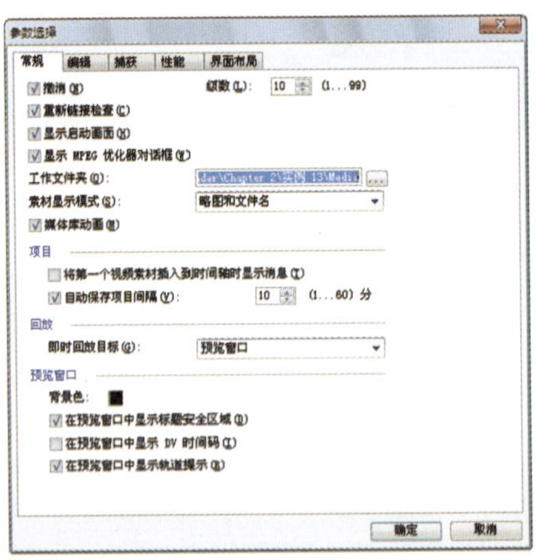

确认“工作文件夹”

06 通过拖动时间飞梭或播放控制按钮，将预览画面定位到需要提取单张图像的时间位置，然后单击“视频”选项面板中的“抓拍快照”按钮。

单击“保存为静态图像”按钮

07 程序在完成对该帧画面的保存后，将自动打开“图像”素材库并将该图像文件添加到素材库中。

保存其他图像

08 打开设置为工作文件夹的目录，即可看到从视频素材中提取出来的画面图像，已经被保存为BMP格式存放在该目录。

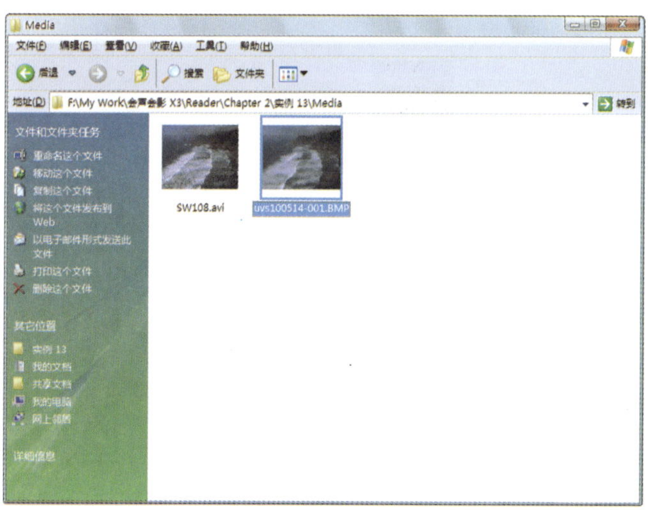

提取出来的图像文件

09 执行“文件”→“保存”命令或按下快捷键“Ctrl+S”，将项目以“从影片中提取单张图像”命名并保存到计算机中指定的目录指定的目录。

Example 实例 14 导入单张静态图像素材

实例目标

图像素材同样可以直接加入到时间轴窗口中。

实例要点

通过在时间轴窗口中单击鼠标右键，选择“插入照片”命令，即可将图像素材导入到时间轴窗口中。

操作步骤

01 启动会声会影X3后，在时间轴窗口中的空白位置单击鼠标右键，然后在弹出的名称菜单中选择“插入照片”命令。

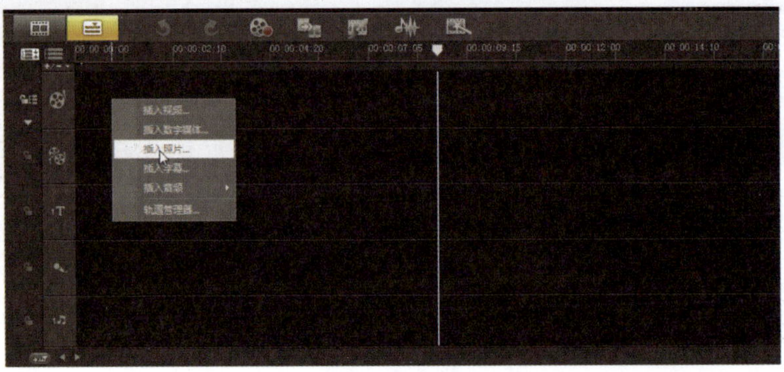

在快捷菜单选择命令

02 在打开的“浏览照片”对话框中，选取准备好的图像素材文件，然后单击“打开”按钮。

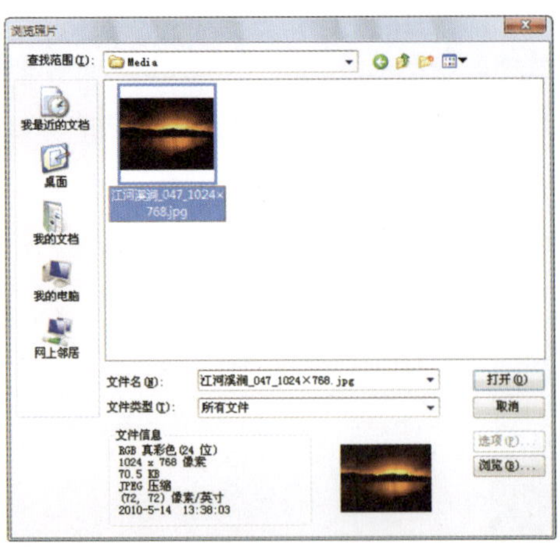

选择图像素材

03 返回会声会影X3窗口，即可看到图像被导入到时间轴窗口的视频轨中，但没有在图像素材库中添加略图。

将素材加入到时间轴中

04 执行“设置”→“参数选择”命令，在弹出的“参数选择”对话框中展开“编辑”选项卡，然后在“图像重新采样选项”中选择“调到项目大小”选项，然后按下“确定”按钮。

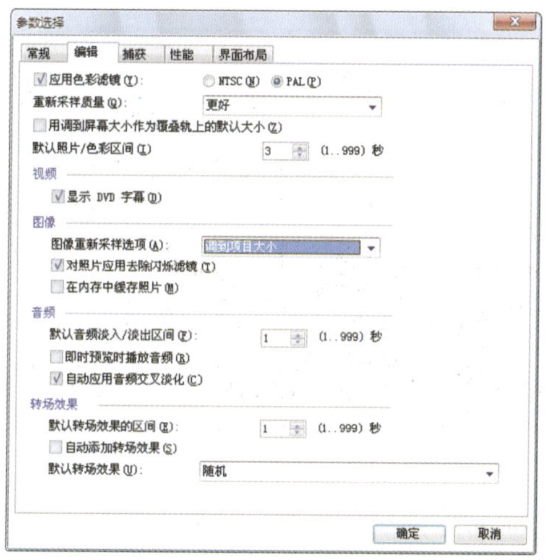

选择“调到项目大小”

05 再次执行插入图像到时间轴窗口的操作，即可看见新插入的图像将被调整到与影片画面尺寸相同的大小，覆盖整个影片画面。

调整大小后的图像效果

06 执行“文件”→“保存”命令或按下快捷键“Ctrl+S”，将项目以“导入单张静态图像素材”命名并保存到计算机中指定的目录指定的目录。

Example 实例 15 导入序列动态图像素材

实例目标

会声会影X3还可以将序列动态图像导入到时间轴上作为视频。

实例要点

执行“插入视频”命令，设置导入序列图像的参数，将文件导入到时间轴上。

操作步骤

01 启动会声会影X3后，在时间轴窗口中单击鼠标右键并选择“插入视频”命令。

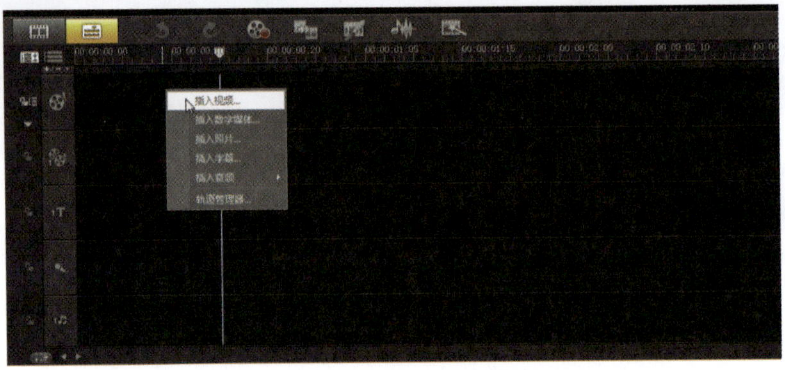

在右键菜单中选择命令

02 在打开的“打开视频文件”对话框中，打开本书实例光盘中Chapter 2\实例15\Media目录，在“文件类型”下拉列表中选择“友立图像序列文件”。

选择文件类型

03 单击“选项”按钮，在打开的“定义图像序列”对话框中，单击“第一个图像文件”后的“选取”按钮。

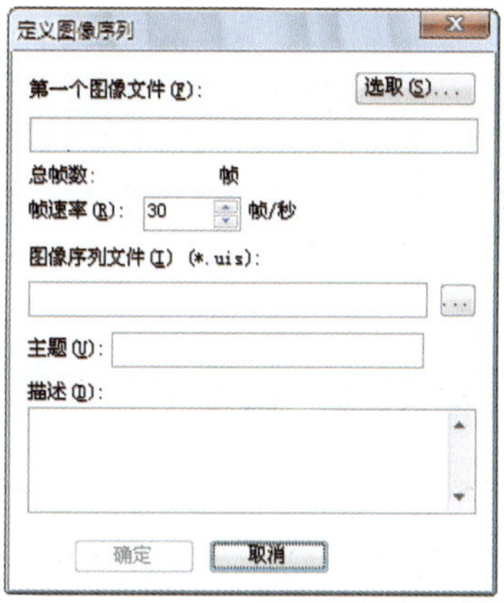

单击“选取”按钮

04 在打开的“选取图像序列”对话框中，打开本书实例光盘中Chapter 2\实例15\Media目录，通常序列文件都是按编号进行排列的，这里只需选择编号最靠前的图像，然后单击“打开”按钮即可。

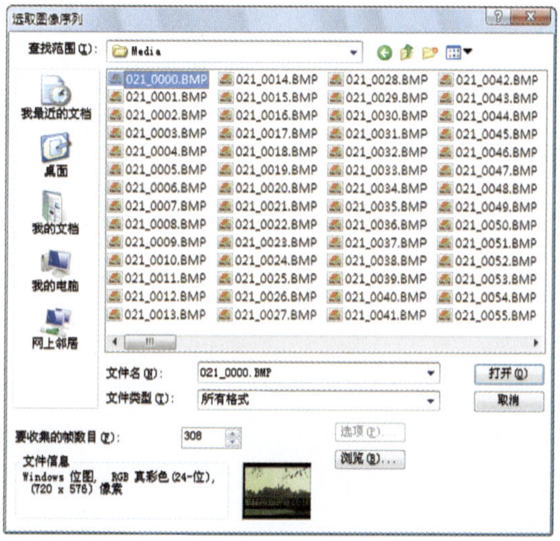

选择第一个图像

05 在“定义图像序列”对话框中，可以看到选择了第一个图像文件后，整个图像序列文件也被程序自动找到，单击“确定”按钮。

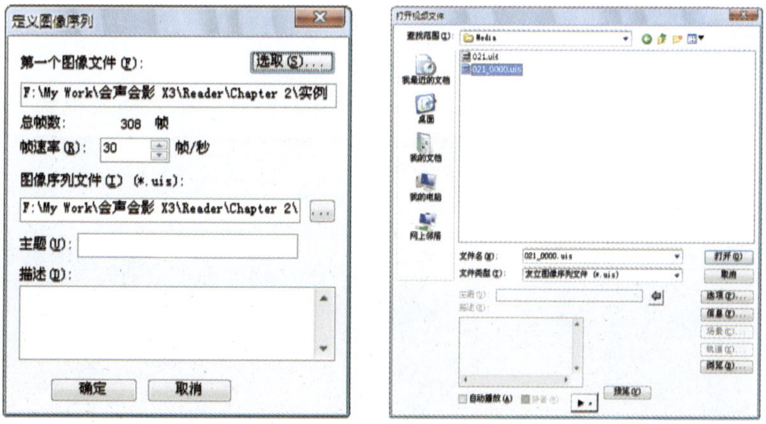

导入序列图像

06 可以看到在时间轴上被导入的动态序列图，在预览窗口中单击播放按钮即可要进行预览。

进行预览

07 执行“文件”→“保存”命令或按下快捷键“Ctrl+S”，将项目以“导入序列动态图像素材”命名并保存到计算机中指定的目录指定的目录。

Example 实例 16　直接导入素材到时间轴

实例目标

会声会影X3为在影片中添加的声音区分出了声音轨和音乐轨，方便用户选择指定类型的音频文件添加到对应的音频轨道中。

实例要点

- 执行“插入视频”命令，将视频导入到影片中。
- 执行“插入音频”→“到声音轨”命令，将声音素材插入到影片中。
- 执行“插入音频”→“到音乐轨”命令，将音乐素材插入到影片中。

操作步骤

01 启动会声会影X3后，在时间轴窗口中单击鼠标右键并选择“插入视频”命令。

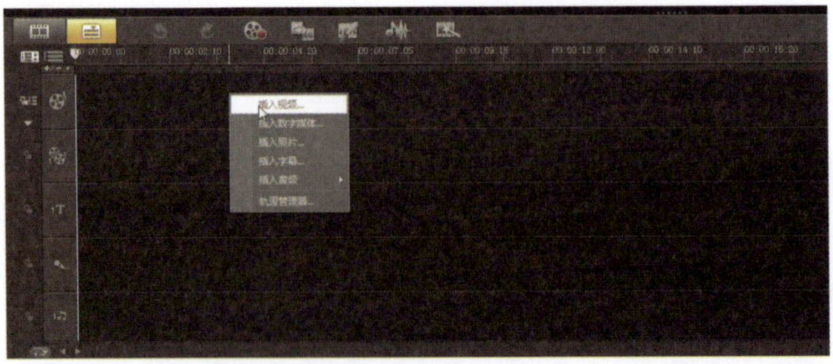

在快捷菜单中选择命令

02 在打开的“打开视频文件”对话框中，导入本书实例光盘中Chapter 2\实例16\Media目录下准备的视频素材。

选择视频素材

03 在视频素材插入到时间轴窗口后，单击预览窗口中的“播放”按钮，对这段没有声音的视频片段进行预览。

预览视频素材

04 在时间轴窗口中单击鼠标右键并选择“插入音频”→“到声音轨”命令。

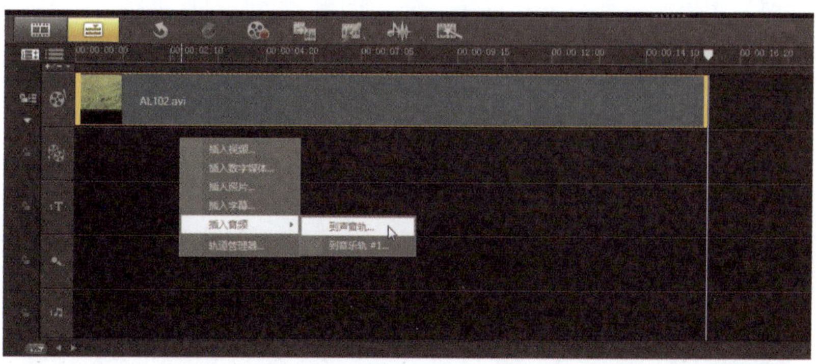

选择“到声音轨”命令

05 在打开的“打开音频文件”对话框中，导入本书实例光盘中Chapter 2\实例16\Media目录下准备的音频素材。

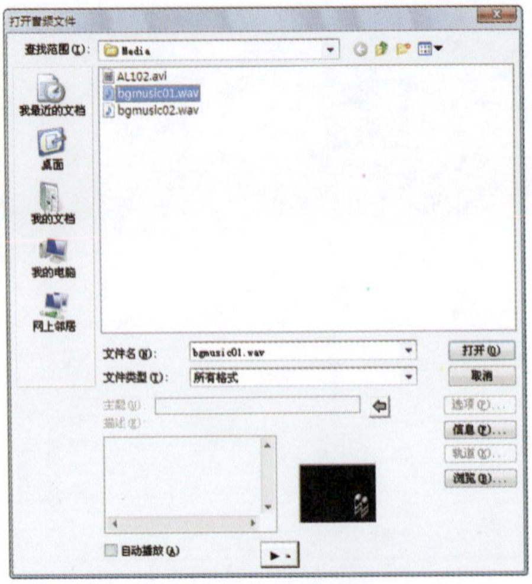

选择音频素材

06 按下“打开”按钮后，所选导入的音频素材将自动添加到时间轴窗口的声音轨道中。单击预览窗口中的“播放”按钮，对添加了声音素材后的影片效果进行预览。

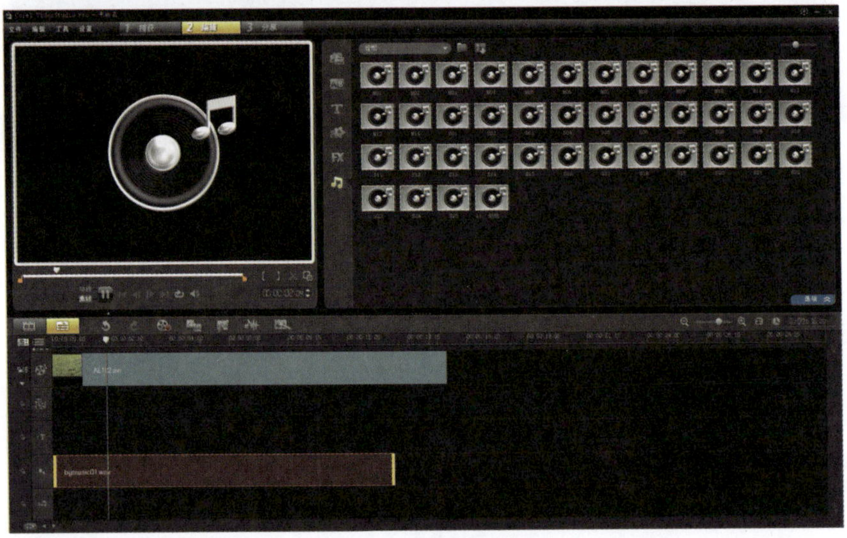

预览影片效果

07 在时间轴窗口中单击鼠标右键并选择“插入音频”→“到音乐轨”命令。

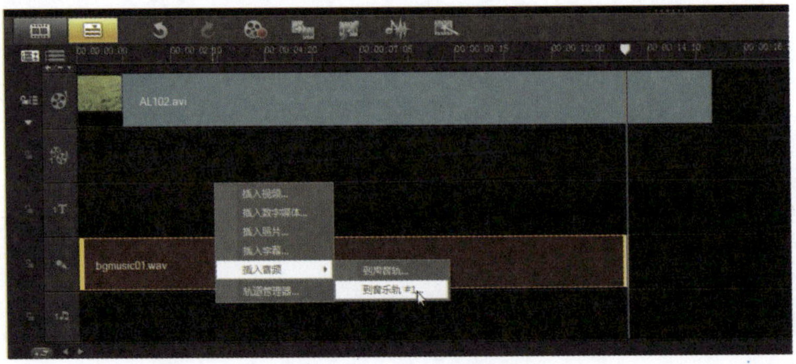

选择“到音乐轨”命令

08 在打开的“打开音频文件”对话框中，导入本书实例光盘中Chapter 2\实例16\Media目录下准备的背景音乐素材文件。

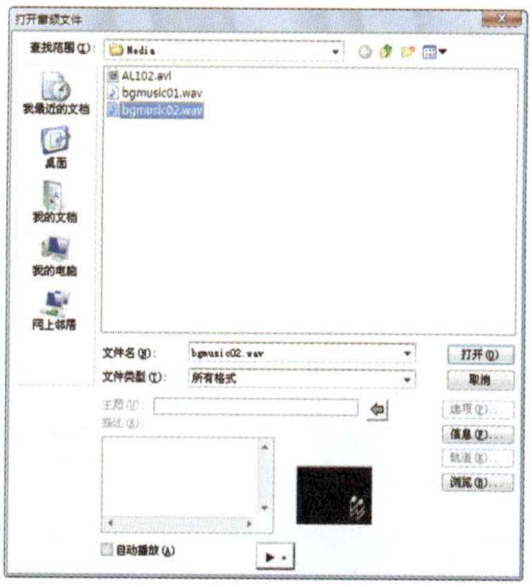

选择音频素材

09 单击“打开”按钮，所选导入的背景音乐音频素材将自动添加到时间轴窗口的音乐轨道中。单击预览窗口中的“播放”按钮，对添加了背景音乐后的影片效果进行预览。

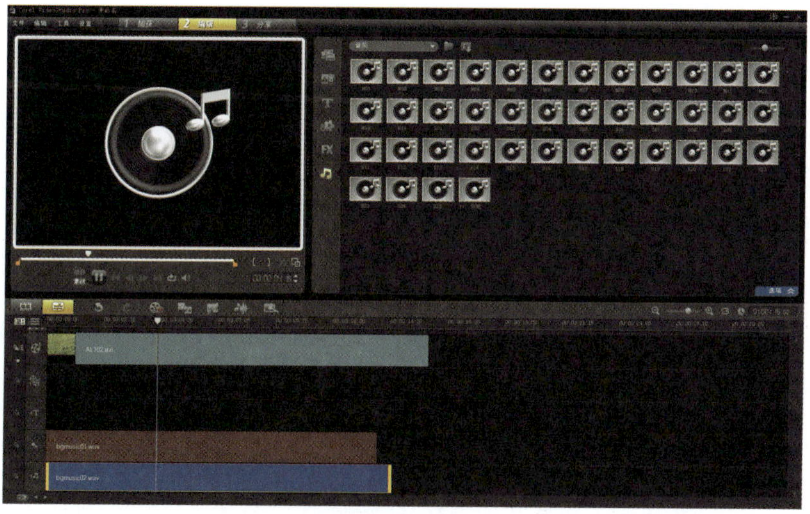

预览影片效果

10 执行“文件”→“保存”命令或按下快捷键“Ctrl+S”，将项目以“直接导入素材到时间轴”命名并保存到电脑中指定的目录指定的目录。

Example 实例 17　单独提取视频中的声音素材

实例目标

对包含了声音内容的视频素材进行分割音频的操作，可以分别将其视频内容和音频内容提取出来，得到两个新的素材。

实例要点

单击时间轴窗口中的视频素材，按下“分割音频”按钮即可。

操作步骤

01 启动会声会影X3后，在时间轴轨道上单击鼠标右键并选择“插入视频”命令，导入本书实例光盘中Chapter 2\实例17\Media目录下的视频素材。

将素材加入到时间轴中

02 选择时间轴窗口中的视频素材，然后单击“视频”选项面板中的“分割音频”按钮，即可看见在声音轨中多了一个音频素材，原来视频素材中的音频内容已经被分割出来。

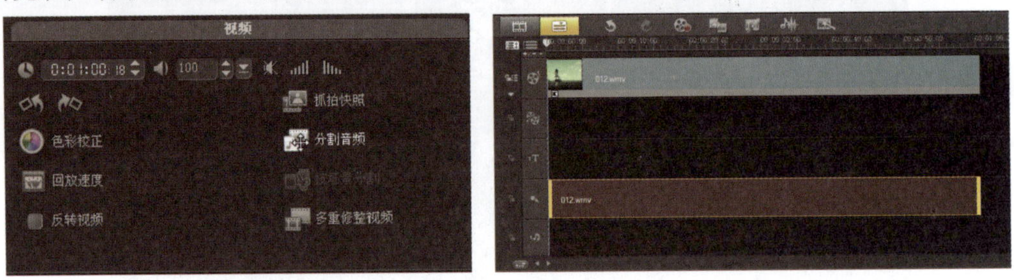

从视频中分割出音频

03 用鼠标分别单击分割出来的视频素材和音频素材，然后单击预览窗口中的“播放”按钮，对分割出来的音频和视频分别进行播放预览。

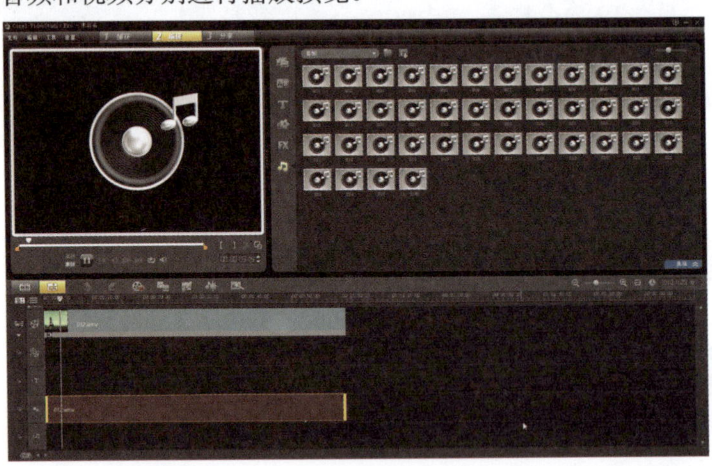

预览音频内容

04 执行“文件”→“保存”命令或按下快捷键“Ctrl+S”，将项目以“单独提取视频中的声音素材”命名并保存到计算机中指定的目录指定的目录。

第3章 素材的细节处理

Example 实例 18 调整时间轴显示比例

实例目标

通过调整时间轴的显示比例，可以将在时间轴中对视频内容的编辑精确到帧，方便快速地找准编辑位置；也可以随时让时间轴完整显示出全部编辑内容，通览影片项目的内容结构。

实例要点

调整时间轴的显示比例，可以通过单击“放大”或“缩小”按钮、拖动标尺比例滑块，或者在时间轴标尺上单击鼠标右键，在弹出的快捷菜单中选择对应的命令。

操作步骤

01 启动会声会影X3，从素材库中分别将一个视频素材和一个音频素材导入到时间轴窗口中。单击“缩小”按钮或“放大”按钮，可以逐级缩小或放大时间轴的时间标尺显示比例，直至缩放到每格1分钟或每格1帧。

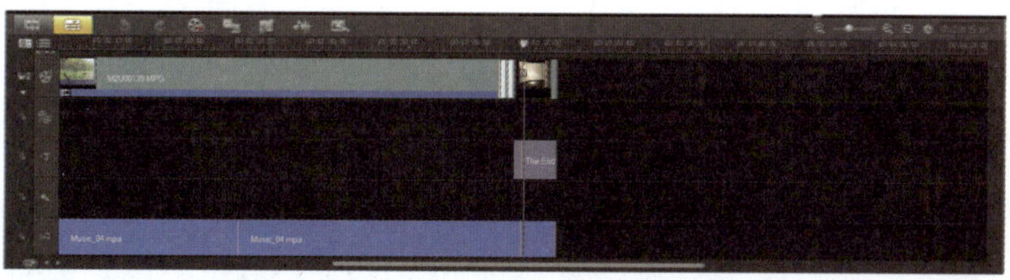

用“缩小”与“放大”按钮调节显示比例

提示：如果使用的是带滑轮的3键鼠标，则可以将鼠标指针放在时间轴窗口的工具栏上，向前或向后滑动滑轮，即可放大或缩小时间轴的时间标尺显示比例。

02 按住鼠标左键并向前或向后拖动时间轴标尺比例滑块，可以逐级缩小或放大时间轴的时间标尺显示比例，直至缩小到每格1分钟或放大到每格1帧。

03 单击“放大”按钮后面的“将项目调到时间轴窗口大小”按钮，或者双击标尺比例滑块，可以使时间轴自动调整到刚好显示出全部内容的显示比例。

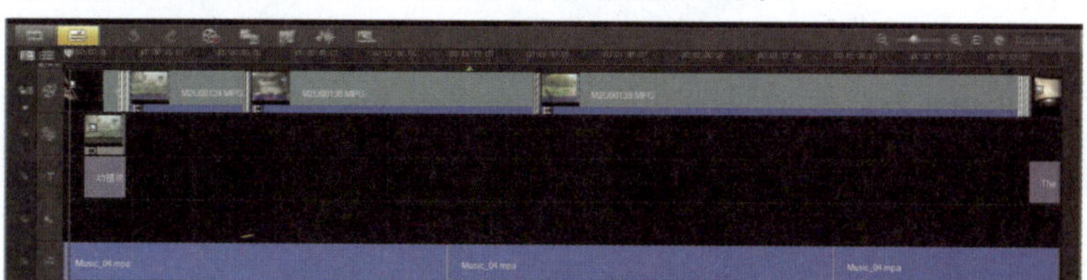

将项目调整到时间轴窗口大小

04 在时间轴窗口的标尺上单击鼠标右键，可以在弹出的快捷菜单中选择对应的命令，逐级放大或缩小，以及快速地将显示比例调整到需要的大小。

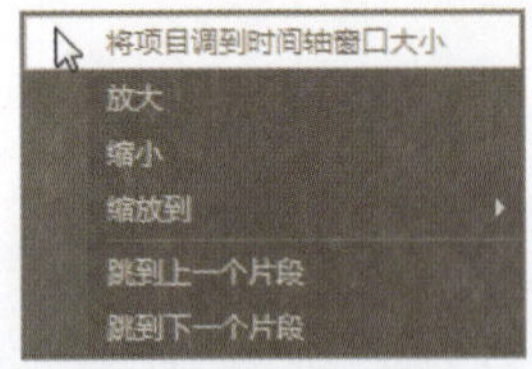

使用右键菜单调整显示比例

Example 实例 19 在时间轴标记章节点

实例目标

添加提示点和章节点，可以方便在将项目刻录到光盘之后在项目中导览。在影片项目和编辑过程中，可以利用章节点或提示点在时间轴标尺上标记时间位置，方便在需要时快速跳转到需要的具体画面位置。

实例要点

- 使用“添加/删除 章节点”按钮，配合时间指针添加或删除章节点。
- 使用鼠标在时间轴标尺下方单击，即可添加章节点；按住并向下拖动章节点，即可将其删除。

操作步骤

01 导入本书实例光盘中Chapter 3\实例19\Media目录下的视频素材，然后将时间轴窗口的显示比例调整到合适的大小。

02 将时间指针移动到指定的位置，单击“添加/删除 章节点”按钮，即可在该位置添加一个章节点。移动时间指针到其他需要的位置再次单击“添加/删除 章节点”按钮，或者直接用鼠标在章节点通道中需要的时间位置单击左键，即可添加新的章节点。

添加章节点

03 在时间轴标尺上单击鼠标右键并在弹出的快捷菜单中选择“跳到下一个片段”（或“跳到上一个片段”）命令，即可使时间指针直接移动到下一个（或上一个）章节点所在的时间位置。

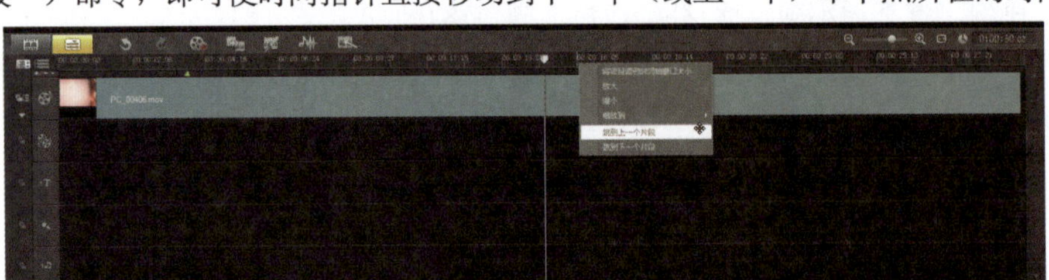
跳转到章节点

04 将时间指针定位在章节点上，单击“添加/删除 章节点”按钮，或者直接按住鼠标左键并向下拖动章节点，即可将该章节点删除。

05 在章节点通道中单击鼠标右键，可以选择“切换 章节点”命令，在时间指针目前的位置添加章节点；或者选择“删除所有 章节点”命令，清除所有的章节点。

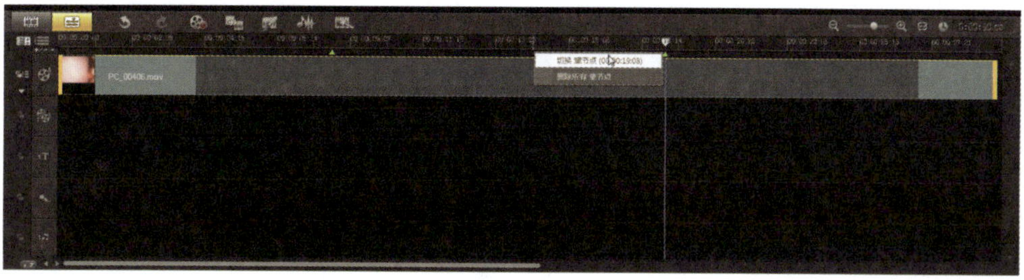

删除章节点

06 执行“文件”→“保存”命令，将编辑完成的项目文件以“在时间轴标记章节点”命名并保存到计算机中指定的目录。

Example 实例 20 设置视频的入点和出点

实例目标

通过为影片项目设置入点和出点，可以为其确定播放预览的时间范围。

实例要点

- 确定预览范围的开始位置，单击“开始标记”按钮确定入点。
- 确定预览范围的结束位置，单击“结束标记”按钮确定出点。
- 通过调整前后修整拖柄的位置，同样可以设置项目预览范围。

操作步骤

01 导入本书实例光盘中Chapter 3\实例20\Media目录下准备的视频素材，然后将时间轴窗口的显示比例调整到合适的大小。在项目预览模式下单击“播放”按钮，预览完整的项目内容，记录下需要设置范围的开始位置和结束位置。

02 通过移动飞梭或输入时间码的方式，将飞梭停靠到需要预览的开始位置，然后单击[“开始标记”按钮，确定好预览范围的入点。

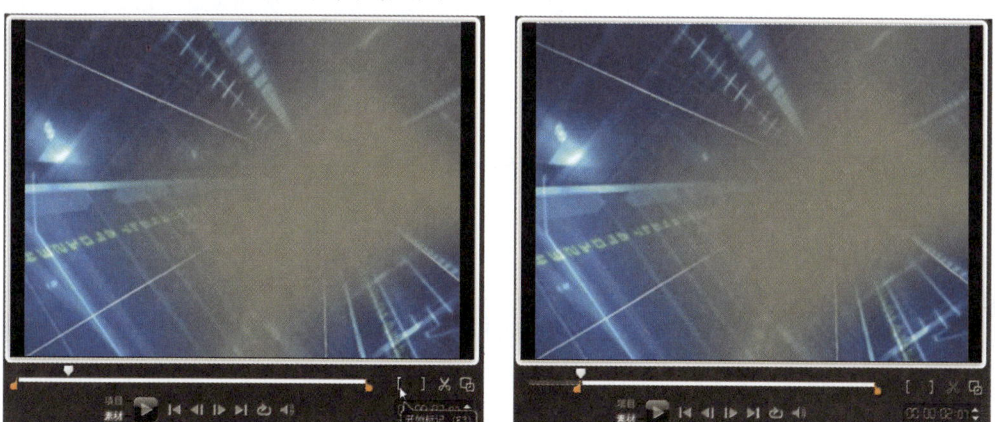

设置预览范围的入点

03 移动飞梭或输入时间码，将飞梭停靠到需要预览的结束位置，然后单击] "结束标记"按钮，确定好预览范围的出点。

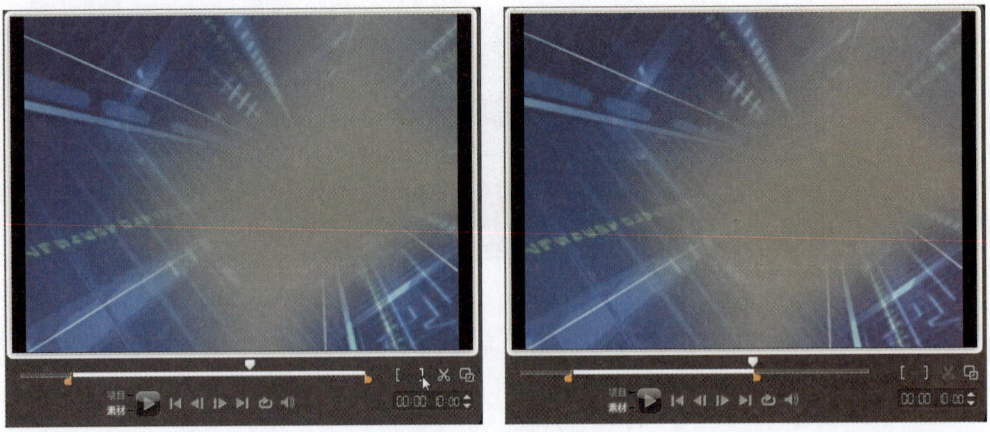

设置预览范围的出点

04 确定好预览范围后，可以看见在时间轴窗口中的标尺通道上显示了一条与预览范围相同的橙色线条，即表示该时间段的内容已经被设置为预览范围。单击"播放"按钮，即可看到在预览窗口中只播放设置成预览范围的片段了。

05 进入"分享"步骤，单击"项目回放"按钮，在弹出的"项目回放-选择"对话框中单击"预览范围"单选按钮，再单击"完成"按钮，即可以回放模式查看预览范围的视频内容了。

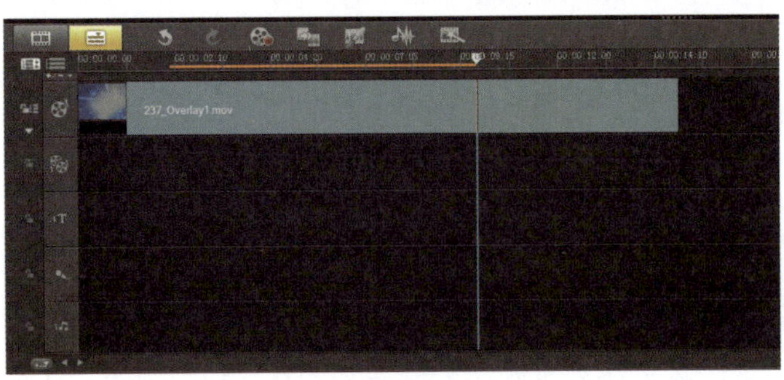

查看预览范围

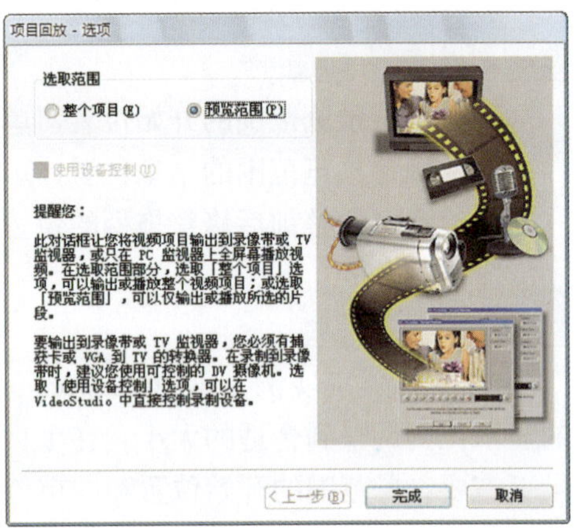

回放预览范围

06 执行"文件"→"保存"命令，将编辑完成的项目文件以"设置视频的入点和出点"命名并保存到计算机中指定的目录。

Example 实例 21 在库中修整单个素材

实例目标

会声会影X3提供了在视频库中对素材修整的功能，再将其导入到时间轴上时就无需修改了。

实例要点

◆ 将素材导入到"视频"库。

◆ 在“视频”库中使用鼠标双击该素材，在打开的对话框中对其进行修整。

操作步骤

01 在“视频”库的空白处单击鼠标右键，选择弹出的快捷菜单中的“插入”视频命令，在打开的对话框中选择本书实例光盘Chapter 3\实例21\Media目录下的视频素材，单击“打开”按钮。

02 在“视频”库中可以看到导入的视频，用鼠标双击该视频，打开“单素材修整”对话框。

导入视频素材

用鼠标双击视频素材

03 “单素材修整”对话框与会声会影编辑窗口中的“预览”面板类似。拖动时间飞梭或者输入时间码定位视频的入点或出点后，单击“开始标记”按钮或“结束标记”按钮，即可设置视频的开始或结束位置。

04 在“单素材修整”对话框中可以看到，被分割出的片段边缘出现了橙白虚线，即表示该部分已经被分割开来。预览效果后，单击“确定”按钮回到编辑窗口。

修整素材

05 在“预览”面板中也可以看到修整后的视频效果。

在“预览”面板查看修整后的视频效果

Example 实例 22 在时间轴修整视频长度

实例目标

在时间轴中的视频素材也可以进行修整。

实例要点

◆ 在素材预览模式下，通过“开始标记”和“结束标记”按钮，或者调整前后修整拖柄的位置来对视频素材的播放长度进行修整。

◆ 在时间轴窗口中，拖动视频素材的首尾位置，快速修整视频素材的播放长度。

操作步骤

01 在时间轴窗口中单击鼠标右键并在弹出的快捷菜单中选择“插入视频”命令，导入本书实例光盘中Chapter 3\实例22\Media目录下准备的视频素材，然后将时间轴窗口的显示比例调整到合适的大小。

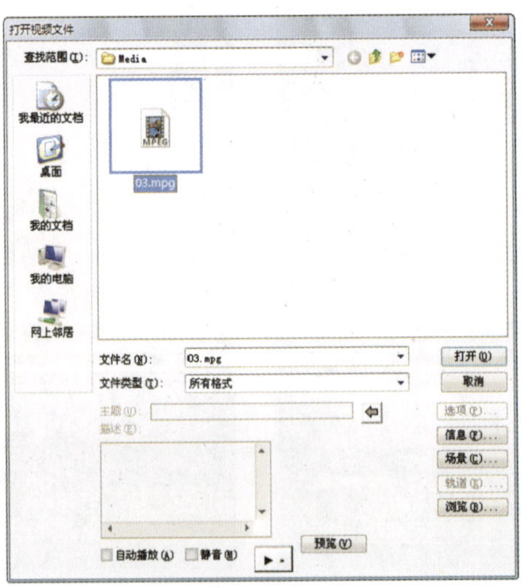

导入素材

02 在素材预览模式下单击▶“播放”按钮进行预览，记录需要设置范围的开始位置和结束位置。

03 使用与设置项目预览范围相同的方法，通过移动飞梭或输入时间码的方式修整视频长度。

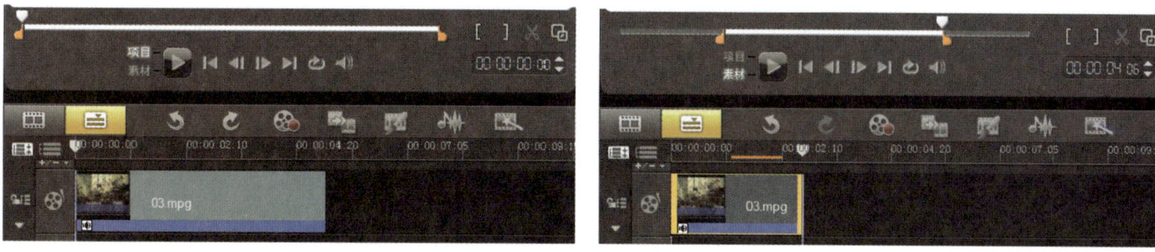

修整视频素材长度

04 将鼠标指针移动到时间轴中素材的开始或结束位置的黄色标记上，当鼠标指针变成⇔（或⇔）形状时，按住鼠标左键并前后拖动，同样可以对视频素材的播放长度进行修整。

在时间轴中修整视频素材

05 执行“文件”→“保存”命令，将编辑完成的项目文件以“在时间轴修整视频长度”命名并保存到计算机中指定的目录。

Example 实例 23 将一段视频素材分割成多段

实例目标

通过“多重修整视频”功能，可以将时间轴窗口中的一段视频素材分割成多段，方便在影片项目中保留不同段落的视频内容。

实例要点

◆ 在“多重修整视频”窗口中，设置好时间位置并配合“开始标记”和“结束标记”按钮，设置需要分割的片段范围。

◆ 按下“播放修整的视频”按钮对分割效果进行预览，确定设置后，按下“确定”按钮执行分割处理。

操作步骤

01 在时间轴窗口中单击鼠标右键并在弹出的快捷菜单中选择“插入视频”命令，导入本书实例光盘中Chapter 3\实例23\Media目录下准备的视频素材。

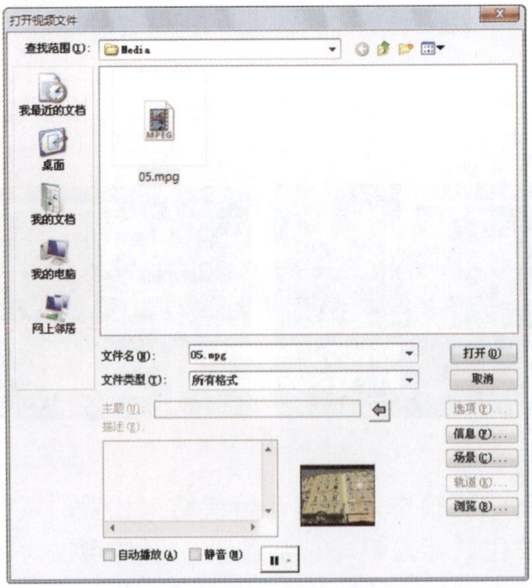

导入素材

02 将显示比例调整到填满时间轴窗口的大小，在素材预览模式下单击“播放”按钮，预览视频素材的完整内容，记录需要分割出的片段的大概范围。

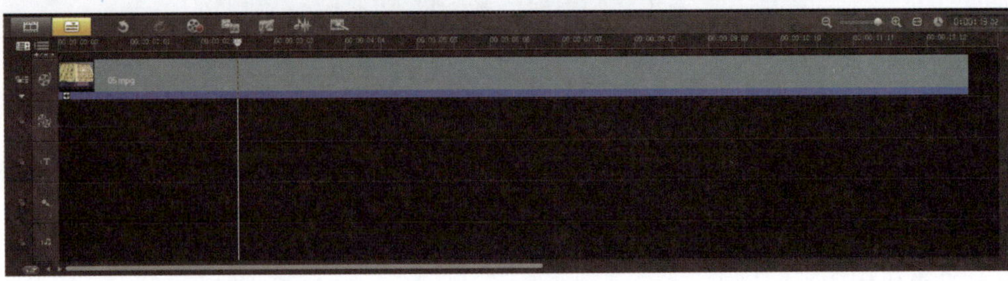

将素材加入时间轴

03 使用鼠标左键双击时间轴窗口中的视频素材，单击“视频”选项卡中的“多重修整视频”按钮，打开“多重修整视频”窗口。

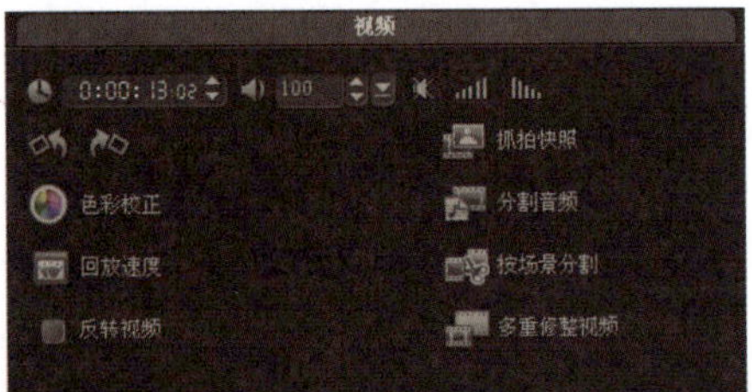

单击“开始标记”按钮，设置开始点

04 将时间飞梭置于飞梭栏的开始位置，按下“开始标记”按钮，设置第一个片段的开始点；按住鼠标左键拖动时间飞梭或滑动飞梭轮，按下“结束标记”按钮，设置第一个片段的结束点。

05 继续移动飞梭或滑动飞梭轮，配合“开始标记”和“结束标记”按钮设置新的分割片段。设置完成后，按下▶“播放修整的视频”按钮，可以连续播放分割的片段，查看分割设置的完成效果，方便及时对不合适的部分进行调整。

单击“结束标记”按钮，设置结束点

预览分割效果

06 确定分割设置后，按下“确定”按钮，对分割设置进行应用并返回编辑窗口，即可看到时间轴窗口中的素材被分割为多段。

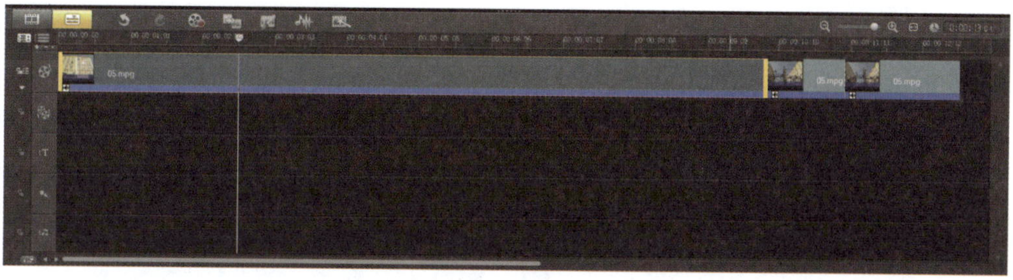

素材分割完成效果

07 执行“文件”→“保存”命令，将编辑完成的项目文件以“将一段视频素材分割成多段”命名并保存到计算机中指定的目录。

Example 实例 24 恢复已删除的视频

实例目标

对视频素材进行长度修整或进行了多段分割后，原来视频中的部分内容将不能在播放时显示出来，但通过恢复处理，可以把视频素材的内容恢复到原始的长度。

实例要点

使用鼠标对时间轴窗口中的视频素材进行起始位置修整，将片段恢复到最开始位置和最末尾位置。

操作步骤

01 打开本书实例光盘中Chapter 3\实例24\Complete\删除场景.VSP，在这个影片项目中的视频素材被执行了按场景分割处理，中间两个场景的片段也已被删除。

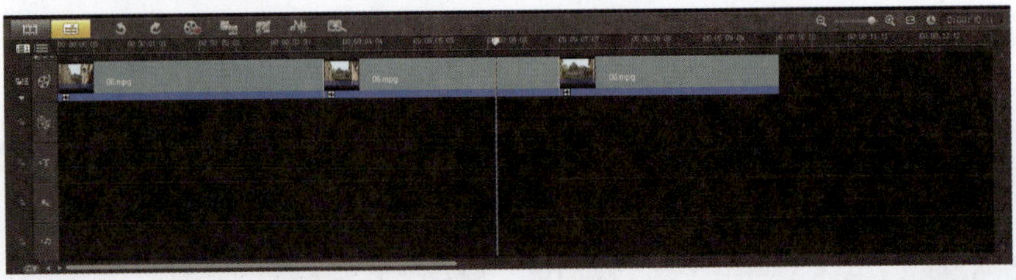

打开开始项目

02 单击时间轴中的第一个片段，将鼠标指针移动到该片段结束位置的黄色标记上，在鼠标指针变成↔形状时，按住鼠标左键并向后拖动到不能拖动为止，即可将该视频片段的内容恢复到原始状态。

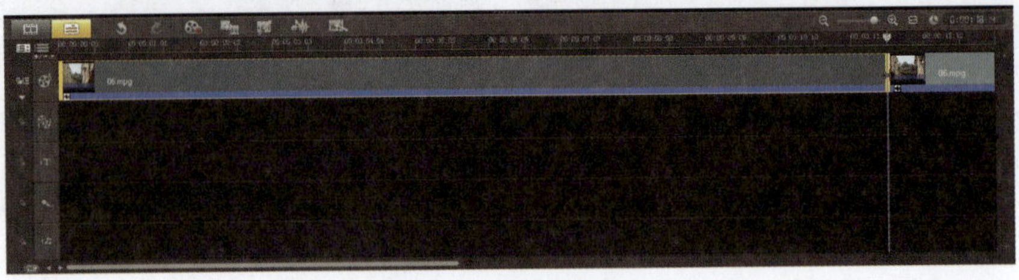

使用鼠标修整视频长度

提示 单击视频素材片段以后，将导航面板中的修整拖柄拖动到飞梭栏的最开始和最末尾位置，同样可以将该段素材恢复到原始状态的长度。

在导航面板中修整素材

03 单击时间轴窗口中末尾的两段视频片段，按下“Delete”键将其删除，使时间轴中只保留一个完整的原始视频素材。

删除多余素材

04 执行“文件”→“另存为”命令，将编辑完成的项目文件以“恢复已删除的视频片段”命名并保存到新的目录中。

Example 实例 25 调整视频的前后顺序

实例目标

当影片项目中加入了多个影像素材后，可以通过调整视频影像素材的前后位置，快速完成对影像片段播放顺序的调整。

实例要点

在故事板或时间轴视图模式下，按住鼠标左键并向目标位置拖动视频素材，即可改变其位置顺序。

操作步骤

01 启动会声会影X3后，将本书实例光盘中Chapter 3\实例25\Media的视频素材导入到时间轴窗口中。

将素材加入时间轴

02 将鼠标指针移动到第一段视频素材上单击鼠标左键，在鼠标指针变成✥形状时，按住鼠标左键并向后拖动鼠标，在末尾位置释放鼠标后，即可将其移动到指定位置。

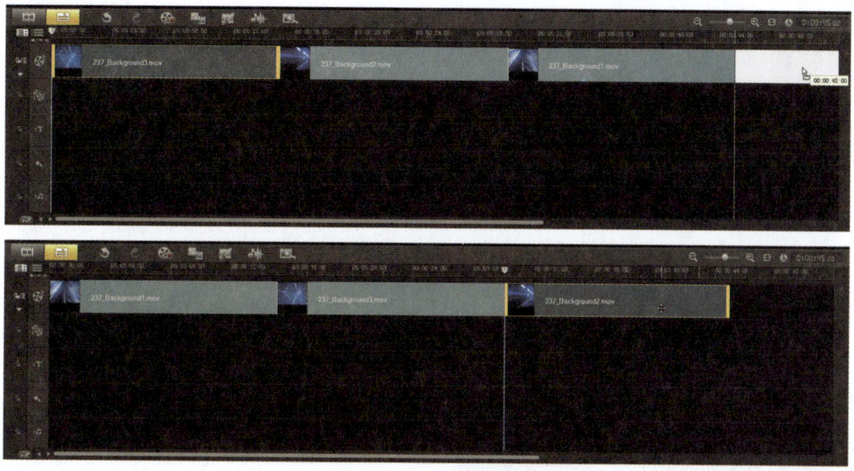

在时间轴窗口中调整视频素材顺序

03 切换到故事板视图模式，按住鼠标左键并拖动视频素材到需要的目标位置，即可完成排列顺序的调整。

在故事板中调整视频素材顺序

提示：在故事板或时间轴视图模式中，还可以在按住Shift键的同时，单击多个视频素材再进行移动调整，即可同时改变多个视频素材的前后顺序。

04 执行“文件”→“保存”命令，将编辑完成的项目文件以“调整视频的前后顺序”命名并保存到计算机中指定的目录。

Example 实例 26 按场景分割素材

实例目标

使用“按场景分割素材”功能，可以根据帧画面中像素的连续性，检测视频素材中画面场景的变化，将一段视频素材分割成多段单独场景内容的片段。

实例要点

- 在“按场景分割素材”窗口中，对视频素材进行帧内容扫描，分析出所有的场景画面。
- 对需要连接的片段进行连接，确定好需要的全部场景画面后，执行分割处理。

操作步骤

01 在时间轴窗口中单击鼠标右键并选择“插入视频”命令，导入本书实例光盘中Chapter 3\实例26\Media目录下的视频素材。

02 选择时间轴窗口中的视频素材，单击“视频”选项卡中的“按场景分割”按钮；在打开的“场景”对话框中，会显示出程序自动检测出的场景片段并一次罗列出来。在这段视频中，自动检测出了3个场景。

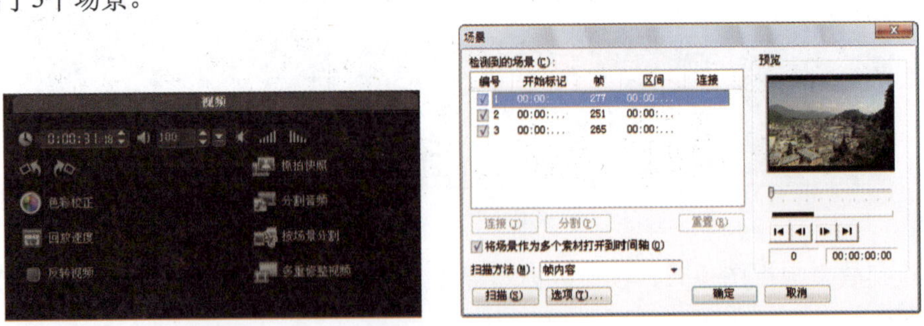

将素材加入时间轴

提示

按下窗口下方的“选项”按钮，可以在弹出的“场景扫描敏感度”对话框中调整程序扫描连续帧内容变化的灵敏程度。设置的数值越高，扫描分析越敏感，也容易分析出更多的场景。一般情况下，如果视频中连续场景的内容变化比较明显，则设置较小的敏感度即可；如果场景内容变化不明显，则应设置较高的扫描敏感度。

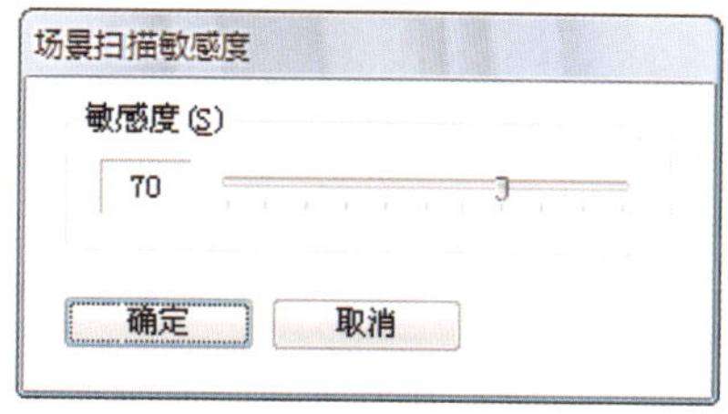

设置场景扫描敏感度

03 单击“扫描”按钮，程序将重新对视频素材进行场景扫描，并显示出新的场景扫描列表。单击需要预览的场景片段后，可以在右边的预览窗格中对其进行播放预览。

04 如果扫描敏感度过高，则容易将一些一段场景中有部分变化的环节分析成一个新场景，可以在选择一个需要加入上一段场景中的片段后，单击“连接”按钮，将其加入上一段场景中。

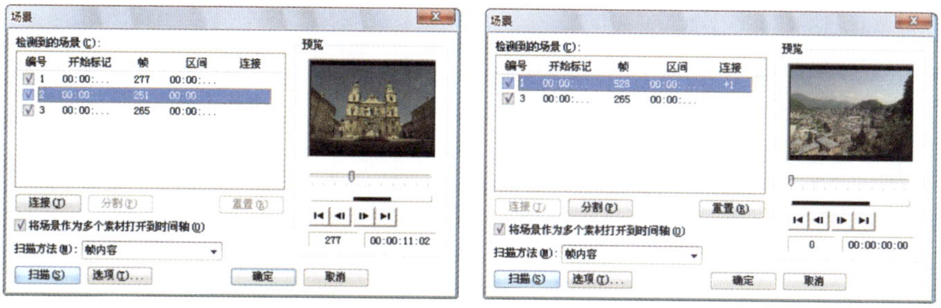

连接分割片段

05 确定场景分析结果后，勾选“将场景作为多个素材打开到时间轴”选项，然后按下“确定”按钮，即可对视频素材按照场景内容的变化分割成多个片段并加入到时间轴窗口。如果不勾选该选项，则不对素材进行分割。

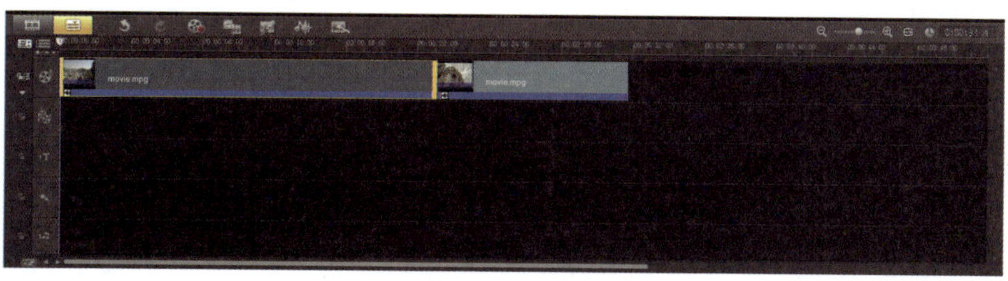

按场景分割后的视频素材

06 如果需要将分割出来的个别片段删除，可以取消列表中对该片段的勾选，然后按下“确定”按钮，即可在时间轴窗口中只保留被勾选的场景片段。

选择部分片段执行分割

07 执行“文件”→“保存”命令，将编辑完成的项目文件以“按场景分割素材”命名并保存到计算机中指定的目录。

提示 在导入视频素材文件时，单击“打开视频文件”对话框中的“场景”按钮，同样可以打开“场景”对话框对视频素材进行扫描和分割，然后再选择需要的片段导入到影片项目中。

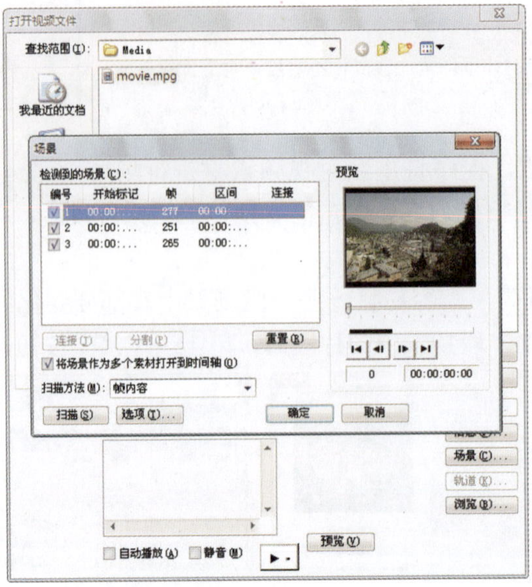

在导入视频素材时分割

Example 实例 27 旋转视频方向

实例目标

会声会影X3可以将视频的方向进行旋转。

实例要点

在选取时间轴窗口中需要旋转的视频素材后，单击对应的旋转设置按钮即可。

操作步骤

01 在时间轴上单击鼠标右键并选择“插入视频”命令，导入本书实例光盘中Chapter 3\实例27\Media目录下的视频素材。

02 为方便前后效果对比，将准备好的视频素材插入4次到时间轴窗口中，接下来将对它们分别设置不同的旋转方向。

将素材加入时间轴

03 单击时间轴窗口中的第二段视频素材，展开“视频”选项卡，单击其中的“将视频逆时针旋转90度”按钮，即可对该视频素材进行一次逆时针90°旋转。

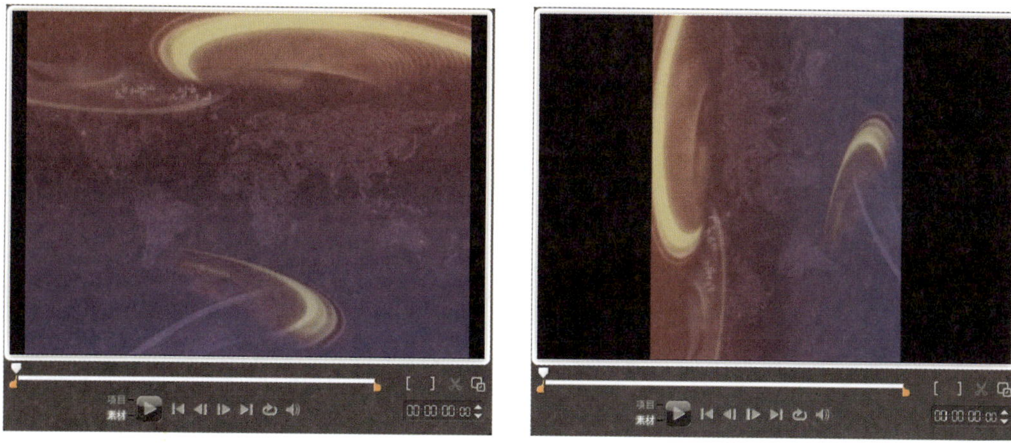

将视频素材视频逆时针选择90°

04 单击第三段视频素材，单击“将视频顺时针旋转90度”按钮；单击第四段视频素材，单击两次旋转设置按钮，将其翻转。

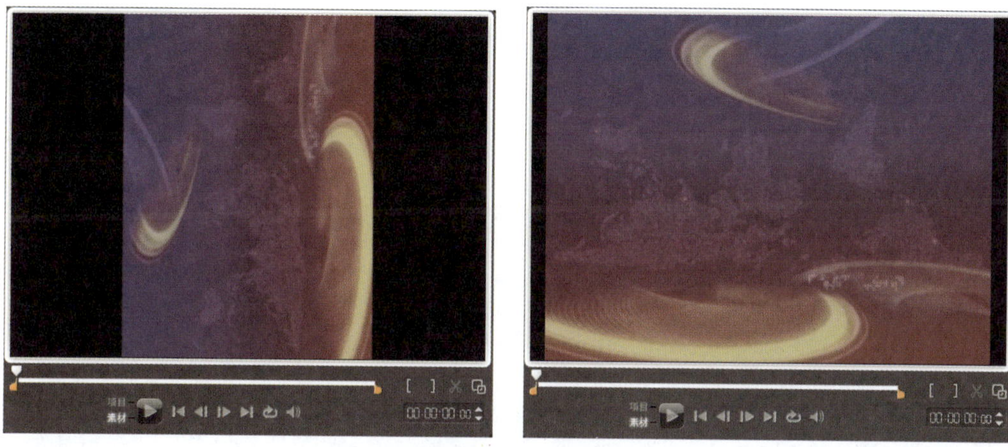

将视频顺时针旋转90°

05 设置完成后，单击导航面板中的“播放”按钮，即可预览设置完成的视频旋转效果。

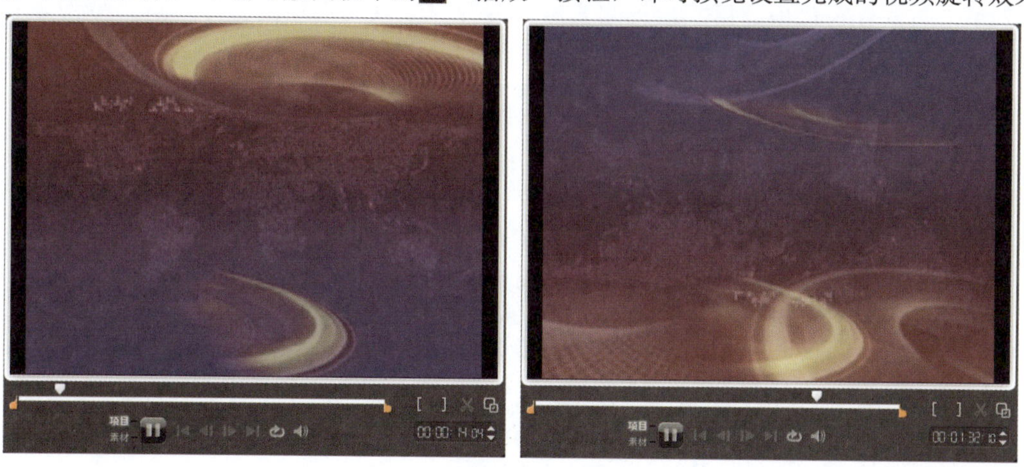

预览播放

06 执行“文件”→“保存”命令，将项目文件以“旋转视频方向”命名并保存到计算机中指定的目录。

Example 实例 28 调整影片的形状

实例目标

会声会影X3可以对影像素材进行扭曲变形处理，适用于调整变形了的视频或图像素材，也可以用于制作特殊的视频播放效果。

实例要点

◆ 在“属性”选项面板中勾选“变形素材”选项后，即可对影像素材进行放大、缩小以及扭曲变形的处理。

◆ 勾选“显示网格”选项，可以在预览窗口中显示网格线，方便在作为变形调整时的位置参考。

操作步骤

01 在时间轴上单击鼠标右键并选择“插入视频”命令，导入本书实例光盘中Chapter 3\实例28\Media目录下的视频素材。

02 为方便前后效果对比，将准备好的视频素材插入4次到时间轴窗口中，接下来将对它们进行扭曲变形的处理。

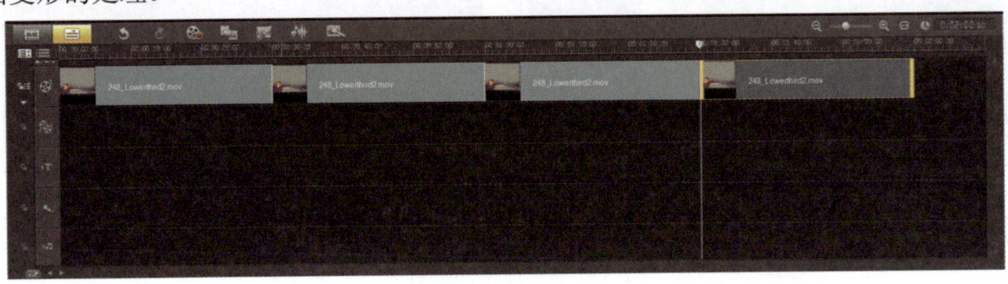

将素材加入时间轴

03 单击时间轴窗口中的第二段视频素材，展开“属性”选项面板并勾选“变形素材”选项，预览窗口中的视频边缘将显示出调整控制顶点。

开启“变形素材”

04 将鼠标指针移动到上边中间的黄色控制点上，按住鼠标左键并将该控制点向下拖动；将鼠标指针移动到下边中间的黄色控制点上，按住并将该控制点向上拖动。

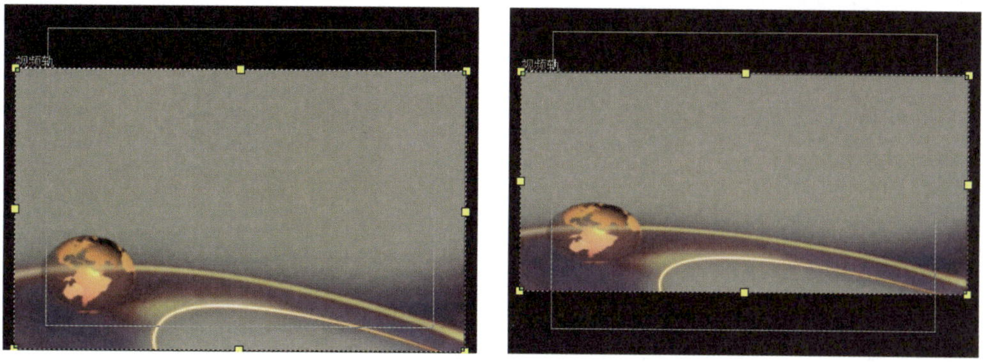

对素材进行拉宽变形

05 单击时间轴窗口中的第三段视频素材，勾选“属性”选项面板中的“变形素材”选项。

06 单击鼠标左键选中画面右下角的黄色控制点，按住Shift键并向画面中间拖动黄色控制点，如下左图所示；用相同的方法调整画面尺寸，并将其拖放到画面中央位置。

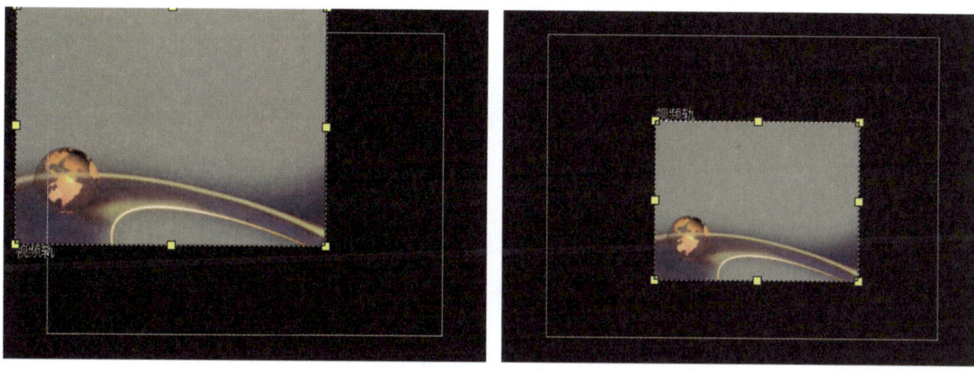

对素材进行缩放变形

07 单击时间轴窗口中的第四段视频素材，勾选“属性”选项面板中的“变形素材”选项后，将鼠标指针移动到画面右下角的绿色控制点上，在鼠标指针改变形状后按住并向画面中间拖动到适当的位置，如下左图所示；用同样的方法，向画面中间拖动右上角和左上角的绿色控制点到适当的位置，如下右图所示。

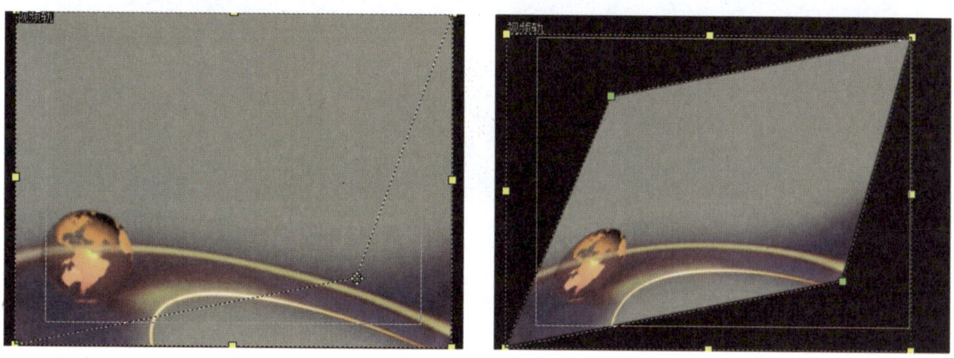

对素材进行扭曲变形

提示

勾选“属性”选项面板中的“显示网格线”选项后，可以在预览窗口中显示出网格线，方便在进行变形处理时作为比例和位置的参考。单击“网格线选项”按钮，可以在打开的“网格线选项”窗口中，对网格的大小、线条类型及线条颜色进行设置；勾选其中的“靠近网格”选项，可以使控制点在被拖动时，自动吸附到网格线上，方便更准确地进行变形处理。

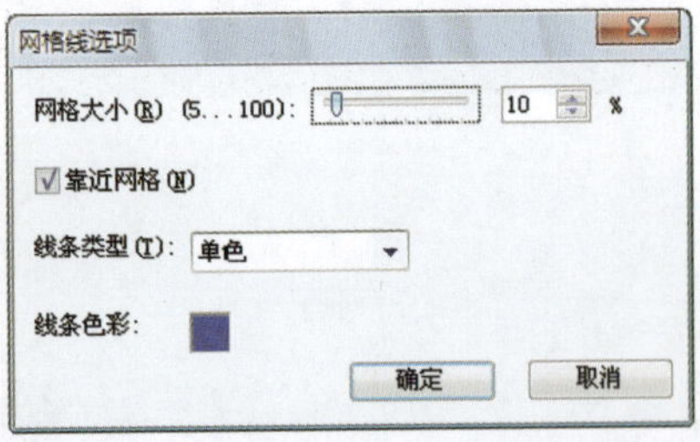

“网格线选项”对话框

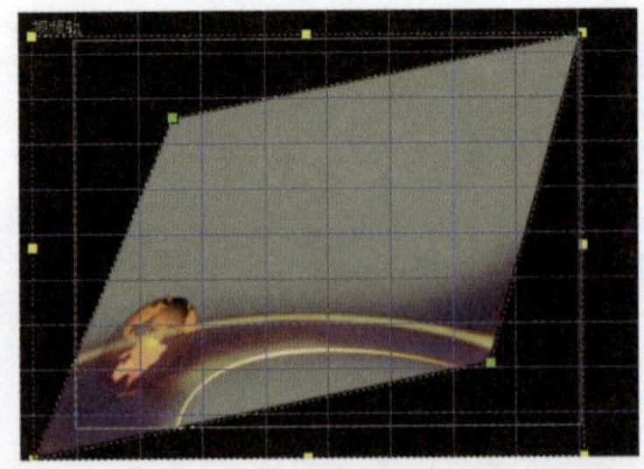

开启“显示网格线”

08 执行“文件”→“保存”命令，将编辑完成的项目文件以“对影像素材进行变形”命名并保存到计算机中指定的目录。

Example 实例 29 调整影像白平衡

实例目标

通过调整视频影像的白平衡，可以对因环境光线问题造成的影像色彩偏差进行校正。

实例要点

- 应用“自动白平衡”，可以对视频素材的影像画面进行自动调整。
- 根据视频素材实际的影像特点，选择合适的环境光线设置，可以得到更好的调整效果。

操作步骤

01 在时间轴上单击鼠标右键并选择“插入视频”命令，导入本书实例光盘中Chapter 3\实例29\Media目录下的视频素材。

02 为方便前后效果对比，将准备好的视频素材插入4次到时间轴窗口中，接下来将对它们分别设置不同的白平衡调整。

将素材加入时间轴

03 单击时间轴窗口中的第二段视频素材，在“视频”选项卡中单击“色彩校正”按钮，打开“色彩校正”选项面板。

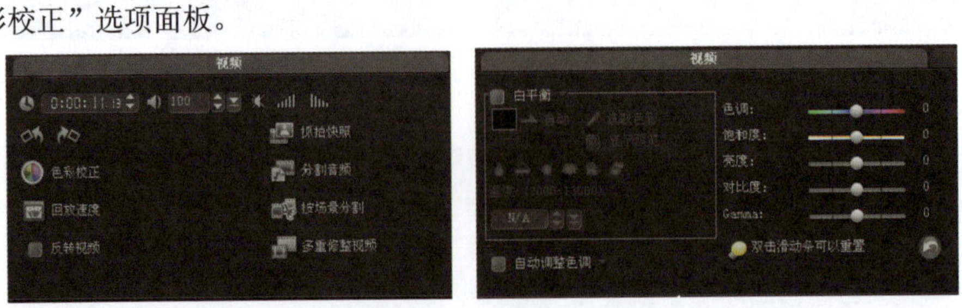

“色彩校正”选项面板

- 白平衡：选中该选项后，即可应用白平衡调整，通过设置面板中的各个选项来完成校正。
- 自动：按下该按钮，程序将对视频影像中的色彩进行自动分析，并完成白平衡校正。
- 选取色彩：按下该按钮后，可以在画面中选择指定应该是白色的像素，所选择的颜色将显示在“自动”按钮前面的颜色框中，程序将以此作为标准白色进行白平衡校正。
- 显示预览：选中该选项，可在选项面板右边显示出视频素材的原始画面，方便对白平衡校正前后的效果进行比较。
- 光线模式：单击对应的按钮，可以选择适合视频素材的光线环境进行白平衡校正，依次为：钨光、荧光、日光、云彩、阴影、阴暗。
- 温度：即影像的色温，是指人眼对不同能量环境下的光波所感觉到的颜色变化。色温数值=摄氏温度-273，冷光源的色温低，热光源的色温高。

04 勾选“白平衡”选项后，程序将开启自动白平衡处理功能。不同拍摄效果的视频影像，画面发生的色彩变化程度也不同。

开启“自动”白平衡

05 单击第三段视频素材，在选项面板中按下“选取色彩”按钮，将鼠标指针移动到预览窗口中，在白色的像素上单击鼠标左键以选取校正标准色，例如这里在单击杯子上的白色后，即可看见画面的色彩变化。如果选择其他颜色的像素作为参考标准，则会产生不同的变化效果，在影片编辑中，可以利用这种方法制作特殊的画面色彩效果。

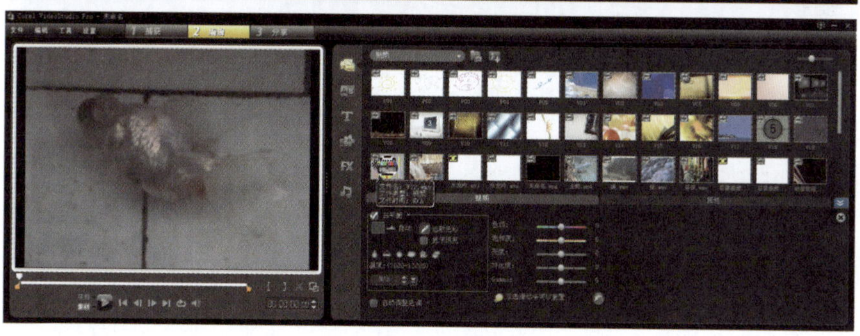

设置白平衡标准色

06 单击第四段视频素材，在选项面板中按下不同的光线模式按钮，可以对视频素材应用对应的光线环境，以进行白平衡调整。选择不同的光线模式，下面的色温数值也会有对象的变化。

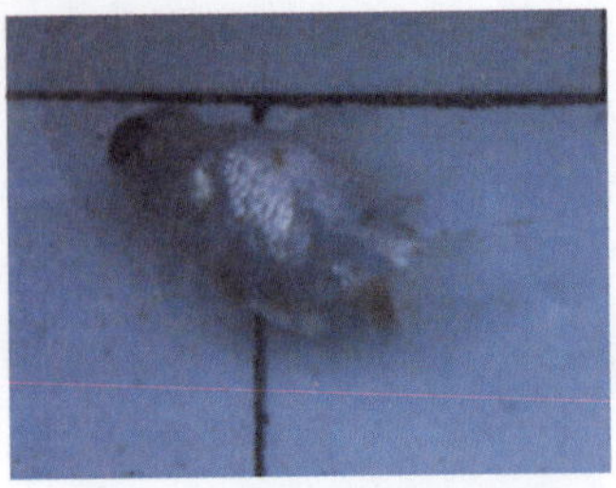

钨光

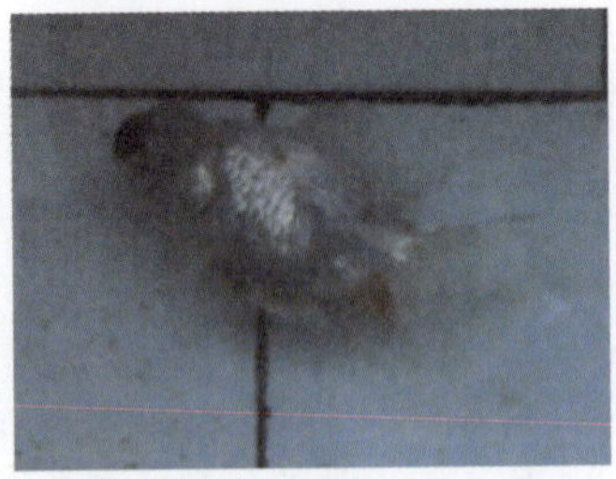

荧光

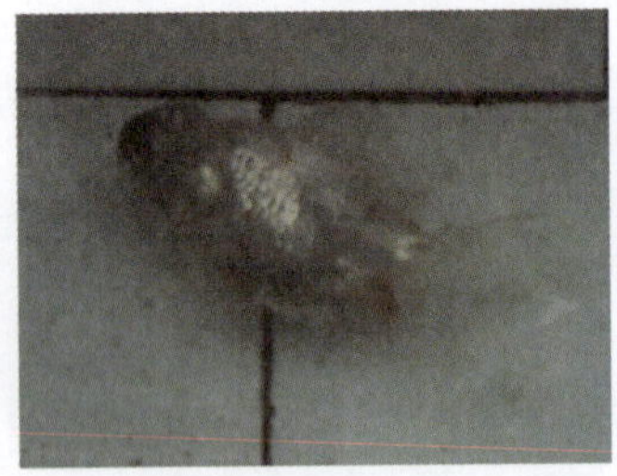

日光

云彩

阴影

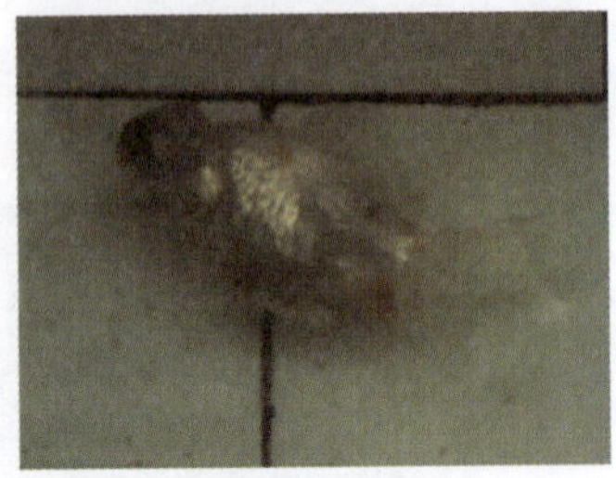

阴暗

07 在色温栏中输入需要的数值，或者在按住▾按钮弹出的滑条上拖动滑块，即可应用新的色温数值对视频素材进行白平衡调整。

调整色温数值

08 设置好相应的参数并预览效果后，执行“文件”→“保存”命令，将编辑完成的项目文件以“调整影像白平衡”命名并保存到计算机中指定的目录。

Example 实例 30 自动调整影像色调

实例目标

对于视频素材在拍摄时因为环境光色或其他原因造成的影像明暗不正常，可以通过“自动调整色调”功能对齐进行调整处理。

实例要点

◆ 在“色彩校正”选项面板中勾选“自动调整色调”功能，即可对素材画面进行整体色调的自动调整。

◆ 选择不同程度的调整设置，可以得到不同明暗程度的变化效果。

操作步骤

01 在时间轴上单击鼠标右键并选择“插入视频”命令，导入本书实例光盘中Chapter 3\实例30\Media目录下准备的视频素材。

02 为方便前后效果对比，将准备好的视频素材插入两次到时间轴窗口中，接下来将对第2段视频片段应用色调调整。

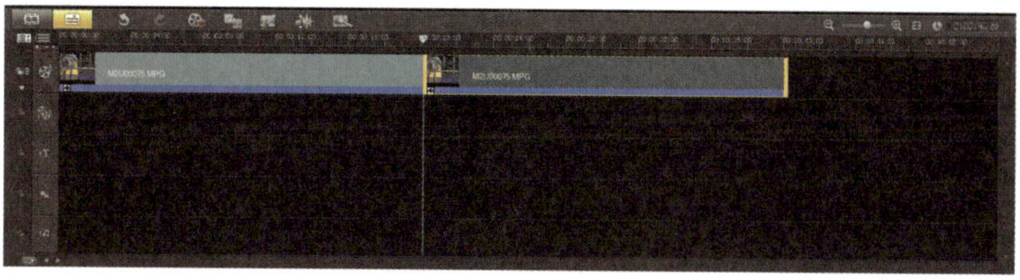

将素材加入时间轴

03 单击时间轴窗口中的第二段视频素材，在“视频”选项卡中单击“色彩校正”按钮，打开“色彩校正”选项面板，勾选“自动调整色调”选项。

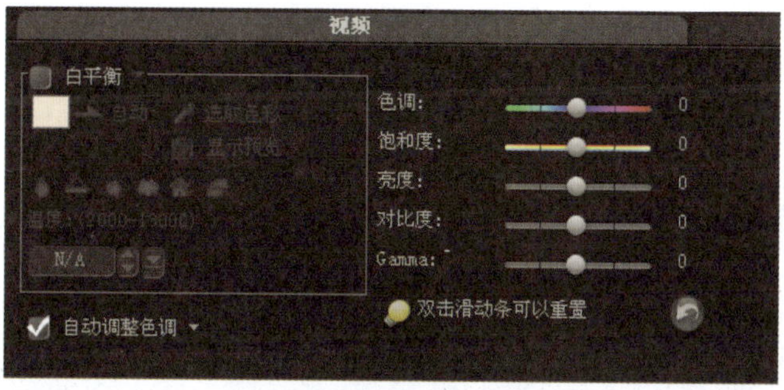

开启“自动调整影像色调”

04 单击“自动调整色调”选项后面的下拉按钮，在弹出的命令菜单中可以选择5个亮度等级，可以根据实际需要选择对应的命令进行调整应用。

最暗

较暗

一般

较亮

最亮

05 设置好相应的参数并预览效果后，执行“文件”→“保存”命令，将编辑完成的项目文件以“自动调整影像色调”命名并保存到计算机中指定的目录。

Example 实例 31 调整色调与饱和度

实例目标

对视频影像的色调和饱和度进行调整，除了可以修复一些画面色彩问题，更多时候可以用来制作特殊的色彩表现效果。

实例要点

- 调整“色调”参数，可以根据色相环改变视频画面的颜色。
- 调整“饱和度”参数，可以改变视频影像的色彩浓度。向左拖动滑块，色彩浓度逐渐降低；向右拖动滑块，色彩浓度逐渐增强。

操作步骤

01 在时间轴上单击鼠标右键并选择“插入视频”命令，导入本书实例光盘中Chapter 3\实例31\Media目录下的视频素材。

02 为了方便前后效果对比，将准备好的视频素材插入3次到时间轴窗口中，接下来先对第二段视频片段应用色调调整。

将素材加入时间轴

03 单击时间轴窗口中的第二段视频素材，在“视频”选项卡中单击“色彩校正”按钮，打开“色彩校正”选项面板，按住“色调”栏上的滑块并左右拖动，即可对视频影像的色彩进行改变。

色调=100

色调=50

色调=24

色调=10

色调=-25

色调=-80

04 单击时间轴窗口中的第三段视频素材，单击“色彩校正”按钮打开“色彩校正”选项面板，按住“饱和度”栏上的滑块并左右拖动，即可对视频影像的色彩浓度进行改变。

饱和度=-100

饱和度=-40

饱和度=-25

饱和度=20

饱和度=60

饱和度=100

05 设置好相应的参数并预览效果后，执行“文件”→“保存”命令，将编辑完成的项目文件以“调整色调与饱和度”命名并保存到电脑中指定的目录。

Example 实例 32 调整亮度与对比度

实例目标

对视频影像亮度和对比度的调整，用于改变画面的整体明暗程度与明暗对比。亮度与对比度相互配合变化，可以得到更接近真实的光线明暗变化效果。

实例要点

◆ 调整“亮度”参数，可以调整视频影像的明暗程度。向左拖动滑块，画面逐渐变暗；向右拖动滑块，画面逐渐变亮。

◆ 调整“对比度”参数，可以调整视频影像中明暗部分的对比。向左拖动滑块，明暗对比逐渐减小，画面层次变模糊；向右拖动滑块，明暗对比逐渐增强，画面层次变清晰。

操作步骤

01 在时间轴上单击鼠标右键并选择“插入视频”命令，导入本书实例光盘中Chapter 3\实例32\Media目录下的视频素材。

02 为方便前后效果对比，将准备好的视频素材插入3次到时间轴窗口中，接下来先对第2段视频片段进行亮度调整。

将素材加入时间轴

03 单击时间轴窗口中的第二段视频素材，在“视频”选项卡中单击“色彩校正”按钮，打开“色彩校正”选项面板，按住“亮度”栏上的滑块并左右拖动，即可对视频影像的亮度进行调整。

亮度=-80

亮度=-50

亮度=-20

亮度=20

亮度=60

亮度=80

04 单击时间轴窗口中的第三段视频素材，单击“色彩校正”按钮打开“色彩校正”选项面板，按住“对比度”栏上的滑块并左右拖动，对视频画面中的明暗对比进行调整。

对比度=-80

对比度=-55

对比度=-30

对比度=20

对比度=40

对比度=70

05 设置好相应的参数并预览效果后，执行“文件”→“保存”命令，将编辑完成的项目文件以“调整亮度与对比度”命名并保存到计算机中指定的目录。

Example 实例 33 调整Gamma校正影像效果

实例目标

会声会影X3中对图像进行的Gamma参数调整，和Photoshop中的Gamma显示调整一样，可以对影像画面的明暗平衡进行调整，以得到需要的整体明暗效果。

实例要点

通过拖动滑块设置Gamma参数，对视频画面的整体明暗效果进行调整。调整效果的明显程度，受影像画面中的明暗对比度影响，对比越强烈，则调整效果越不明显。

操作步骤

01 在时间轴上单击鼠标右键并选择“插入视频”命令，导入本书实例光盘中Chapter 3\实例33\Media目录下的视频素材。

02 为了方便前后效果对比，将准备好的视频素材插入两次到时间轴窗口中，接下来对第二段视频片段进行Gamma调整。

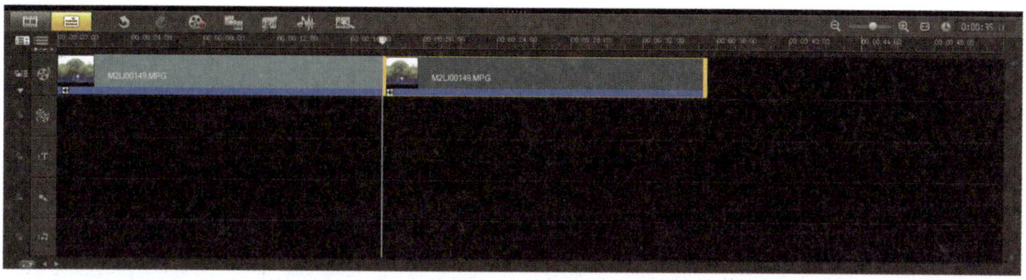

将素材加入时间轴

03 单击时间轴窗口中的第二段视频素材，在“视频”选项卡中单击“色彩校正”按钮，打开“色彩校正”选项面板，按住Gamma栏上的滑块并左右拖动，对视频影像进行明暗平衡调整。

Gamma=-70

Gamma=-40

Gamma=0

Gamma=20

Gamma=50

Gamma=80

04 设置好相应的参数并预览效果后，执行“文件”→“保存”命令，将编辑完成的项目文件以“调整Gamma校正明暗平衡”命名并保存到计算机中指定的目录。

Example 实例 34 调整视频素材播放速度

实例目标

调整视频的播放速度是一项实用的影片编辑功能，可以很好地突出表现精彩的瞬间动作，也可以方便地制作出有趣的影片效果。

实例要点

◆ 在“回放速度”窗口中，设置小于100%的数值速度或向“慢”拖动滑块，可以减慢视频素材的播放速度。

◆ 在“回放速度”窗口中，设置大于100%的数值速度或向“快”拖动滑块，可以加快视频素材的播放速度。

操作步骤

01 在时间轴上单击鼠标右键并选择“插入视频”命令，导入本书实例光盘中Chapter 3\实例34\Media目录下的视频素材。

02 为了方便前后效果对比，将准备好的视频素材插入3次到时间轴窗口中，接下来对第二段视频片段进行加快播放速度的调整。

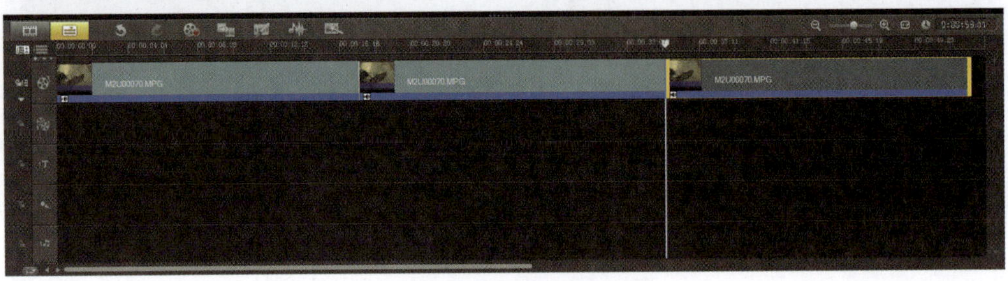

将素材加入时间轴

03 单击时间轴窗口中的第二段视频素材，在“视频”选项卡中单击“回放速度”按钮，通过在打开的“回放速度”对话框中设置各种参数，即可对视频素材的播放速度进行调整。

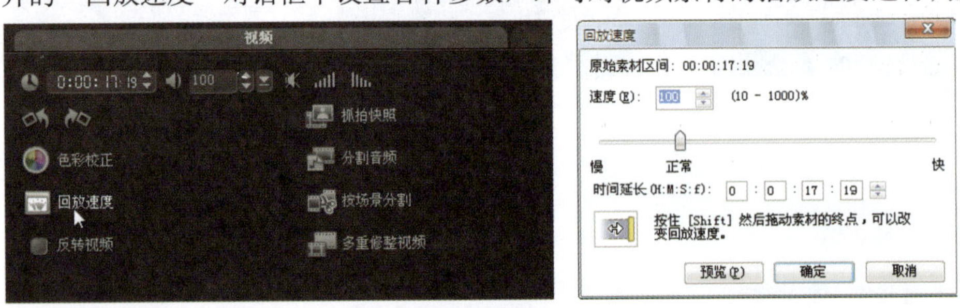

“回放速度”对话框

◆ 原始素材区间：视频素材原始的时间长度，在这里可作为速度调整前后的参考。

◆ 速度：默认数值为100%，即视频原始的播放速度。设置小于100%的数值（设置范围10%～99%）或向“慢”拖动滑块，即可减慢视频素材的播放速度；设置大于100%的数值（设置范围为101%～1000%）或向“快”拖动滑块，即可加快视频素材的播放速度。

◆ 时间延长：显示目前参数设置下视频素材的时间长度。也可以直接调整该数值来改变视频播放速度。缩短时间，则播放速度加快；延长时间，则播放速度减慢。

◆ ：提示用户，可以直接在时间轴窗口中，按住Shift键并向前或向后拖动视频素材的终点，即可加快或减慢视频素材的播放速度。

◆ 预览：设置好需要的参数后，按下该按钮，可以预览视频素材的播放速度变化效果。

04 将“速度”数值设置为40%或向“慢”拖动滑块到对应的位置，然后按下“确定”按钮，为视频素材应用放慢播放速度的设置。

05 单击时间轴窗口中的第三段视频素材，在“视频”选项卡中单击“回放速度”按钮，在打开的“回放速度”对话框中，将“速度”数值设置为600%或向“快”拖动滑块到对应的位置，然后按下“确定”按钮，为视频素材应用加快播放速度的设置。

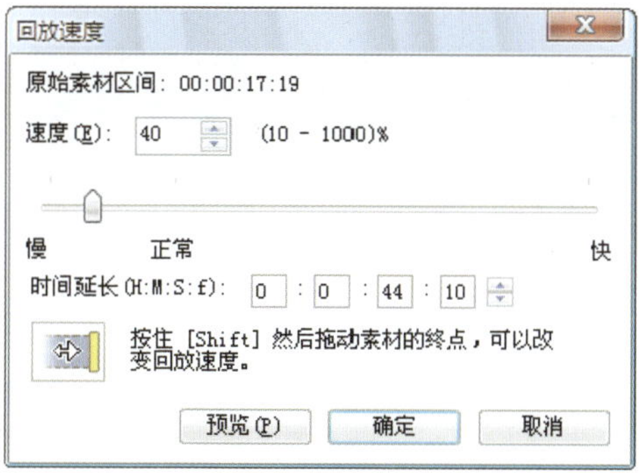

设置速度为200%

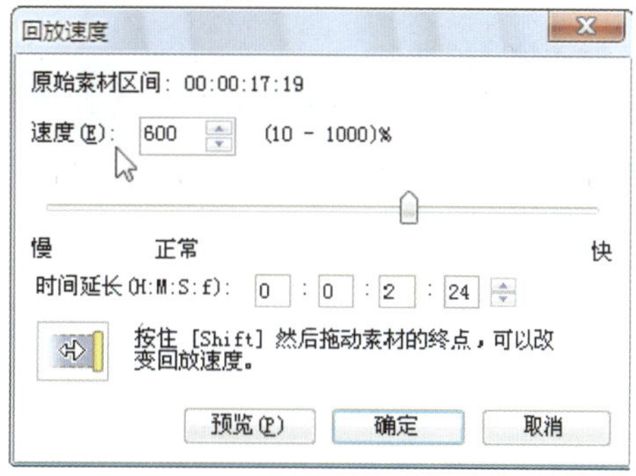

设置速度为60%

06 设置好相应的参数后，在时间轴上可以看到视频素材的长度已经发生变化了。

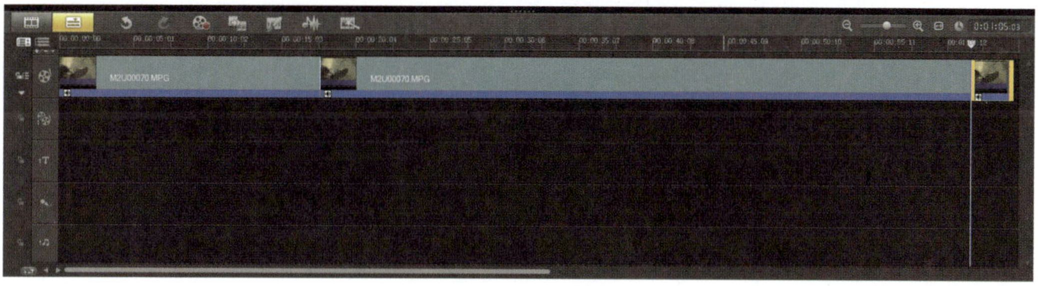

查看视频长度变化

07 执行“文件”→“保存”命令，将编辑完成的项目文件以“调整视频素材播放速度”命名并保存到计算机中指定的目录。

Example 实例 35 制作影片的倒放效果

实例目标

对视频素材的播放进行反转，使视频内容从末尾开始往回播放，也是制作特殊影片效果的一个实用的技巧。

实例要点

选取时间轴窗口中的视频素材后，勾选“反转视频”选项，即可对该视频素材进行播放反转。

操作步骤

01 在时间轴上单击鼠标右键并选择“插入视频”命令，导入本书实例光盘中Chapter 3\实例35\Media目录下的视频素材。

02 为方便前后效果对比，将准备好的视频素材插入两次到时间轴窗口中，接下来对第二段视频片段进行播放反转调整。

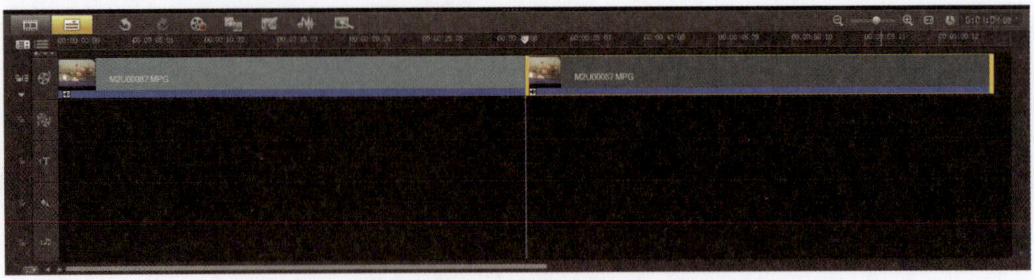

将素材加入时间轴

03 单击时间轴窗口中的第二段视频素材，勾选“视频”选项卡中的“反转视频”选项，即完成对视频素材反转播放的调整。

开启“反转视频”

04 完成视频反转播放的设置并预览效果后，执行“文件”→“保存”命令，将编辑完成的项目文件以“制作影片的倒放效果”命名并保存到计算机中指定的目录。

Example 实例 36 对图像素材重新采样

实例目标

对图像应用重新采样处理，可以比使用变形素材功能更快地将图像画面调整到与影片画面相同的大小。

实例要点

- 选择“保持宽高比”选项，可以保持图像目前的宽度和高度的比例。
- 选择“调到项目大小”选项，可以直接将图像尺寸调整到与影片画面相同的大小。

操作步骤

01 在时间轴上单击鼠标右键并选择“插入照片”命令，导入本书实例光盘中Chapter 3\实例36\Media目录下的图像素材。

02 为了方便前后效果对比，将准备好的图像素材插入两次到时间轴窗口中，接下来对第二段图像素材进行重新采样。

将素材加入时间轴

03 单击时间轴窗口中的第二段图像素材，展开“图像”选项卡，可以看到“重新采样选项”中的默认选项为“保持宽高比”；单击后面的下拉按钮，在弹出的快捷菜单中选择“调到项目大小”选项，即可将图像素材调整到与影片画面相同的大小。

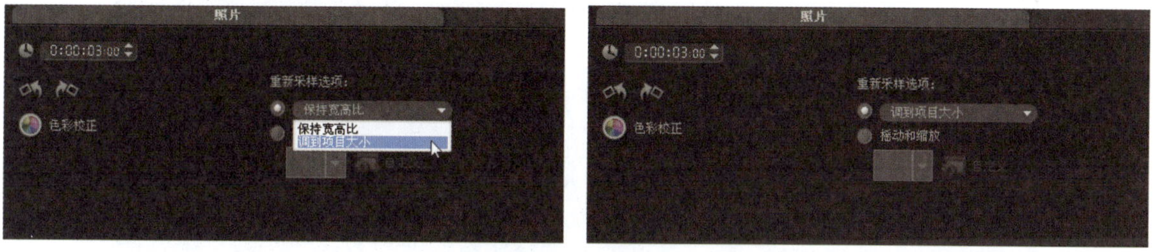

调整图像到项目大小

04 执行“文件”→“保存”命令，将编辑完成的项目文件以“对图像素材重新采样”命名并保存到计算机中指定的目录。

Example 实例 37 为图像创建摇动动画

实例目标

会声会影X3为图像素材提供了丰富的预设动画，可以直接套用到图像素材上，很方便地制作出多种移动和缩放的动画效果。

实例要点

选择时间轴窗口中的图像素材后，为图像应用需要的预设动画样式，即可为其添加动画效果。

操作步骤

01 在时间轴上单击鼠标右键并选择“插入照片”命令，导入本书实例光盘中Chapter 3\实例37\Media目录下的图像素材。

02 为了方便对比多种预设动画的效果，将准备好的图像素材插入17次到时间轴窗口中，接下来从第二段图像素材开始，将16种预设动画依次应用到图像素材上。

将素材加入时间轴

提示 在时间轴窗口中不支持粘贴和复制操作，但素材库窗口中支持这两项操作。在这里可以先在素材库中选取图像素材缩略图并对其进行多次复制，再按住Shift键选取该素材的多个略图加入到时间轴窗口中，即可快速完成在时间轴窗口中多次加入同一素材的操作。

在素材库中对图像进行复制

03 单击时间轴窗口中的第二段图像素材，在“图像”选项卡中选择“摇动和缩放”选项后，单击下面的下拉按钮，在弹出的预设动画列表框中单击第一个动画样式，即可为图像素材应用该动画样式。

为图像素材应用动画样式

04 为第三段图像素材应用第二个动画样式，用同样的方法，依次为时间轴窗口中后面的图像素材应用动画样式。

为其他图像添加摇动效果

05 预览效果后，执行“文件”→“保存”命令，将编辑完成的项目文件以“为图像创建摇动动画”命名并保存到计算机中指定的目录。

Example 实例 38 编辑图像平移动画

实例目标

通过为预设的动画效果进行自定义编辑，可以为图像素材编辑出按所需路径运动的平移动画。

实例要点

为图像素材添加预设动画样式后，对其进行自定义编辑，通过调整关键帧对应素材的位置，完成图像移动动画的编辑。

操作步骤

01 在时间轴上单击鼠标右键并选择“插入照片”命令，导入本书实例光盘中Chapter 3\实例38\Media目录下的图像素材。

02 为方便前后效果对比，将准备好的图像素材插入两次到时间轴窗口中，接下来对第二段图像素材进行平移动画编辑。为方便动画效果的表现，将第二段图像素材的区间延长。

将素材加入时间轴

03 单击时间轴窗口中的第二段图像素材，在“图像”选项卡中点选“摇动和缩放”选项后，单击“自定义”按钮，打开“摇动和缩放”对话框。

“摇动和缩放”对话框

- 原图：显示图像素材在各个关键帧上的状态。白色十字线所示位置是该关键帧上图像位置的中兴，可以拖动该十字线来对该关键帧上的图像进行移动。红色十字线是图像在目前时间位置上的中心，拖动时间轴，可以看见图像的移动效果。拖动图像边缘的控制点，可以对图像进行缩放操作。向内拖动，可以放大图像在影片中的显示；向外拖动则可以缩小图像的显示。
- 预览：显示目前动画设置状态下的影片画面效果。
- 时间轴：用于播放预览设置效果和编辑关键帧。拖动时间轴上的飞梭，可以对设置动画进行预览；单击按钮，将飞梭跳转到起始帧；单击按钮，将飞梭跳转到结束帧；单击按钮，将飞梭向左移动一帧；单击按钮，则向右移动一帧。单击按钮，可以在飞梭所在的时间位置增加一个关键帧；单击按钮，可以将飞梭所在位置对应的关键帧删除；单击按钮，可以对时间轴上的关键帧设置进行前后反转；单击按钮，可以将目前位置的关键帧向左移动一帧，单击按钮则向右移动一帧。单击按钮，将飞梭跳转到上一关键帧位置，单击按钮则跳转到下一关键帧位置。
- 预览回放：单击按钮，可以对播放速度进行控制，分为正常、快、更快和最快4个等级。按下按钮，可以让预览窗口中的显示与这里的预览同步；单击按钮，可以打开“预览回放选项”对话框，设置预览回放的方式，或者选择在外部设备上预览。单击按钮，可以对设置的动画进行预览播放。

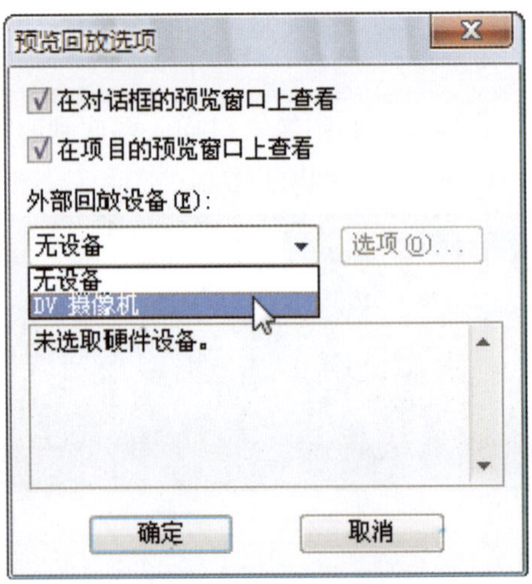

“预览回放选项”对话框

- 网格线：在关键帧位置上勾选该选项，可以在“图像”窗格中显示网格线，方便作为移动和缩放时进行大小、位置变化的参考。可以自行设置网格的大小比例，勾选“靠近网格”选项，可以使控制点在被移动时自动对齐到网格线。

网格的显示与设置

- 无摇动：勾选该选项后，可以在播放时不产生摇动动画，只产生放大或缩小的动画。
- 停靠：单击相对于画面位置的各个按钮，可以将该关键帧上的图像选取框快速固定画面中对应的位置，分别与四边对齐、与四角对齐或与中心对齐。
- 缩放率：通过拖动滑块或输入数值，调整该关键帧位置上图像的缩放比例，与拖动“图像”窗格中的控制点作用相同。
- 对数内插法：勾选该选项，可以应用函数运算的方式对图像的缩放变化进行控制，使缩放变化更精确。
- 透明度：通过拖动滑块或输入数值，调整该关键帧位置上图像的透明度。在实际的影片编辑中，可以用于制作淡入或淡出动画效果。
- 背景色：用于设置画面背景色。如果对图像应用了透明度变化，则可以显示背景色。单击后面的色彩框，可以在弹出的“友立色彩选取器”对话框中选择需要的背景色。

04 将飞梭定位在开始关键帧上，在图像上的十字线按住鼠标左键并拖动图像到下面的位置。

移动图像

05 将飞梭定位到00：00：02：20秒的位置上并单击+按钮增加一个关键帧，然后在图像上的十字线按住鼠标左键并拖动图像到如图所示的位置。

创建关键帧并移动图像

06 将飞梭定位到末尾的关键帧上，将图像拖曳到画面上方的位置。

将图像定位到画面中央

07 单击“确定”按钮应用设置好的动画。经过预览后，执行“文件”→“保存”命令，将编辑完成的项目文件以“编辑图像平移动画”命名并保存到计算机中指定的目录。

Example 实例 39 编辑图像缩放动画

实例目标

通过为预设的动画效果进行自定义编辑，可以为图像素材编辑出需要的缩放动画。

实例要点

为图像素材添加预设动画样式后，对其进行自定义编辑，通过调整关键帧上素材的缩放比例大小，完成图像缩放动画的编辑。

操作步骤

01 在时间轴上单击鼠标右键并选择“插入照片”命令，导入本书实例光盘中Chapter 3\实例39\Media目录下的图像素材。

02 为了方便前后效果对比，将准备好的图像素材插入2次到时间轴窗口中，接下来对第二段图像素材进行平移动画编辑。为了方便动画效果的表现，先将第二段图像素材的区间延长。

将素材加入时间轴

03 单击时间轴窗口中的第二段图像素材，在“图像”选项卡中单击“摇动和缩放”选项后，单击“自定义”按钮，打开“摇动和缩放”对话框。将飞梭分别定位到首尾的关键帧上，然后用鼠标单击“停靠”里面中间位置的按钮，将图像定位到画面的中央位置。

将图像定位到画面中央

04 将飞梭定位在开始关键帧上，将该关键帧上的缩放率设置为110%。

05 将飞梭定位到2秒的位置上并单击按钮增加一个关键帧，然后将该关键帧上的缩放率设置为300%。

创建关键帧并设置缩放

06 将飞梭定位到3秒的位置上并单击按钮增加一个关键帧，然后将该关键帧上的缩放率设置为400%。

创建关键帧并设置缩放

07 将飞梭定位到末尾关键帧上，将该关键帧上的缩放率设置为110%，单击“确定”按钮完成自定义设置。

设置图像缩放

08 应用设置好的动画效果并预览效果后，执行“文件”→“保存”命令，将编辑完成的项目文件以“编辑图像缩放动画”命名并保存到计算机中指定的目录。

Example 实例 40 编辑图像透明变化动画

实例目标

通过为预设的动画效果进行自定义编辑，可以为图像素材编辑出所需的透明且富于变化的动画。

实例要点

为图像素材添加预设动画样式后，对其进行自定义编辑，通过调整关键帧上素材的透明度数值，完成图像透明变化的动画编辑。

操作步骤

01 在时间轴上单击鼠标右键并选择“插入照片”命令，导入本书实例光盘中Chapter 3\实例40\Media目录下的图像素材。

02 为了方便前后效果对比，将准备好的图像素材插入2次到时间轴窗口中，接下来对第二段图像素材进行平移动画编辑。为了方便动画效果的表现，先将第二段图像素材的区间延长。

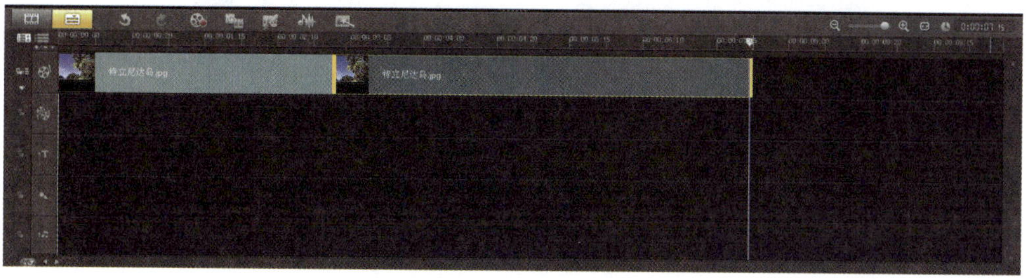

将素材加入时间轴

03 单击时间轴窗口中的第二段图像素材，在“图像”选项卡中单击“摇动和缩放”选项后，单击“自定义”按钮，打开“摇动和缩放”对话框。将飞梭分别定位到首尾的关键帧上，然后用鼠标左键单击“停靠”里面中间位置的按钮，将图像定位到画面的中央位置。

定位图像到画面中央

04 将飞梭定位在开始关键帧上，将该关键帧上的透明度数值设置为100%，让图像在最开始完全透明，得到淡入画面的动画。

设置透明度

05 将飞梭定位到2秒的位置上并单击按钮增加一个关键帧，然后将该关键帧上的透明度设置为0。

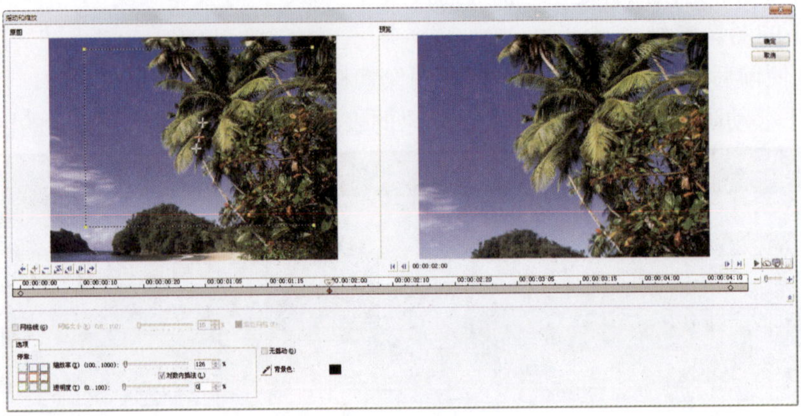

创建关键帧并设置透明度

06 将飞梭定位到3秒的位置上并单击按钮增加一个关键帧，然后将该关键帧上的透明度设置为0%。

创建关键帧并设置透明度

07 将飞梭定位到末尾的关键帧上，将该关键帧上的透明度设置为100%，让图像变得完全透明，得到淡出画面的动画。

设置透明度

08 应用设置好的动画效果并预览效果后，执行“文件”→“保存”命令，将编辑完成的项目文件以“编辑图像透明变化动画”命名并保存到计算机中指定的目录。

Example 实例 41 重置素材默认设置

实例目标

对视频素材进行了颜色调整、变形或者添加了滤镜以后，会被程序识别为进行了特效处理，不能对其进行多重修整或按场景分割的操作。

实例要点

- 对于进行了色彩校正的视频素材，在“色彩校正”选项面板中重置默认设置即可。
- 对于进行了变形的视频素材，取消其变形设置即可。
- 对于应用了滤镜的视频素材，删除该素材上的滤镜即可。

操作步骤

01 在时间轴上单击鼠标右键并选择“插入视频”命令，导入本书实例光盘中Chapter 3\实例41\Media目录下的视频素材。

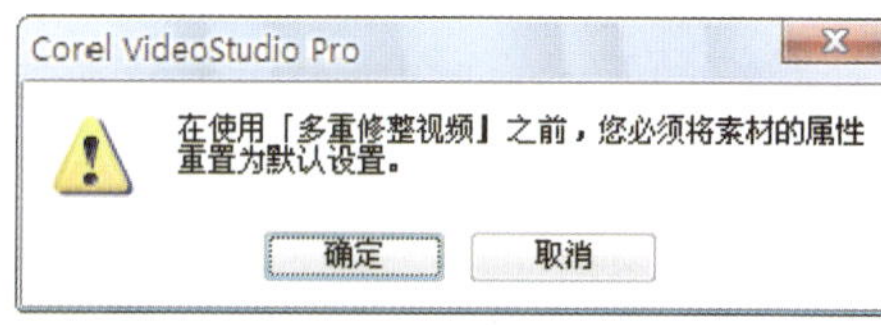

提示重置素材默认设置

02 首先对其进行色彩校正设置下的重置。在时间轴中选择该素材后，单击“色彩校正”按钮，在“色彩校正”选项中对其进行色彩效果的调整。

调整色彩效果

03 单击选项面板中的按钮，关闭选项面板，然后单击“多重修整视频”按钮，程序就会提示用户需要先对素材属性进行重置。

04 关闭提示框，再次展开“色彩校正”选项面板，单击“将滑动条重置为默认值”按钮即可；如果勾选了“白平衡”或“自动调整色调”选项，则取消勾选即可。

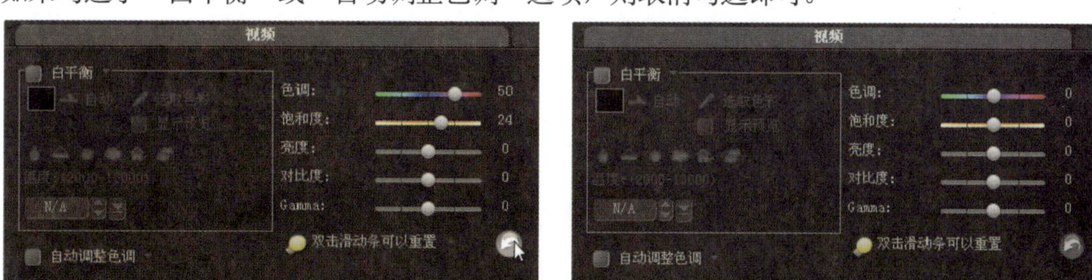

取消色彩调整

05 单击画廊左侧工具面板中的 FX “视频滤镜”按钮，在打开的视频滤镜库中选择一个视频滤镜并用鼠标将其拖动到时间轴窗口中的素材上，为其应用滤镜。

添加视频滤镜

06 可以看到时间轴窗口中的视频素材缩略图上显示出了效果图标。展开“属性”选项面板，选择滤镜应用列表中的视频滤镜，然后单击“删除滤镜”命令即可；如果勾选了“变形素材”选项，则取消对其的勾选即可。

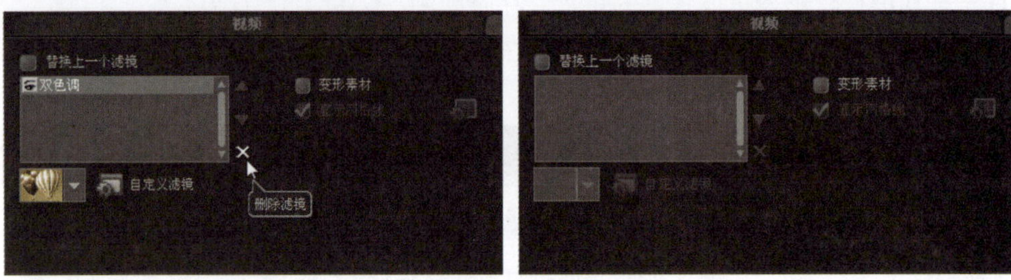

删除视频滤镜

07 执行“文件”→“保存”命令，将编辑完成的项目文件以“重置素材默认设置”命名并保存到计算机中指定的目录。

Example 实例 42 添加单色色彩画面

实例目标

为视频画面添加具有单色色彩的画面，可以得到更丰富的效果。

实例要点

创建新的色块，然后将新的色块和视频素材拖到时间轴上并在它们之间添加转场特效。

操作步骤

01 启动会声会影X3，单击按钮，切换到故事板模式，在“视频”库中，将“V05”素材拖曳到时间轴上。

调用视频素材

02 切换到“色彩”库，单击“添加”按钮，在打开的“新建色彩素材”对话框中单击“色彩”块，在打开的色彩选择列表中，选择“Corel色彩选取器”选项。

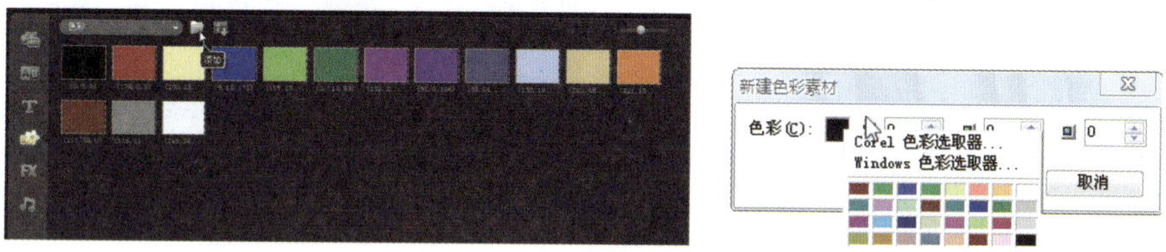

新建色彩

03 在“Corel色彩选取器”对话框中，选择合适的色彩，单击“确定”按钮。

04 在“色彩”库中可以看到新建的色彩，将其拖曳到故事板中视频素材的前面。

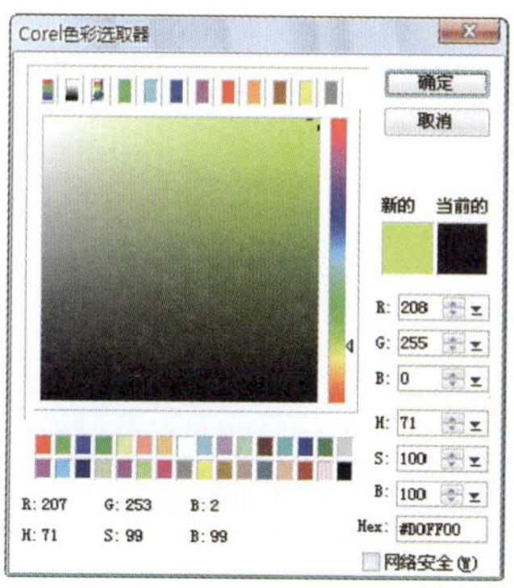

选取色彩

调用色彩块

05 在“转场”库中选择“收藏夹”中的“交叉淡化”效果，并将其拖曳到两个素材之间。

06 在预览窗口中对完成效果进行预览，执行“文件”→“保存”命令，将编辑完成的项目文件以“添加单色色彩画面”命名并保存到计算机中指定的目录。

添加转场效果

预览效果

Example 实例 43 使相片适合音乐的速度和区间

实例目标

会声会影X3可以自动调整图像的区间和总长度，以匹配背景音乐的区间和总长度及其速度。

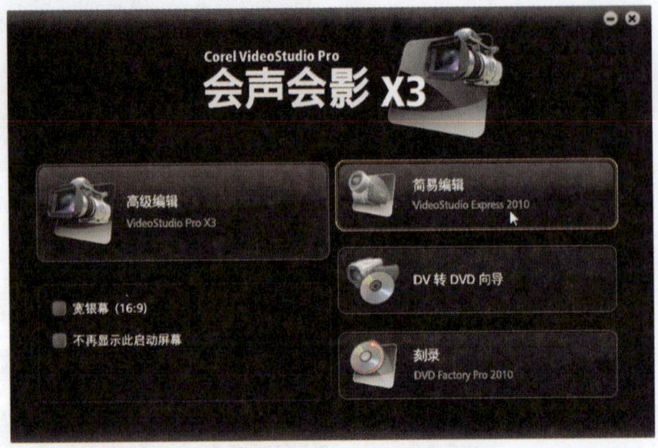

选择“简易编辑”功能

实例要点

使用“简易编辑”功能，在“Corel VideoStudio 2010”中导入图片和音频，使用自动调整功能调整相册的速度和区间。

操作步骤

01 启动会声会影X3，在启动画面中单击“简易编辑”选项，打开“Corel VideoStudio 2010”进入简易编辑模式。

02 在“Corel VideoStudio 2010”窗口中，单击左侧“库”项目中的下拉按钮，在弹出的列表中选择“照片”，显示“照片”库。

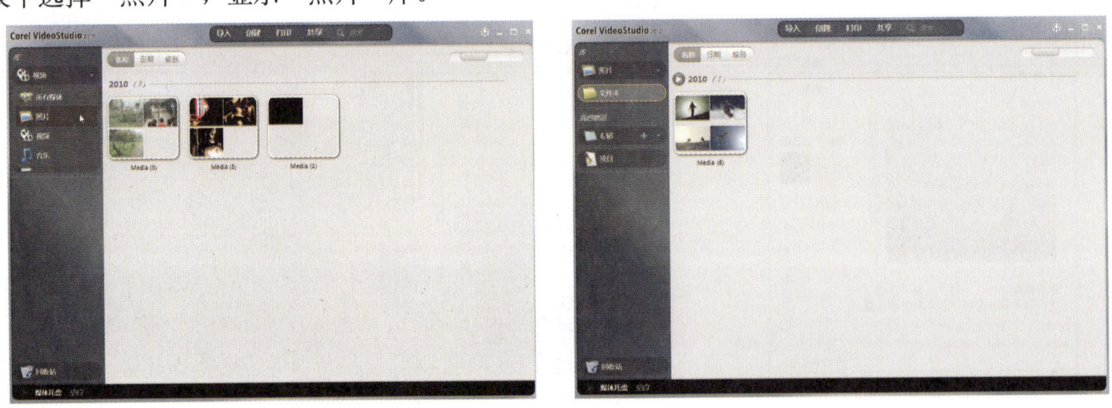

显示“照片”库

03 在“Corel VideoStudio 2010”窗口中执行“导入”→“我的电脑”命令，在打开的窗口中选择本书实例光盘中的Chapter 3\实例43\Media目录，单击“开始”按钮，导入该目录中的素材。

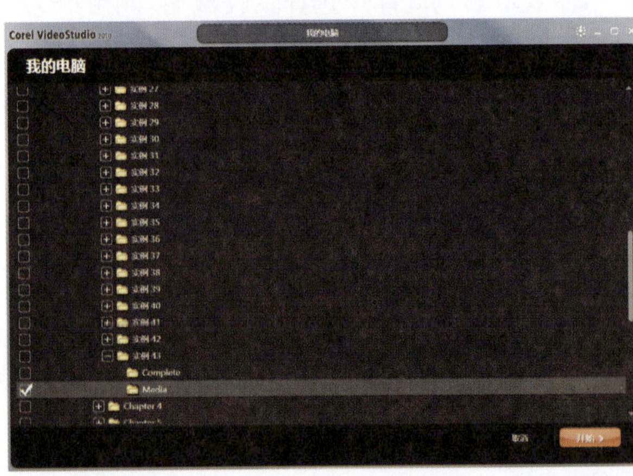

导入图像

04 在“Corel VideoStudio 2010”窗口中可以看到导入的图像素材和音乐素材。

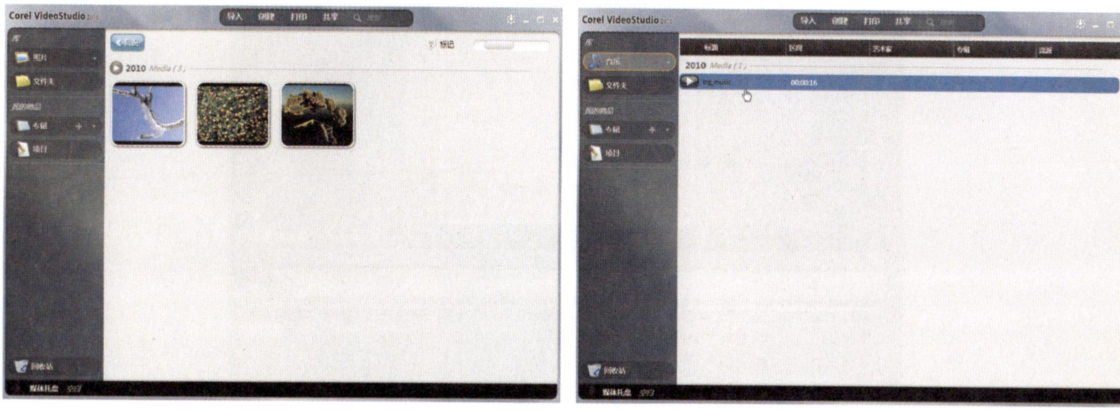

查看导入的素材

05 在“Corel VideoStudio 2010”窗口中执行“创建”→“电影”命令，在打开的“创建电影”窗口中选择一个主题样式，并修改项目名称。

创建电影

06 在“创建电影”窗口中单击“选择照片和视频”按钮，将开始导入的图像素材，添加到项目中。

添加图像素材

07 单击“转至电影”按钮，返回电影编辑页面窗口，单击“配乐”选项卡。

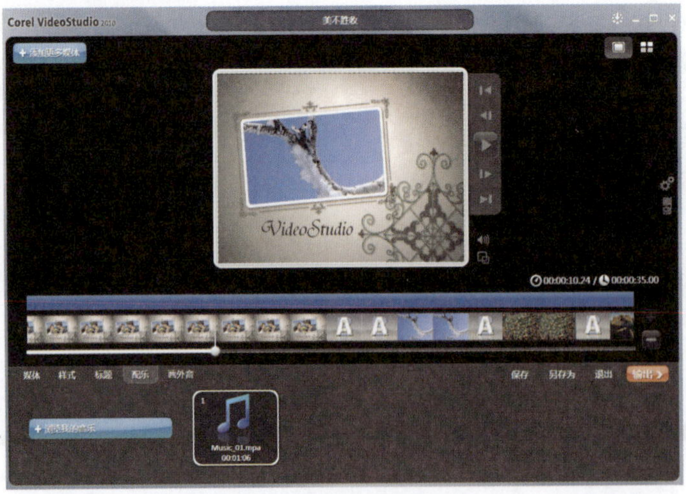

进入“配乐”选项卡

08 单击“浏览我的音乐”按钮，在打开的“音乐”窗口中，选择本书实例光盘中Chapter 3\实例43\Media目录下的音频素材，单击“添加”按钮，导入该音频素材。

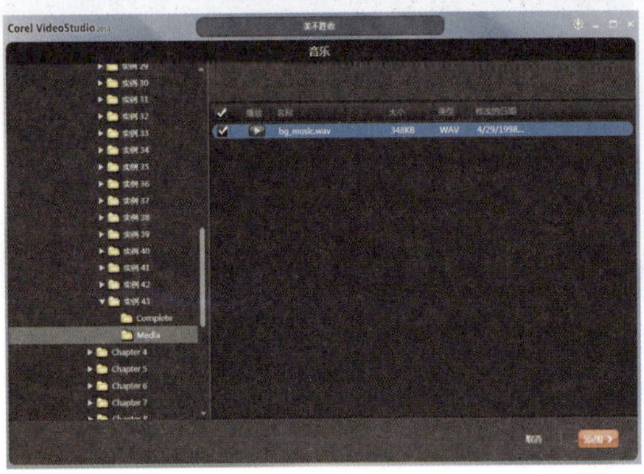

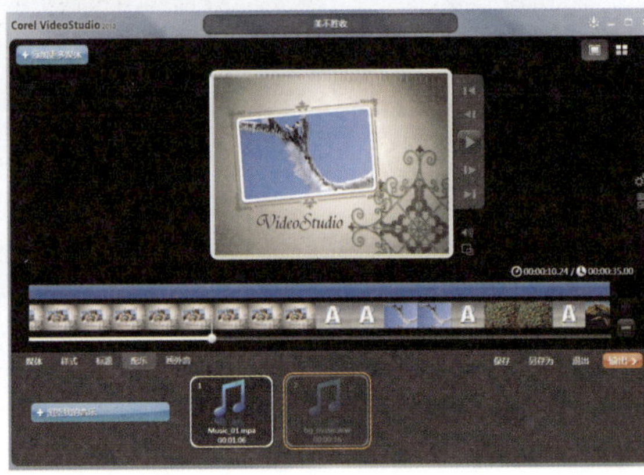

导入音频素材

09 将鼠标移到窗口右侧的“设置”按钮上，在滑出的“设置”面板下的“调整区间至”选项中选择“合适背景音乐的速度和区间”单选按钮。

10 在窗口中可以看到影片的长度变成了两段音频长度的总和，单击播放按钮进行预览。

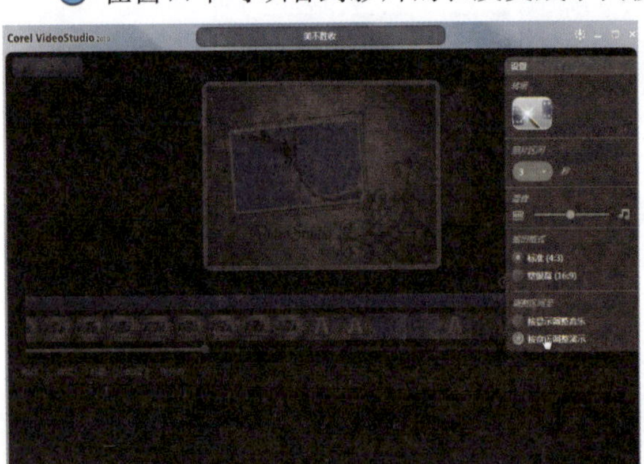

自动调整区间和速度

预览效果

第4章 滤镜

Example 实例 44 “抵消摇动”滤镜应用

实例目标

在使用DV进行拍摄时，由于手或者身体的动作幅度影响，特别是在运动时，会造成拍摄画面上下左右不同程度的晃动，最好在拍摄时使用支架以减轻晃动。会声会影X3提供了“抵消摇动”滤镜，通过调整其参数可以减轻甚至消除拍摄时造成的抖动。

完成文件：实例文件\Chapter 4\实例44\Complete\抵消摇动滤镜应用.VSP

效果图

实例要点

为抖动的影片添加“抵消摇动”视频滤镜，然后对视频滤镜进行设置，调整“程度”和“增大尺寸”的参数，以达到需要的效果。

操作步骤

01 新建一个影片项目，在时间轴上单击鼠标右键，从弹出的快捷菜单中选择“插入视频”命令，选择本书实例光盘中Chapter 4\实例44\Media目录下的视频素材，单击“打开”按钮。重复上述步骤，将两段相同的素材按先后顺序导入到轨道上，以便对比添加滤镜后的效果。

提示：在此插入两段相同的素材，是为了给读者展示添加效果前后的区别。本章此后实例的介绍都以此为例。

02 在画廊库中选择“视频滤镜”选项组，用鼠标单击并拖动“抵消摇动”滤镜到时间轴的第二段视频上。

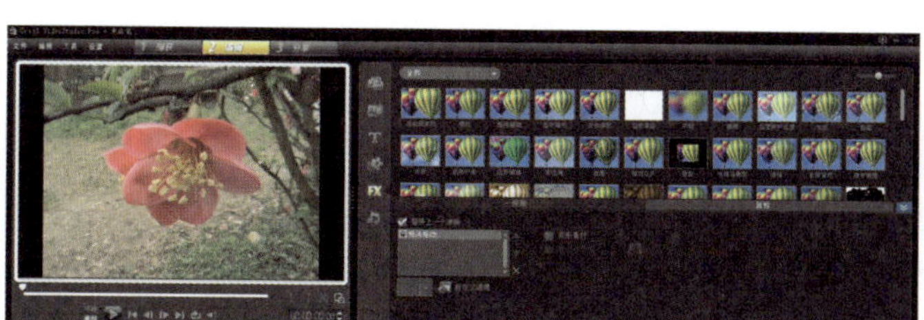

将视频滤镜拖曳到视频素材上

03 选择“属性”选项面板，单击“自定义滤镜”按钮，打开属性设置对话框，将“程度”设置为3，将“增大尺寸”设置为12，单击▶播放按钮进行预览。

在属性对话框中进行设置

- 程度：设置控制抵消摇动的程度，数值越大效果越明显。
- 增大尺寸：按比例减小或者增大画面显示尺寸。

04 单击“确定”按钮，回到会声会影X3的编辑窗口。

05 执行“文件”→“保存”命令，将修改完成的项目文件以“抵消摇动滤镜应用”命名并保存到计算机中指定的目录。

Example 实例 45 自动曝光滤镜应用

实例目标

曝光不足或者曝光过度是在拍摄照片或者视频的时候经常遇到的情况，会声会影X3提供的“自动曝光”滤镜可以对素材进行自动调较，得到曝光最好效果的素材。

完成文件：实例文件\Chapter 4\实例45\Complete\自动曝光滤镜应用.VSP

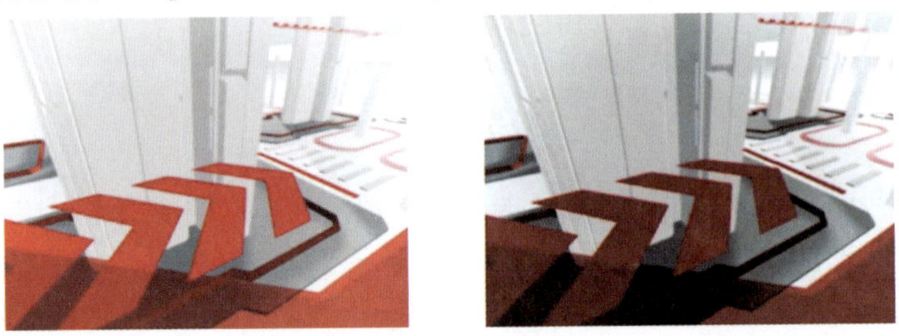

效果图

实例要点

将素材插入轨道后添加“自动曝光”视频滤镜，然后进行预览。

操作步骤

01 新建一个影片项目，在时间轴上单击鼠标右键，从弹出的快捷菜单中选择“插入视频”命令，选择本书实例光盘中Chapter 4\实例45\Media目录下的视频素材，单击“打开”按钮。重复上述步骤，将两段相同的素材按先后顺序导入到轨道上。

02 在画廊库中选择“视频滤镜”选项组，用鼠标单击并拖动“自动曝光”滤镜到时间轴的第二段视频上。

将视频滤镜拖到视频素材上

03 选择“属性”选项面板，单击“自定义滤镜”按钮，打开属性设置对话框。“自动曝光”滤镜可以对素材的明暗度进行自动修正，所以不需要进行参数设置，单击▶播放按钮进行预览。

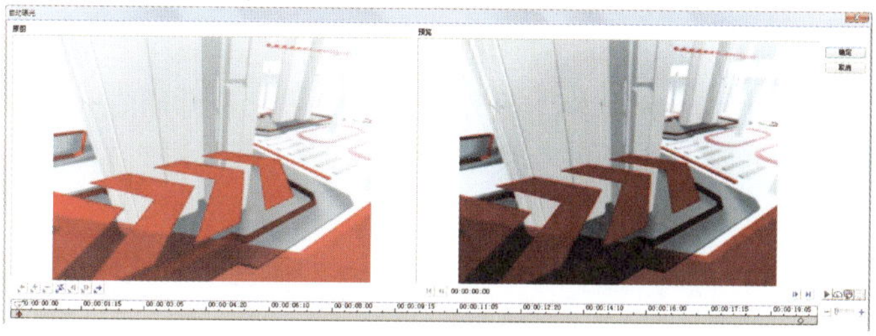

滤镜属性对话框

04 在预览窗口中查看编辑完成的效果后，执行“文件”→“保存”命令，将修改完成的项目文件以“自动曝光滤镜应用”命名并保存到计算机中指定的目录。

Example 实例 46 “自动调配”滤镜应用

实例目标

有时拍出来的照片或者视频由于环境的影响，在亮度、对比度、色彩等方面效果不好，这时可以利用会声会影X3提供的“自动调配”滤镜对素材进行自动调较。

完成文件：实例文件\Chapter 4\实例46\Complete\自动调配滤镜应用.VSP

效果图

实例要点

将素材插入轨道后添加“自动调配”视频滤镜，然后进行预览。

操作步骤

01 新建一个影片项目，在时间轴上单击鼠标右键，从弹出的快捷菜单中选择“插入视频”命令，选择本书实例光盘中Chapter 4\实例46\Media目录下的视频素材，单击“打开”按钮。重复上述步骤，将两段相同的素材按先后顺序导入到轨道上。

02 在画廊库中选择“视频滤镜”选项组，用鼠标单击并拖动“自动调配”滤镜到时间轴的第二段视频上。

将视频滤镜拖曳到视频素材上

03 选择“属性”选项面板，单击“自定义滤镜”按钮，打开属性设置对话框。

04 “自动调配”滤镜可以对素材的亮度、对比度、色彩等进行自动修正，所以不需要进行参数设置，单击▶播放按钮进行预览。

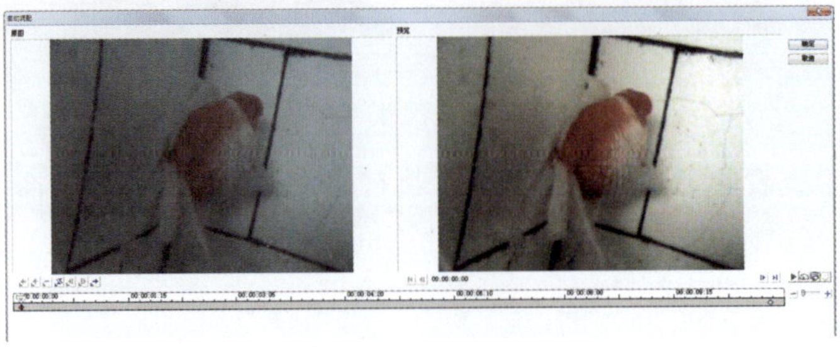

滤镜属性对话框

05 在预览窗口中查看编辑完成的效果后，执行“文件”→“保存”命令，将修改完成的项目文件以“自动调配滤镜应用”命名并保存到计算机中指定的目录。

Example 实例 47 “模糊”滤镜应用

实例目标

由于“模糊”滤镜的效果不是特别明显，因此适合应用在柔化画面等方面。

完成文件：实例文件\Chapter 4\实例47\Complete\模糊滤镜应用.VSP

效果图

实例要点

将素材插入轨道后添加“模糊”视频滤镜，然后在参数设置对话框中进行设置，最后预览效果并保存文件。

操作步骤

01 新建一个影片项目，在时间轴上单击鼠标右键，从弹出的快捷菜单中选择“插入视频”命令，选择本书实例光盘中Chapter 4\实例47\Media目录下的视频素材，单击“打开”按钮。重复上述步骤，将两段相同的素材按先后顺序导入到轨道上。

02 在画廊库中选择“视频滤镜”选项组，用鼠标单击并拖动“模糊”滤镜到时间轴的第二段视频上。

将视频滤镜拖曳到视频素材上

03 选择“属性”选项面板，单击“自定义滤镜”按钮，打开属性设置对话框，将“程度”设置为5，单击▶播放按钮进行预览。

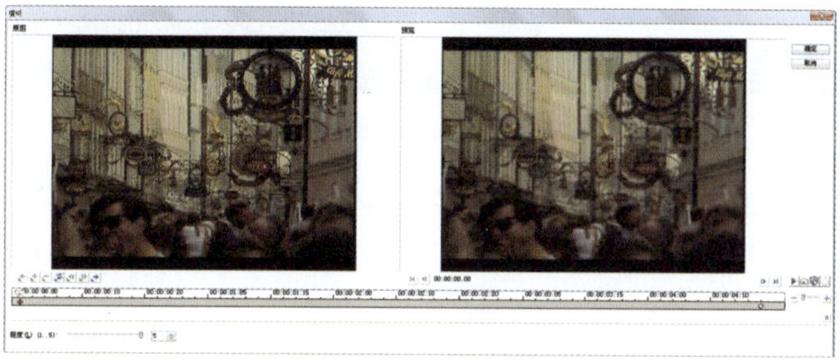

滤镜属性对话框

◆ 程度：设置画面的模糊程度。可设置的数字区间为1～5，数字越大，模糊效果越明显。

04 在预览窗口中查看编辑完成的效果后，执行“文件”→“保存”命令，将修改完成的项目文件以“模糊滤镜应用”命名并保存到计算机中指定的目录。

Example 实例 48 “亮度和对比度”滤镜应用

实例目标

对于画面过暗、太亮、色彩不丰富或过于丰富的素材，可以使用“亮度和对比度”滤镜进行调整。

完成文件：实例文件\Chapter 4\实例48\Complete\亮度和对比度滤镜应用.VSP

效果图

实例要点

将素材插入轨道，添加“亮度和对比度”视频滤镜并在属性对话框中进行设置，最后预览并保存。

操作步骤

01 新建一个影片项目，在时间轴上单击鼠标右键，从弹出的快捷菜单中选择“插入视频”命令，选择本书实例光盘中Chapter 4\实例48\Media目录下的视频素材，单击“打开”按钮。重复上述步骤，将两段相同的素材按先后顺序导入到轨道上。

02 在画廊库中选择“视频滤镜”选项组，用鼠标单击并拖动“亮度和对比度”滤镜到时间轴的第二段视频上。

将视频滤镜拖曳到视频素材上

03 选择“属性”选项面板，单击“自定义滤镜”按钮，打开属性设置对话框，将“通道”设置为“主要”，将“亮度”设置为-40，将“对比度”设置为10，将Gamma设置为1.10，单击▶播放按钮进行预览。

滤镜属性对话框

◆ 通道：包括主要、红色、绿色或者蓝色通道。选择“主要”通道可以针对全局进行设置，选择“红色”、“绿色”或“蓝色”通道则针对单独的红色、绿色或蓝色通道进行调整。

◆ 亮度：设置图像的明暗程度。

◆ 对比度：设置图像的明暗对比。

◆ Gamma：设置图像的明暗平衡。

04 在预览窗口中查看编辑完成的效果后，执行“文件”→“保存”命令，将修改完成的项目文件以“亮度和对比度滤镜应用”命名并保存到计算机中指定的目录。

Example 实例 49 “炭笔”滤镜应用

实例目标

“炭笔”滤镜使画面模拟炭笔绘画的艺术效果。

完成文件：实例文件\Chapter 4\实例49\Complete\炭笔滤镜应用.VSP

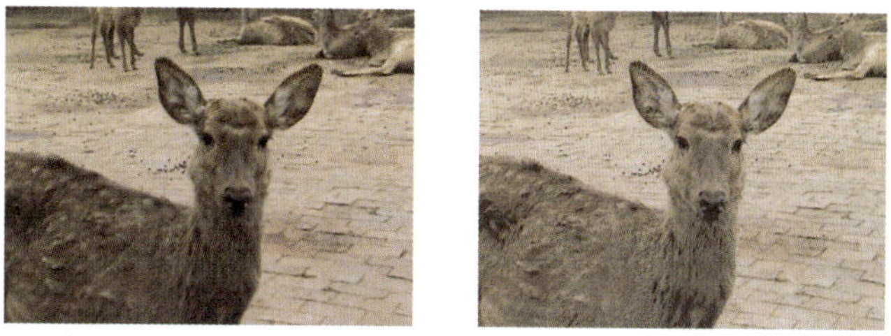

效果图

实例要点

将素材插入轨道，添加“炭笔”视频滤镜并在属性对话框中进行设置，最后预览并保存。

操作步骤

01 新建一个影片项目，在时间轴上单击鼠标右键，从弹出的快捷菜单中选择“插入视频”命令，选择本书实例光盘中Chapter 4\实例49\Media目录下的视频素材，单击“打开”按钮。重复上述步骤，将两段相同的素材按先后顺序导入到轨道上。

02 在画廊库中选择“视频滤镜”选项组，用鼠标单击并拖动“炭笔”滤镜到时间轴的第二段视频上。

将视频滤镜拖到视频素材上

03 选择“属性”选项面板，单击“自定义滤镜”按钮，打开属性设置对话框，将“平衡”设置为0，将“笔划长度”设置为1，将“程度”设置为20，单击▶播放按钮进行预览。

滤镜属性对话框

- 平衡：设置绘制区域与原始画面之间的明暗平衡。
- 笔划长度：设置画面的细致程度。
- 程度：设置对画面的影响程度。

04 在预览窗口中查看编辑完成的效果后，执行“文件”→“保存”命令，将修改完成的项目文件以“炭笔滤镜应用”命名并保存到计算机中指定的目录。

Example 实例 50 云彩滤镜应用

实例目标

“云彩”滤镜可以真实地模拟云彩、流云和雾化效果。

完成文件：实例文件\Chapter 4\实例50\Complete\云彩滤镜应用.VSP

效果图

实例要点

将素材插入轨道，添加“云彩”视频滤镜并在属性对话框中进行设置，最后预览并保存。

操作步骤

01 新建一个影片项目，在时间轴上单击鼠标右键，从弹出的快捷菜单中选择“插入视频”命令，选择本书实例光盘中Chapter 4\实例50\Media目录下的视频素材，单击“打开”按钮。重复上述步骤，将两段相同的素材按先后顺序导入到轨道上。

02 在画廊库中选择“视频滤镜”选项组，用鼠标单击并拖动“云彩”滤镜到时间轴的第二段视频上。

将视频滤镜拖到视频素材上

03 选择“属性”选项面板，单击“自定义滤镜”按钮，打开属性设置对话框，进行参数设置，设置完成后单击▶播放按钮进行预览。

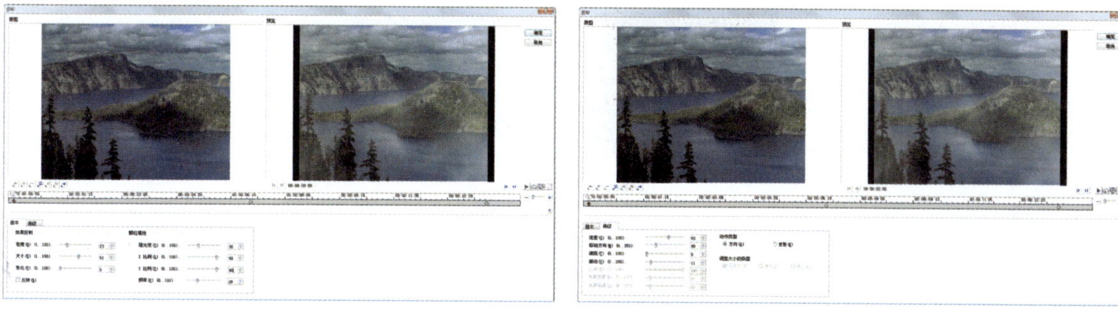

滤镜属性对话框

“基本”选项卡

◆ 密度：确定云彩的数目。
◆ 大小：设置单个云彩大小的上限。
◆ 变化：控制云彩大小的变化。
◆ 反转：选中该选项，可以使云彩的透明和非透明区域翻转。
◆ 阻光度：控制云彩的透明度。
◆ X比例：控制水平方向的平滑程度。设置的值越低，图像显得越破碎。
◆ Y比例：控制垂直方向的平滑程度。设置的值越低，图像显得越破碎。
◆ 频率：设置破碎云彩或颗粒的数目。设置的值越高，破碎云彩的数量就越多；设置的值越低，云彩就越大、越平滑。

“高级”选项卡

◆ 速度：控制云彩的加速度。
◆ 移动方向：指定云彩的移动角度。
◆ 湍流：控制云彩从移动方向上偏离的变化程度。
◆ 振动：控制云彩摇摆运动的强度。
◆ 方向：“动作类型”下的一个选项，选中该选项，云彩随机地运动。
◆ 发散：“动作类型”下的一个选项，选中该选项，云彩从中央区域向外发散运动。

以下参数在“动作类型”设置为“发散”时，才处于可调整状态。

◆ 区间：为每个云彩指定动画周期。
◆ 发散宽度：控制云彩发散的区域宽度。
◆ 发散高度：控制云彩发散的区域高度。
◆ 调整大小类型：用于指定发散时，云彩大小的变化。

在预览窗口中查看编辑完成的效果后，执行“文件”→“保存”命令，将修改完成的项目文件以“云彩滤镜应用”命名并保存到计算机中指定的目录。

Example 实例 51 彩色笔滤镜应用

实例目标

“彩色笔”滤镜可以模拟出彩色铅笔的绘画效果。

完成文件：实例文件\Chapter 4\实例57\Complete\彩色笔滤镜应用.VSP

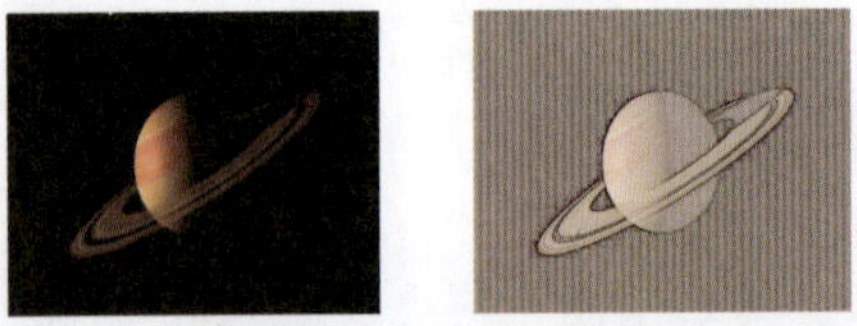

效果图

实例要点

将素材插入轨道，添加“彩色笔”视频滤镜并在属性对话框中进行设置，最后预览并保存。

操作步骤

01 新建一个影片项目，在时间轴上单击鼠标右键，从弹出的快捷菜单中选择“插入视频”命令，选择本书实例光盘中Chapter 4\实例51\Media目录下的视频素材，单击“打开”按钮。重复上述步骤，将两段相同的素材按先后顺序导入到轨道上。

02 在画廊库中选择“视频滤镜”选项组，用鼠标单击并拖动“彩色笔”滤镜到时间轴的第二段视频上。

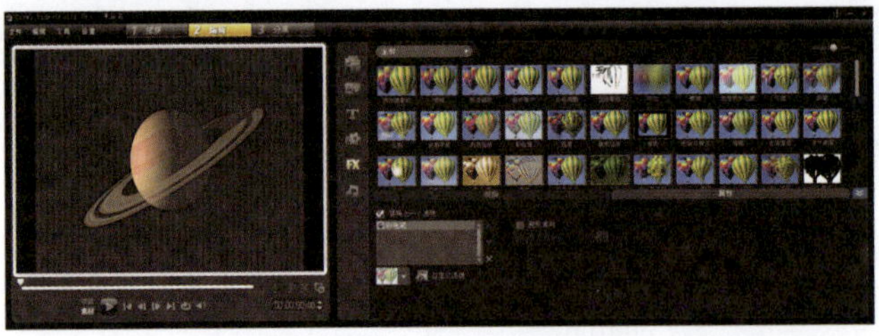

将视频滤镜拖曳到视频素材上

03 选择“属性”选项面板，单击“自定义滤镜”按钮，打开属性设置对话框，将“程度”设置为80，单击▶播放按钮进行预览。

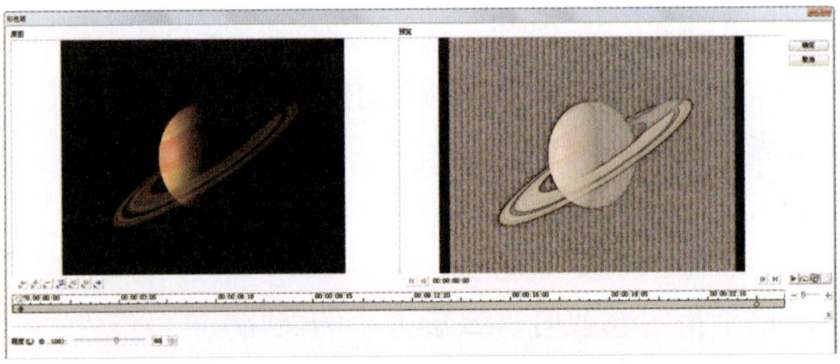

滤镜属性对话框

◆ 程度：设置彩色笔效果程度，数值越大，效果越明显。

04 在预览窗口中查看编辑完成的效果后，执行“文件”→“保存”命令，将修改完成的项目文件以“彩色笔滤镜应用”命名并保存到计算机中指定的目录。

Example 实例 52 “修剪”滤镜应用

实例目标

“修剪”滤镜可以修剪视频画面，用指定的色彩遮挡局部区域。例如，将4：3标准模式拍摄的影片，模拟出16：9的影片效果。

完成文件：实例文件\Chapter 4\实例52\Complete\修剪滤镜应用.VSP

效果图

实例要点

将素材插入轨道，添加“修剪”视频滤镜并在属性对话框中进行设置，最后预览并保存文件。

操作步骤

01 新建一个影片项目，在时间轴上单击鼠标右键，从弹出的快捷菜单中选择“插入视频”命令，选择本书实例光盘中Chapter 4\实例52\Media目录下的视频素材，单击“打开”按钮。重复上述步骤，将两段相同的素材按先后顺序导入到轨道上。

02 在画廊库中选择“视频滤镜”选项组，用鼠标单击并拖动“修剪”滤镜到时间轴的第二段视频上。

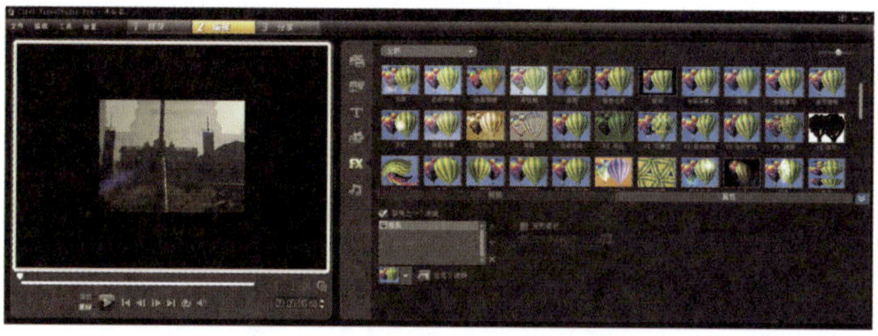

将视频滤镜拖曳到视频素材上

03 选择“属性”选项面板，单击“自定义滤镜”按钮，打开属性设置对话框，将“宽度”设置为100%，将“高度”设置为60%，填充色为黑色，单击▶播放按钮进行预览。

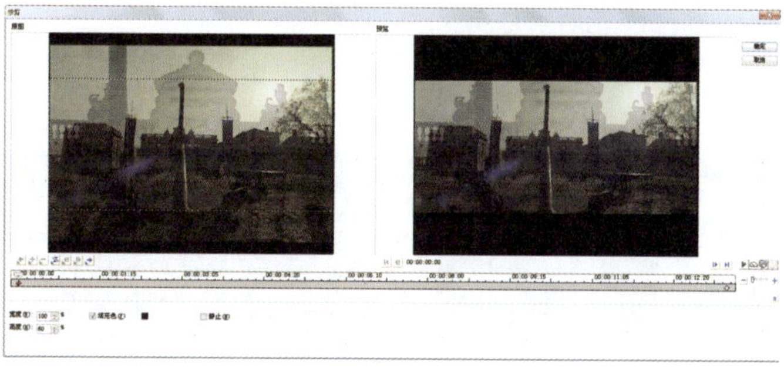

滤镜属性对话框

◆ 宽度&高度：以百分比设置修剪的宽度和高度。

如果要制作16：9的影片效果，将“宽度”设置为100%，将“高度”设置为75%即可。

◆ 填充色：设置被修剪区域的颜色。

◆ 静止：勾选该选项后，则固定修剪框的位置且不能被拖动。

04 在预览窗口中查看编辑完成的效果后，执行“文件”→“保存”命令，将修改完成的项目文件以“修剪滤镜应用”命名并保存到计算机中指定的目录。

Example 实例 53 “去除马赛克”滤镜应用

实例目标

“去除马赛克”滤镜可以通过调整压缩比例，让画面呈现较“柔和”的状态，在一定程度上减轻马赛克效果。

完成文件：实例文件\Chapter 4\实例53\Complete\去除马赛克滤镜应用.VSP

效果图

实例要点

将素材插入轨道，添加“去除马赛克”视频滤镜并在属性对话框中进行设置，最后预览并保存文件。

操作步骤

01 新建一个影片项目，在时间轴上单击鼠标右键，从弹出的快捷菜单中选择“插入视频”命令，选择本书实例光盘中Chapter 4\实例53\Media目录下的视频素材，单击“打开”按钮。重复上述步骤，将两段相同的素材按先后顺序导入到轨道上。

02 在画廊库中选择“视频滤镜”选项组，用鼠标单击并拖动“去除马赛克”滤镜到时间轴的第二段视频上。

将视频滤镜拖曳到视频素材上

03 选择“属性”选项面板，单击“自定义滤镜”按钮，打开属性设置对话框，将“压缩比例”设置为80，将“修复程度”设置为3，单击▶播放按钮进行预览。

滤镜属性对话框

◆ 压缩比例：设置画面压缩的程度，数值越大，画面越柔和。
◆ 修复程度：设置去除马赛克的程度，数值越大，画面越柔和。

04 在预览窗口中查看编辑完成的效果后，执行“文件”→“保存”命令，将修改完成的项目文件以“去除马赛克滤镜应用”命名并保存到计算机中指定的目录。

Example 实例 54 “光芒”滤镜应用

实例目标

“光芒”滤镜可以在视频画面上添加旋转移动的光芒效果。

完成文件：实例文件\Chapter 4\实例54\Complete\光芒滤镜应用.VSP

效果图

实例要点

将素材插入轨道，添加“光芒”视频滤镜并在属性对话框中进行设置，最后预览并保存文件。

操作步骤

01 新建一个影片项目，在时间轴上单击鼠标右键，从弹出的快捷菜单中选择“插入视频”命令，选择本书实例光盘中Chapter 4\实例54\Media目录下的视频素材，单击“打开”按钮。重复上述步骤，将两段相同的素材按先后顺序导入到轨道上。

02 在画廊库中选择“视频滤镜”选项组，用鼠标单击并拖动“光芒”滤镜到时间轴的第二段视频上。

将视频滤镜拖到视频素材上

03 在“属性”面板中单击“滤镜样式”下拉按钮，在展开的样式列表框中选择一个“光芒”滤镜样式。

选择“光芒”滤镜样式

04 在“属性”面板中单击“自定义滤镜”按钮，打开“光芒”属性设置对话框，在左侧的“原图”视频窗口中拖动图案，调整“光芒”滤镜的位置。

调整“光芒”滤镜位置

05 在“光芒”属性设置对话框下方设置“光芒”为12，“角度”为360，“半径”为60，“长度”为1，“宽度”为1，“阻光度”为40，单击播放按钮进行预览。

设置滤镜属性

- 光芒：设置光芒的边数。
- 角度：设置初始位置的旋转角度。
- 半径：设置光晕的半径。
- 长度：设置光线的长度。
- 宽度：设置光线的宽度。
- 阻光度：设置光芒的透明度。
- 静止：勾选该选项，将固定光芒在画面中的位置。

06 在预览窗口中查看编辑完成的效果后，执行“文件”→“保存”命令，将修改完成的项目文件以“光芒滤镜应用”命名并保存到计算机中指定的目录。

Example 实例 55 “发散光晕”滤镜应用

实例目标

“发散光晕”滤镜可以模拟在摄像机镜头上加装柔光镜的拍摄效果。

完成文件：实例文件\Chapter 4\实例55\Complete\发散光晕滤镜应用.VSP

效果图

实例要点

将素材插入轨道，添加“发散光晕”视频滤镜并在属性对话框中进行设置，最后预览并保存文件。

操作步骤

01 新建一个影片项目，在时间轴上单击鼠标右键，从弹出的快捷菜单中选择“插入视频”命令，选择本书实例光盘中Chapter 4\实例55\Media目录下的视频素材，单击“打开”按钮。重复上述步骤，将两段相同的素材按先后顺序导入到轨道上。

02 在画廊库中选择“视频滤镜”选项组，用鼠标单击并拖动“发散光晕”滤镜到时间轴的第二段视频上。

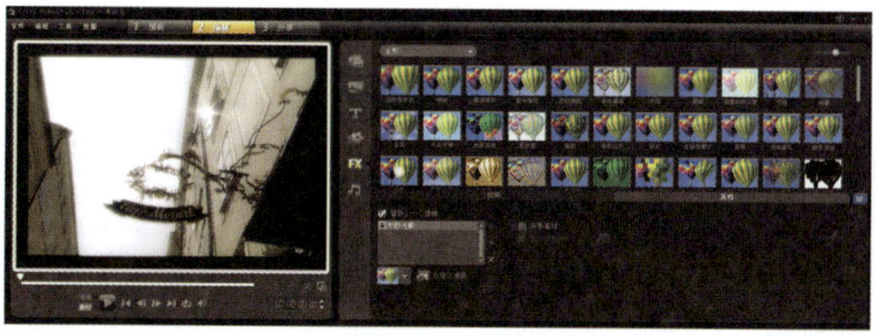

将视频滤镜拖到视频素材上

03 选择“属性”选项面板，单击“自定义滤镜”按钮，打开属性设置对话框，将“阈值”设置为20，将“光晕角度”设置为4，将“变化”设置为3，单击▶播放按钮进行预览。

滤镜属性对话框

- 阈值：设置应用效果的区域。数值越小，应用区域越大。
- 光晕角度：设置光晕强度。
- 变化：设置添加到光晕中的杂点差异度。

04 在预览窗口中查看编辑完成的效果后，执行“文件”→“保存”命令，将修改完成的项目文件以“发散光晕滤镜应用”命名并保存到计算机中指定的目录。

Example 实例 56 浮雕滤镜应用

实例目标

“浮雕”滤镜可以将画面的颜色转换为覆盖色，并用原填充色勾画边缘，模拟突出或下陷的浮雕效果。

完成文件：实例文件\Chapter 4\实例56\Complete\浮雕滤镜应用.VSP

效果图

实例要点

将素材插入轨道，添加“浮雕”视频滤镜并在属性对话框中进行设置，最后预览并保存。

操作步骤

01 新建一个影片项目，在时间轴上单击鼠标右键，从弹出的快捷菜单中选择“插入视频”命令，选择本书实例光盘中Chapter 4\实例56\Media目录下的视频素材，单击“打开”按钮。重复上述步骤，将两段相同的素材按先后顺序导入到轨道上。

02 在画廊库中选择“视频滤镜”选项组，用鼠标单击并拖动“浮雕”滤镜到时间轴的第二段视频上。

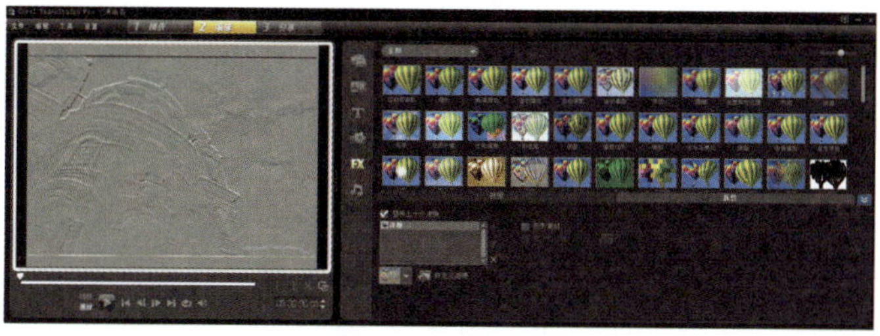

将视频滤镜拖到视频素材上

03 选择“属性”选项面板，单击“自定义滤镜”按钮，打开属性设置对话框，将“光线方向”设置为右下，将“覆盖色彩”设置为灰色，将“深度”设置为5，单击▶播放按钮进行预览。

滤镜属性对话框

- 光线方向：设置光线照射的方向，以便显示出阴影、突起等形状。
- 覆盖色彩：设置画面填充色彩。
- 深度：设置模拟浮雕效果的明显程度。

04 在预览窗口中查看编辑完成的效果后，执行“文件”→“保存”命令，将修改完成的项目文件以“浮雕滤镜应用”命名并保存到计算机中指定的目录。

Example 实例 57 “FX单色”滤镜应用

实例目标

“FX单色”滤镜是会声会影X3 Corel FX效果系列中的一个，可以模拟出单色镜头画面效果，通过对颜色的设置改变当前视频画面的颜色。

完成文件：实例文件\Chapter 4\实例57\Complete\FX 单色滤镜应用.VSP

效果图

实例要点

将素材插入轨道，添加“FX 单色”滤镜并在属性对话框中进行设置，最后预览并保存文件。

操作步骤

01 新建一个影片项目，在时间轴上单击鼠标右键，从弹出的快捷菜单中选择“插入视频”命令，选择本书实例光盘中Chapter 4\实例57\Media目录下的视频素材，单击“打开”按钮。重复上述步骤，将两段相同的素材按先后顺序导入到轨道上。

02 在画廊库中选择“视频滤镜”选项组，用鼠标单击并拖曳“FX 单色”滤镜到时间轴的第二段视频上。

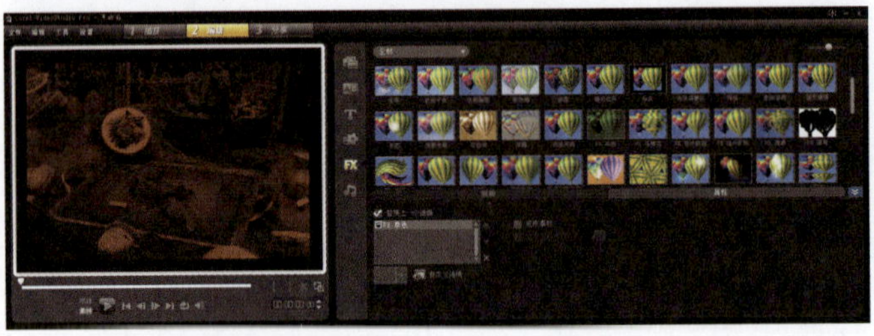

将视频滤镜拖曳到视频素材上

03 选择“属性”选项面板，单击“自定义滤镜”按钮，打开“FX 单色”属性设置对话框；单击对话框下方“单色”项后面的色彩选取框，在打开的“Corel色彩选取器”对话框中设置滤镜的颜色。

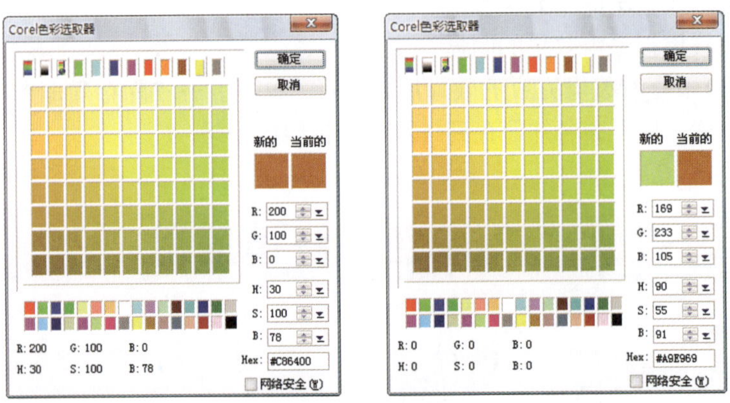

设置滤镜颜色

04 单击“确定”按钮，回到“FX单色”属性设置对话框，单击▶播放按钮进行预览。

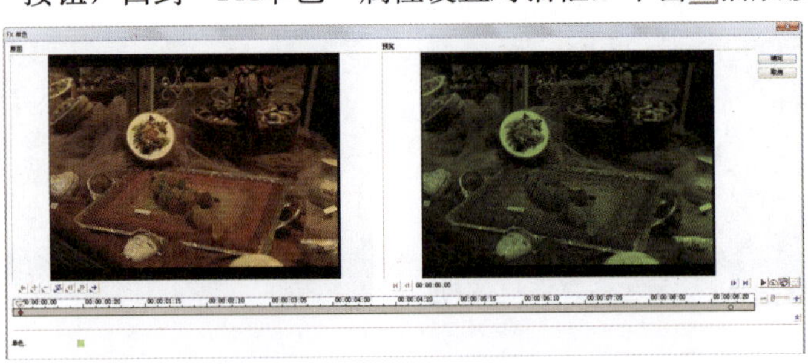

“FX单色”属性设置对话框

05 在预览窗口中查看编辑完成的效果后，执行“文件”→“保存”命令，将修改完成的项目文件以“FX 单色滤镜应用”命名并保存到计算机中指定的目录。

Example 实例 58 FX往内挤压滤镜应用

实例目标

“FX往内挤压”滤镜可以实现视频画面受力向内挤压变形的效果，同时还可以自由设定挤压受力的中心点。

完成文件：实例文件\Chapter 4\实例58\Complete\FX 往内挤压滤镜应用.VSP

效果图

实例要点

将素材插入轨道，添加“FX往内挤压”视频滤镜并在属性对话框中进行设置，最后预览并保存。

操作步骤

01 新建一个影片项目，在时间轴上单击鼠标右键，从弹出的快捷菜单中选择“FX往内挤压”命令，选择本书实例光盘中Chapter 4\实例58\Media目录下的视频素材，单击“打开”按钮。重复上述步骤，将两段相同的素材按先后顺序导入到轨道上。

02 在画廊库中选择“视频滤镜”选项组，用鼠标单击并拖曳“FX往内挤压”滤镜到时间轴的第二段视频上。

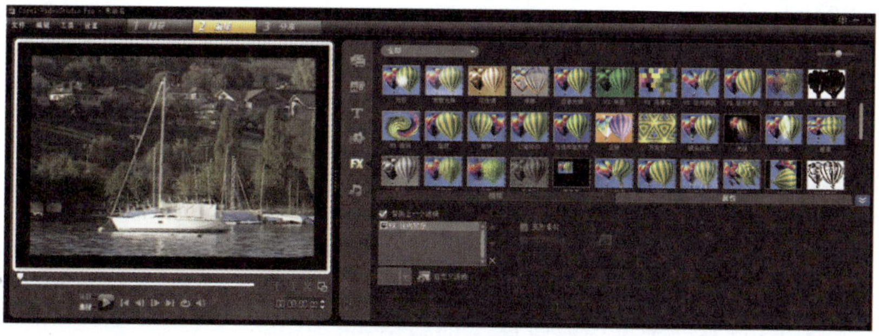

将视频滤镜拖曳到视频素材上

03 选择“属性”选项面板，单击“自定义滤镜”按钮，打开属性对话框，将“X”设置为5，将“Y”设置为92，将“半径”设置为50，将“因子”设置为1，单击▶播放按钮进行预览。

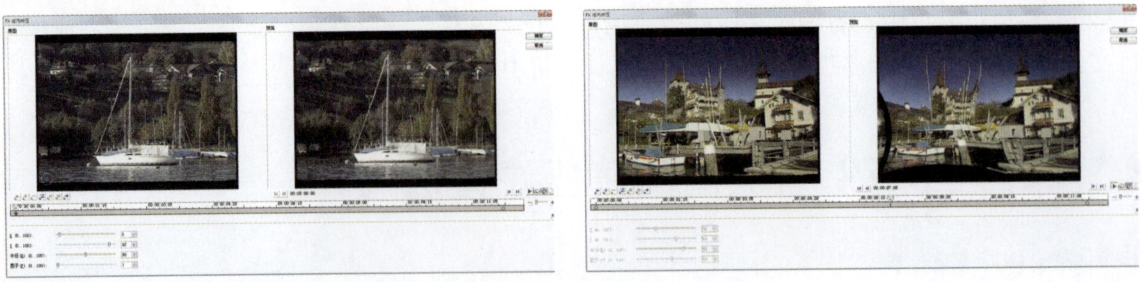

设置属性参数

- X、Y：设置滤镜挤压受力的中心位置。
- 半径：设置挤压半径尺寸。
- 因子：设置挤压的程度，数值越大，挤压程度越高。

04 单击“确定”按钮返回编辑窗口，执行“文件”→“保存”命令，将修改完成的项目文件以“FX往内挤压滤镜应用”命名并保存到计算机中指定的目录。

Example 实例 59 改善光线滤镜应用

实例目标

“改善光线”滤镜类似“自动曝光”滤镜，不同的是可以手动设置。

完成文件：实例文件\Chapter 4\实例59\Complete\改善光线滤镜应用.VSP

效果图

实例要点

将素材插入轨道，添加“改善光线”视频滤镜并在属性对话框中进行设置，最后预览并保存文件。

操作步骤

01 新建一个影片项目，在时间轴上单击鼠标右键，从弹出的快捷菜单中选择“插入视频”命令，选择本书实例光盘中Chapter 4\实例59\Media目录下的视频素材，单击“打开”按钮。重复上述步骤，将两段相同的素材按先后顺序导入到轨道上。

02 在画廊库中选择“视频滤镜”选项组，用鼠标单击并拖动“改善光线”滤镜到时间轴的第二段视频上。

将视频滤镜拖曳到视频素材上

03 选择“属性”选项面板，单击“自定义滤镜”按钮，打开属性设置对话框，将“填充闪光”设置为30，将“改善阴影”设置为0，单击▶播放按钮进行预览。

滤镜属性对话框

- 自动：勾选该项可以使程序自动进行调整。
- 填充闪光：左右拖动滑块可以使画面变暗或变亮。
- 改善阴影：向左拖动滑块，将加亮暗部区域；向右拖动滑块，将降低高光区域的亮度。

04 在预览窗口中查看编辑完成的效果后，执行“文件”→“保存”命令，将修改完成的项目文件以“改善光线滤镜应用”命名并保存到计算机中指定的目录。

Example 实例 60 “鱼眼”滤镜应用

实例目标

“鱼眼”滤镜可以模拟使用鱼眼镜头拍摄的视频扭曲效果。

完成文件：实例文件\Chapter 4\实例60\Complete\鱼眼滤镜应用.VSP

效果图

实例要点

将素材插入轨道，添加“鱼眼”视频滤镜并在属性对话框中进行设置，最后预览并保存文件。

操作步骤

01 新建一个影片项目，在时间轴上单击鼠标右键，从弹出的快捷菜单中选择“插入视频”命令，选择本书实例光盘中Chapter 4\实例60\Media目录下的视频素材，单击“打开”按钮。重复上述步骤，将两段相同的素材按先后顺序导入到轨道上。

02 在画廊库中选择“视频滤镜”选项组，用鼠标单击并拖动“鱼眼”滤镜到时间轴的第二段视频上。

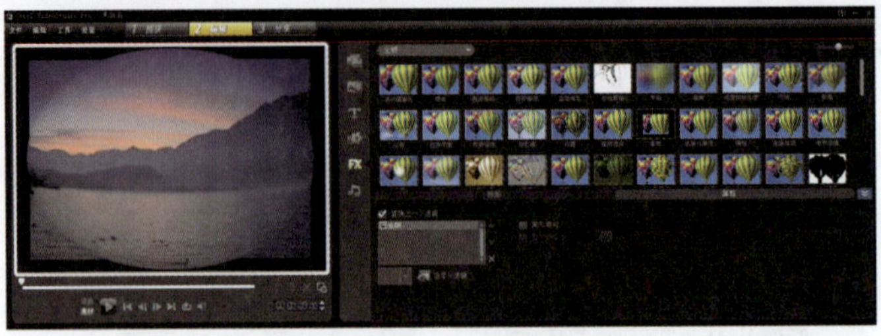

将视频滤镜拖曳到视频素材上

03 选择“属性”选项面板，单击“自定义滤镜”按钮，打开属性设置对话框，将“光线方向”设置为从边界，单击▶播放按钮进行预览。

滤镜属性对话框

◆ 光线方向：设置光源的照射角度，包括“无”、“从边界”和“从中央”3个选项。

04 在预览窗口中查看编辑完成的效果后，执行“文件”→“保存”命令，将修改完成的项目文件以“鱼眼滤镜应用”命名并保存到计算机中指定的目录。

Example 实例 61 幻影动作滤镜应用

实例目标

“幻影动作”滤镜可以模拟在慢速和长时间曝光状态下拍摄画面所形成的幻影效果。

完成文件：实例文件\Chapter 4\实例61\Complete\幻影动作滤镜应用.VSP

效果图

实例要点

将素材插入轨道，添加“幻影动作”视频滤镜并在属性对话框中进行设置，最后预览并保存文件。

操作步骤

01 新建一个影片项目，在时间轴上单击鼠标右键，从弹出的快捷菜单中选择“插入视频”命令，选择本书实例光盘中Chapter 4\实例61\Media目录下的视频素材，单击“打开”按钮。重复上述步骤，将两段相同的素材按先后顺序导入到轨道上。

02 在画廊库中选择“视频滤镜”选项组，用鼠标单击并拖动“幻影动作”滤镜到时间轴的第二段视频上。

将视频滤镜拖曳到视频素材上

03 选择“属性”选项面板，单击“自定义滤镜”按钮，打开属性设置对话框，将“混合模式”设置为“无”，将“步骤边框”设置为12，将“步骤偏移量”设置为30，将“时间流逝”设置为60，将“缩放”设置为360，将“透明度”设置为15，将“柔和”设置为50，将“变化”设置为40，单击▶播放按钮进行预览。

滤镜属性对话框

- 混合模式：设置幻影移动后的图像与原图的叠加方式。
- 步骤边框：设置由于幻影而产生的边框的重复数量。
- 步骤偏移量：设置幻影边框的偏移程度。
- 时间流逝：设置幻影边框随时间推移的变化情况。
- 缩放：设置画面的缩放尺寸。
- 透明度：设置幻影画面与原始画面的透明叠加程度。
- 柔和：设置模糊效果，使幻影边缘显得柔和。
- 变化：设置幻影的随机变化程度。

04 在预览窗口中查看编辑完成的效果后，执行“文件”→“保存”命令，将修改完成的项目文件以“幻影动作滤镜应用”命名并保存到计算机中指定的目录。

Example 实例 62 “色调和饱和度”滤镜应用

实例目标

“色调和饱和度”滤镜可以调整画面的颜色以及色彩饱和度。

完成文件：实例文件\Chapter 4\实例62\Complete\色调和饱和度滤镜应用.VSP

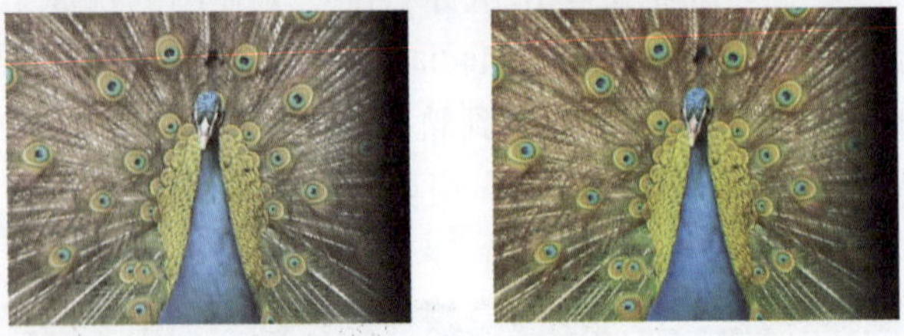

效果图

实例要点

将素材插入轨道后添加“色调和饱和度”视频滤镜，然后在参数设置对话框中进行设置，最后预览效果并保存文件。

操作步骤

01 新建一个影片项目，在时间轴上单击鼠标右键，从弹出的快捷菜单中选择“插入视频”命令，选择本书实例光盘中Chapter 4\实例62\Media目录下的视频素材，单击“打开”按钮。重复上述步骤，将两段相同的素材按先后顺序导入到轨道上。

02 在画廊库中选择“视频滤镜”选项组，用鼠标单击并拖曳“色调和饱和度”滤镜到时间轴的第二段视频上。

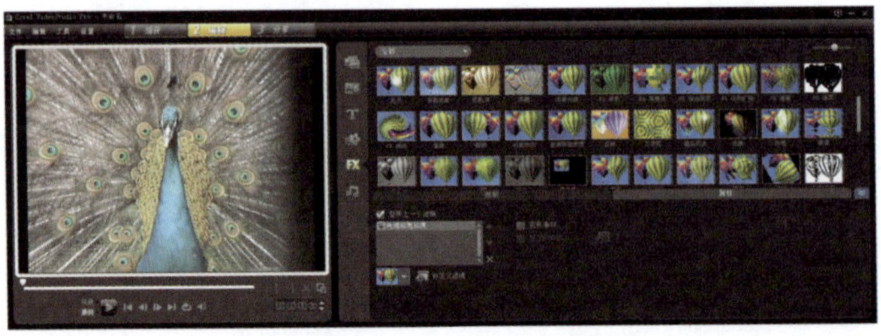

将视频滤镜拖曳到视频素材上

03 选择“属性”选项面板，单击“自定义滤镜”按钮，打开属性设置对话框，将“色调”设置为0，将“饱和度”设置为20，单击▶播放按钮进行预览。

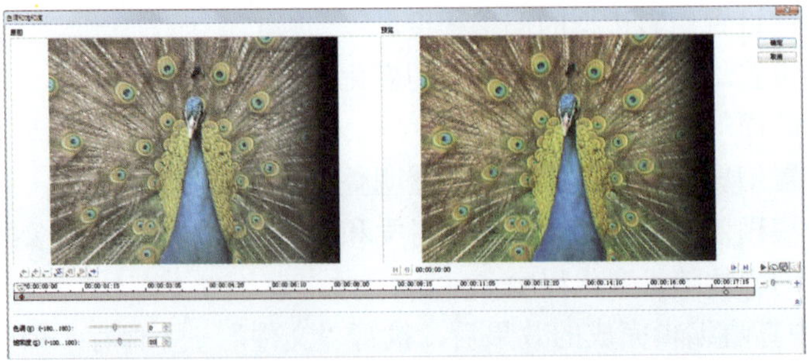

滤镜属性对话框

- 色调：设置改变的颜色。
- 饱和度：将色彩添加到图像或从图像中删除色彩。

04 在预览窗口中查看编辑完成的效果后，执行“文件”→“保存”命令，将修改完成的项目文件以“色调和饱和度滤镜应用”命名并保存到计算机指定的目录中。

Example 实例 63 “万花筒”滤镜应用

实例目标

“万花筒”滤镜可以模拟通过万花筒观察到的图像的拼贴效果。

完成文件：实例文件\Chapter 4\实例63\Complete\万花筒滤镜应用.VSP

效果图

实例要点

将素材插入轨道，添加“万花筒”视频滤镜并在属性对话框中进行设置，最后预览并保存文件。

操作步骤

01 新建一个影片项目，在时间轴上单击鼠标右键，从弹出的快捷菜单中选择“插入视频”命令，选择本书实例光盘中Chapter 4\实例63\Media目录下的视频素材，单击“打开”按钮。重复上述步骤，将两段相同的素材按先后顺序导入到轨道上。

02 在画廊库中选择“视频滤镜”选项组，用鼠标单击并拖动“万花筒”滤镜到时间轴的第二段视频上。

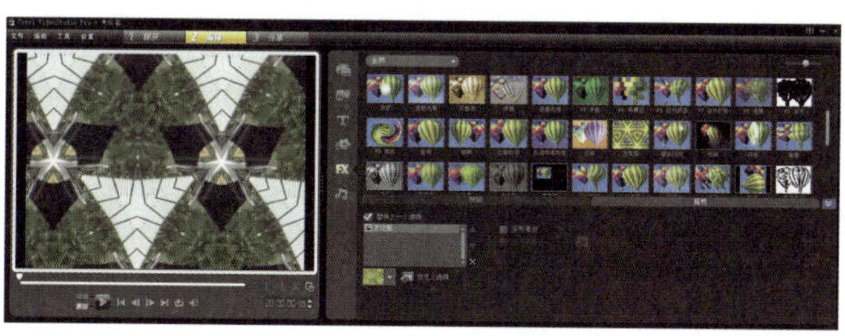

将视频滤镜拖曳到视频素材上

03 选择“属性”选项面板，单击“自定义滤镜”按钮，打开属性设置对话框，将“角度”设置为180，将“半径”设置为80，单击▶播放按钮进行预览。

滤镜属性对话框

- 角度：设置反射的角度。
- 半径：设置反射图形的取样半径。
- 静止：选中该选项，反射区域将被固定，无法拖动“原图”中的控制点调整位置。

04 在预览窗口中查看编辑完成的效果后，执行“文件”→“保存”命令，将修改完成的项目文件以“万花筒滤镜应用”命名并保存到计算机中指定的目录。

Example 实例 64 镜头闪光与光线滤镜应用

实例目标

“镜头闪光”滤镜可以在图像上添加一个发亮的闪光，模拟类似太阳的光线效果；“光线”滤镜则可以模拟光照效果。

完成文件：实例文件\Chapter 4\实例64\Complete\镜头闪光与光线滤镜应用.VSP

效果图

实例要点

将素材插入轨道，添加“镜头闪光”和“光线”视频滤镜并在属性对话框中进行设置，最后预览并保存文件。

操作步骤

01 新建一个影片项目，在时间轴上单击鼠标右键，从弹出的快捷菜单中选择“插入视频”命令，选择本书实例光盘中Chapter 4\实例64\Media目录下的视频素材，单击“打开”按钮。重复上述步骤，将两段相同的素材按先后顺序导入到轨道上。

02 在画廊库中选择“视频滤镜”选项组，用鼠标单击并拖动“镜头闪光”滤镜到时间轴的第二段视频上；展开“属性”选项面板，取消选中“替换上一个滤镜”复选框。

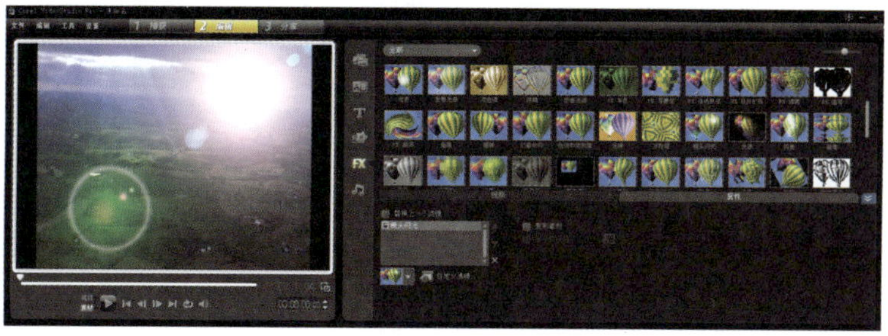

将视频滤镜拖曳到视频素材上

03 单击“属性”选项面板中的“自定义滤镜”按钮，打开属性设置对话框，将“镜头类型”设置为“50～300mm缩放”，将“光线色彩”设置为白色，将“亮度”设置为15，将“大小”设置为50，将“额外强度”设置为100，单击▶播放按钮进行预览。

滤镜属性对话框

- 镜头类型：每个镜头的类型将产生不同的闪光合成。
- 光线色彩：设置光线的颜色。
- 亮度：设置整体的亮度。
- 大小：设置闪光的大小。
- 额外强度：设置周围光线的强度。

04 单击“确定”按钮返回编辑窗口。在画廊库左侧工具面板中选择“滤镜”，用鼠标单击并拖曳“光线”滤镜到时间轴的第二段视频上。

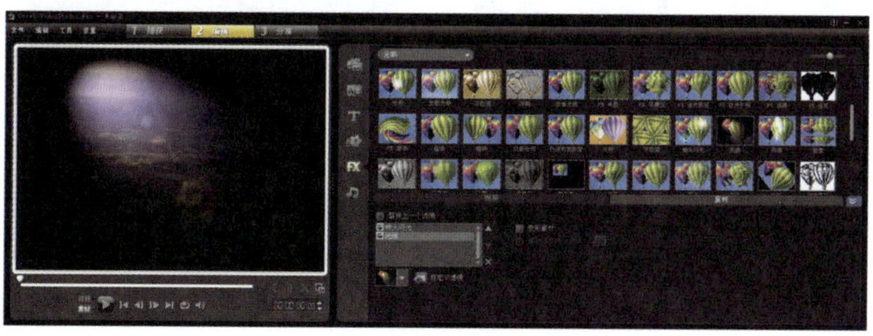

将视频滤镜拖曳到视频素材上

05 选择“属性”选项面板，单击“自定义滤镜”按钮，打开属性设置对话框，设置“光线色彩”为粉红色，“外部色彩”为“白色”，“距离”为最远，“曝光”为短，“高度”为25，“倾斜”为257，“发散”为6，单击▶播放按钮进行预览。

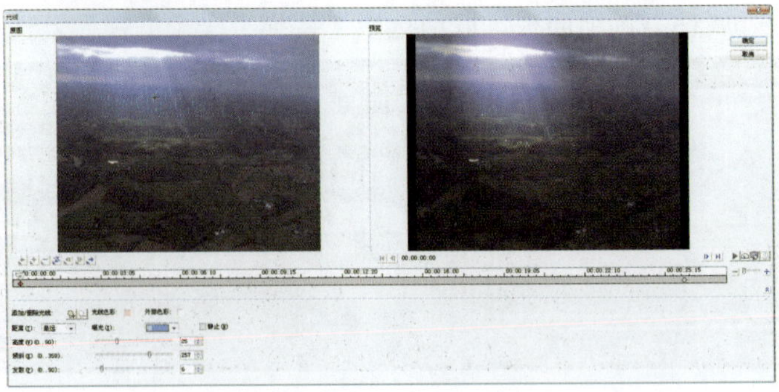

滤镜属性对话框

◆ 添加/删除光线：单击按钮，可以在画面上添加新的光源；单击按钮，可以删除选中的光源。

◆ 光线色彩：设置光线的中央色彩。

◆ 外部色彩：设置光源周围的色彩。

◆ 距离：设置光源与照射对象之间的距离，距离越短光线越强。

◆ 曝光：设置曝光时间调整光线的亮度，时间越长光线越亮。

◆ 高度：设置光源角度以调整照射的范围。

◆ 倾斜：设置光源的照射角度。

◆ 发散：设置光线的发散范围。

06 在预览窗口中查看编辑完成的效果后，执行“文件”→“保存”命令，将修改完成的项目文件以“镜头闪光滤镜应用”命名并保存到计算机中指定的目录。

Example 实例 65 “闪电”滤镜应用

实例目标

“闪电”滤镜可以模拟真实闪电的效果。

完成文件：实例文件\Chapter 4\实例65\Complete\闪电滤镜应用.VSP

效果图

实例要点

将素材插入轨道，添加“闪电”视频滤镜并在属性对话框中进行设置，最后预览并保存文件。

操作步骤

01 新建一个影片项目，在时间轴上单击鼠标右键，从弹出的快捷菜单中选择“插入视频”

命令，选择本书实例光盘中Chapter 4\实例65\Media目录下的视频素材，单击“打开”按钮。重复上述步骤，将两段相同的素材按先后顺序导入到轨道上。

02 在画廊库中选择“视频滤镜”选项组，用鼠标单击并拖动“闪电”滤镜到时间轴的第二段视频上。

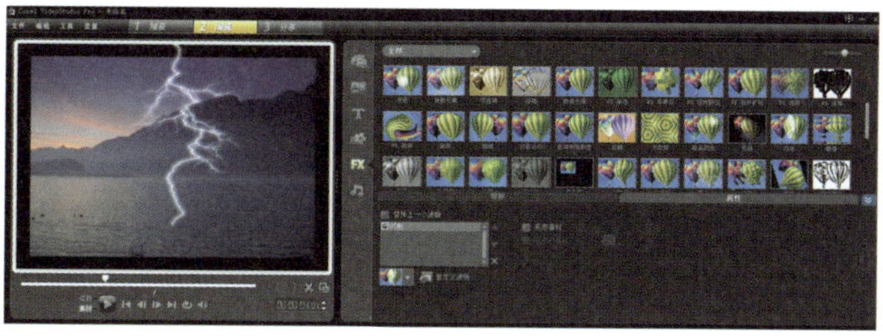

将视频滤镜拖曳到视频素材上

03 选择“属性”选项面板，单击“自定义滤镜”按钮，打开属性设置对话框，设置如图所示的参数，单击▶播放按钮进行预览。

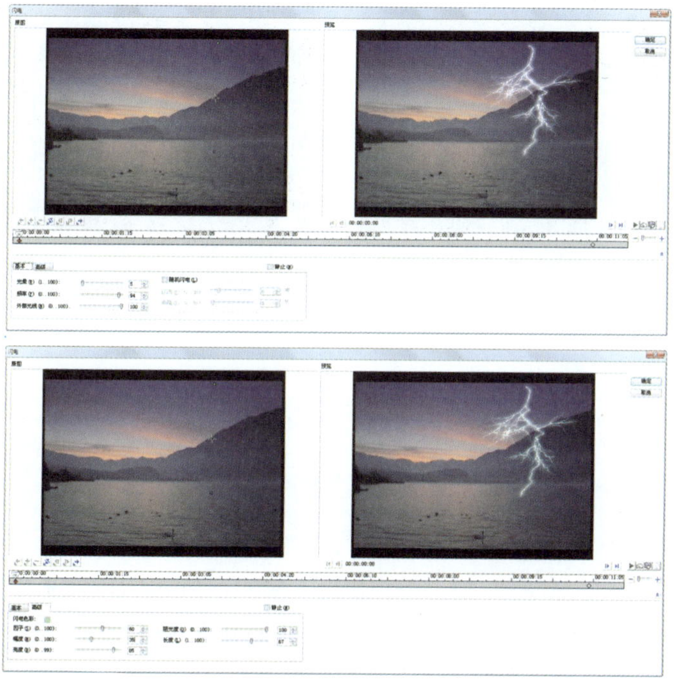

滤镜属性对话框

“基本”选项卡

- 光晕：设置闪电发散出的光晕大小。
- 频率：设置闪电旋转扭曲的次数。数值越高，产生的分叉越多。
- 外部光线：设置闪电对周围环境的影响程度，数值越大，环境光越强。
- 随机闪电：随机生成动态的闪电效果。
- 区间：以“帧”为单位设置闪电的出现频率。
- 间隔：以“秒”为单位设置闪电的出现频率。

“高级”选项卡

- 闪电色彩：设置闪电的颜色。
- 因子：随机改变闪电的方向。

◆ 幅度：设置闪电振幅和分支移动的范围。
◆ 亮度：设置闪电的亮度。
◆ 阻光度：设置闪电与原图的叠加方式。
◆ 长度：设置闪电中分支的大小。

04 在预览窗口中查看编辑完成的效果后，执行“文件”→“保存”命令，将修改完成的项目文件以“闪电滤镜应用”命名并保存到计算机中指定的目录。

Example 实例 66 镜像滤镜应用

实例目标

“镜像”滤镜可以将画面分割、重复，在同一画面上显示多个副本。

完成文件：实例文件\Chapter 4\实例66\Complete\镜像滤镜应用.VSP

效果图

实例要点

将素材插入轨道，添加“镜像”视频滤镜并在属性对话框中进行设置，最后预览并保存文件。

操作步骤

01 新建一个影片项目，在时间轴上单击鼠标右键，从弹出的快捷菜单中选择“插入视频”命令，选择本书实例光盘中Chapter 4\实例66\Media目录下的视频素材，单击“打开”按钮。重复上述步骤，将两段相同的素材按先后顺序导入到轨道上。

02 在画廊库中选择“视频滤镜”选项组，用鼠标单击并拖动“镜像”滤镜到时间轴的第二段视频上。

将视频滤镜拖到视频素材上

03 选择“属性”选项面板，单击“自定义滤镜”按钮，打开属性设置对话框，将“方向”设置为垂直，将“镜像大小”设置为100，单击▶播放按钮进行预览。

滤镜属性对话框

◆ 方向：设置镜像效果的方向。

◆ 镜像大小：设置镜像画面的大小，数值越大，镜像画面越大。

04 在预览窗口中查看编辑完成的效果后，执行“文件”→“保存”命令，将修改完成的项目文件以“镜像滤镜应用”命名并保存到计算机中指定的目录。

Example 实例 67 马赛克滤镜应用

实例目标

“马赛克”滤镜可以将图像分裂为多个平铺块，并将每个平铺中像素色彩的平均值用作该平铺中所有像素的色彩，制作出马赛克画面的效果。

完成文件：实例文件\Chapter 4\实例67\Complete\马赛克滤镜应用.VSP

效果图

实例要点

将素材插入轨道，添加“马赛克”视频滤镜并在属性对话框中进行设置，最后预览并保存文件。

操作步骤

01 新建一个影片项目，在时间轴上单击鼠标右键，从弹出的快捷菜单中选择“插入视频”命令，选择本书实例光盘中Chapter 4\实例67\Media目录下的视频素材，单击“打开”按钮。重复上述步骤，将两段相同的素材按先后顺序导入到轨道上。

02 在画廊库中选择“视频滤镜”选项组，用鼠标单击并拖曳“马赛克”滤镜到时间轴的第二段视频上。

将视频滤镜拖到视频素材上

03 选择“属性”选项面板，单击“自定义滤镜”按钮，打开属性设置对话框，勾选 “正方形”复选框，将“宽度”和“高度”设置为18，单击▶播放按钮进行预览。

滤镜属性对话框

- 宽度：设置马赛克的宽度。
- 高度：设置马赛克的高度。
- 正方形：选中该复选框，可以同时调整宽度和高度。

04 在预览窗口中查看编辑完成的效果后，执行“文件”→“保存”命令，将修改完成的项目文件以“马赛克滤镜应用”命名并保存到计算机中指定的目录。

Example 实例 68 “老电影”滤镜应用

实例目标

“老电影”滤镜可以创建色彩单一，播放时会出现抖动、刮痕，光线变化也忽明忽暗，模拟老电影的播放效果。

完成文件：实例文件\Chapter 4\实例68\Complete\老电影滤镜应用.VSP

效果图

实例要点

将素材插入轨道，添加“老电影”视频滤镜并在属性对话框中进行设置，最后预览并保存文件。

操作步骤

01 新建一个影片项目，在时间轴上单击鼠标右键，从弹出的快捷菜单中选择“插入视频”命令，选择本书实例光盘中Chapter 4\实例68\Media目录下的视频素材，单击“打开”按钮。重复上述步骤，将两段相同的素材按先后顺序导入到轨道上。

02 在画廊库中选择“视频滤镜”选项组，用鼠标单击并拖曳“老电影”滤镜到时间轴的第二段视频上。

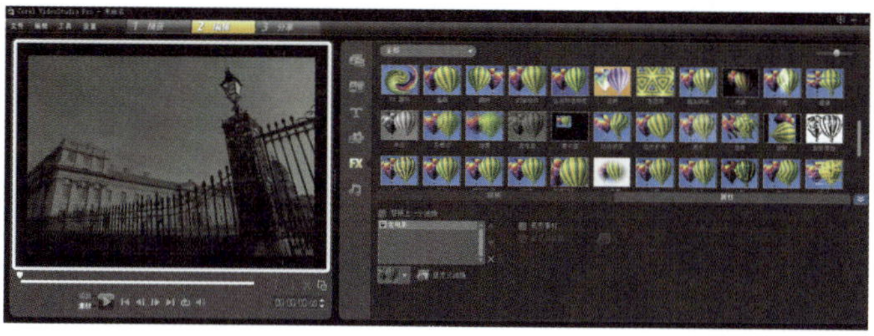

将视频滤镜拖曳到视频素材上

03 选择“属性”选项面板，单击“自定义滤镜”按钮，打开属性设置对话框，将“斑点”设置为60，将“刮痕”设置为50，将“震动”设置为15，将“光线变化”设置为35，将“替换色彩”设置为橙黄色，单击▶播放按钮进行预览。

滤镜属性对话框

- 斑点：设置在画面上斑点明显程度。
- 刮痕：设置在画面上刮痕数量。
- 震动：设置画面的抖动程度。
- 光线变化：设置画面上光线的明暗变化程度。
- 替换色彩：设置应用的单色色彩。

04 在预览窗口中查看编辑完成的效果后，执行“文件”→“保存”命令，将修改完成的项目文件以“老电影滤镜应用”命名并保存到计算机中指定的目录。

Example 实例 69 “雨点”滤镜应用

实例目标

“雨点”滤镜可以真实地模拟下雨时的效果。

完成文件：实例文件\Chapter 4\实例69\Complete\雨点滤镜应用.VSP

效果图

实例要点

将素材插入轨道，添加“雨点”视频滤镜并在属性对话框中进行设置，最后预览并保存文件。

操作步骤

01 新建一个影片项目，在时间轴上单击鼠标右键，从弹出的快捷菜单中选择“插入视频”命令，选择本书实例光盘中Chapter 4\实例69\Media目录下的视频素材，单击“打开”按钮。重复上述步骤，将两段相同的素材按先后顺序导入到轨道上。

02 在画廊库中选择“视频滤镜”选项组，用鼠标单击并拖曳“雨点”滤镜到时间轴的第二段视频上。

将视频滤镜拖曳到视频素材上

03 选择“属性”选项面板，单击“自定义滤镜”按钮，打开属性设置对话框，设置如图所示的参数，单击▶播放按钮进行预览。

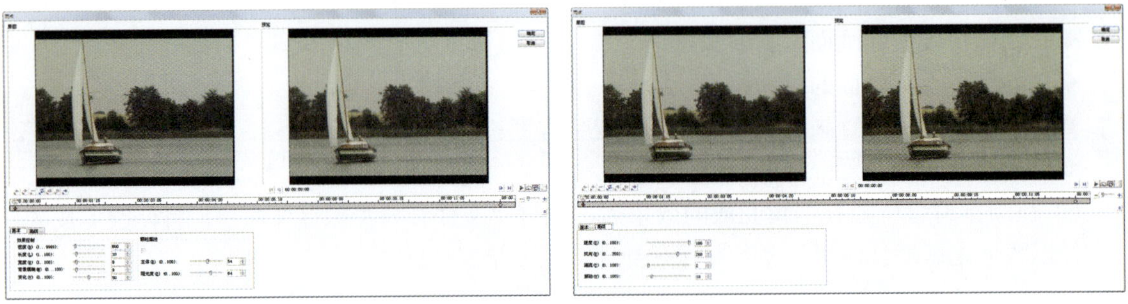

滤镜属性对话框

“基本”选项卡

- 密度：设置雨滴的个数。
- 长度：设置雨丝的长度。
- 宽度：设置雨丝的宽度。
- 背景模糊：设置背景画面的模糊程度。
- 变化：设置颗粒大小的变化。

◆ 主体：设置雨滴的色彩以及打在图像上的重量。
◆ 阻光度：设置图像透过雨幕的可见度。

"高级"选项卡

◆ 速度：设置雨滴的加速度。
◆ 风向：设置变化率，或使雨滴倾斜的风向。
◆ 湍流：设置雨滴从移动方向上偏离的变化程度。
◆ 震动：设置雨滴摇摆运动的强度。

在预览窗口中查看编辑完成的效果后，执行"文件"→"保存"命令，将修改完成的项目文件以"雨点滤镜应用"命名并保存到计算机中指定的目录。

Example 实例 70 "涟漪"滤镜应用

实例目标

"涟漪"滤镜可以在图像上添加波纹，模拟水面效果。

完成文件：实例文件\Chapter 4\实例70\Complete\涟漪滤镜应用.VSP

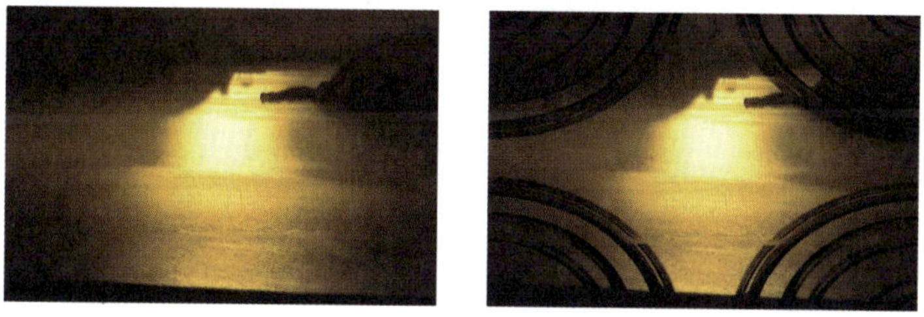

效果图

实例要点

将素材插入轨道，添加"涟漪"视频滤镜并在属性对话框中进行设置，最后预览并保存文件。

操作步骤

01 新建一个影片项目，在时间轴上单击鼠标右键，从弹出的快捷菜单中选择"插入视频"命令，选择本书实例光盘中Chapter 4\实例70\Media目录下的视频素材，单击"打开"按钮。重复上述步骤，将两段相同的素材按先后顺序导入到轨道上。

02 在画廊库中选择"视频滤镜"选项组，用鼠标单击并拖动"涟漪"滤镜到时间轴的第二段视频上。

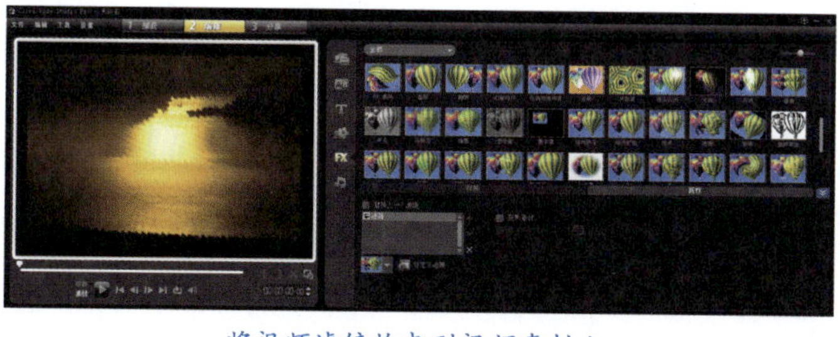

将视频滤镜拖曳到视频素材上

03 选择“属性”选项面板，单击“自定义滤镜”按钮，打开属性设置对话框，将“方向”设置为从中央，将“频率”设置为“低”，将“程度”设置为400，单击▶播放按钮进行预览。

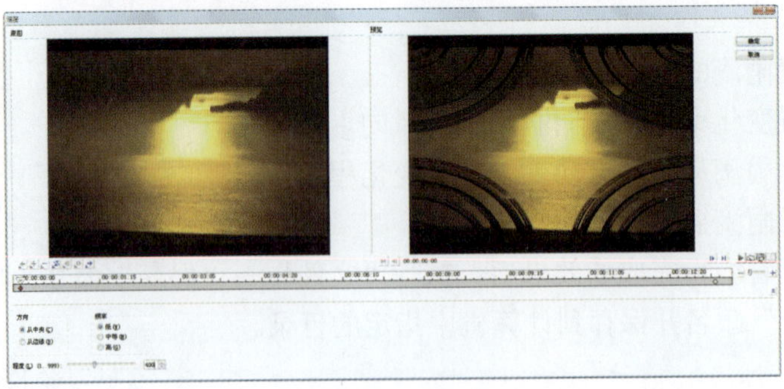

滤镜属性对话框

- 方向：“从中央”选项使波纹从图像的中央开始，并按圆形的图样向外荡漾；“从边缘”选项使波纹像是波浪在图像上涌动。
- 频率：设置波纹的数量。
- 程度：设置波纹的大小。

04 在预览窗口中查看编辑完成的效果后，执行“文件”→“保存”命令，将修改完成的项目文件以“涟漪滤镜应用”命名并保存到计算机中指定的目录。

Example 实例 71 “肖像画”滤镜应用

实例目标

“肖像画”滤镜可以在画面上添加柔和的边缘效果，以突出主体。

完成文件：实例文件\Chapter 4\实例71\Complete\肖像画滤镜应用.VSP

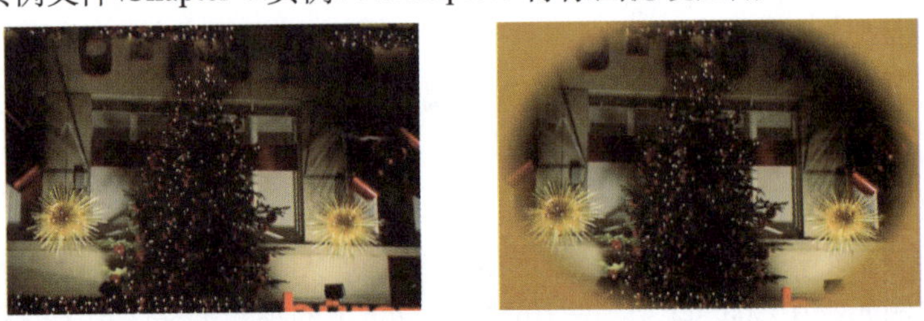

效果图

实例要点

将素材插入轨道，添加“肖像画”视频滤镜并在属性对话框中进行设置，最后预览并保存文件。

操作步骤

01 新建一个影片项目，在时间轴上单击鼠标右键，从弹出的快捷菜单中选择“插入视频”命令，选择本书实例光盘中Chapter 4\实例71\Media目录下的视频素材，单击“打开”按钮。重复上述步骤，将两段相同的素材按先后顺序导入到轨道上。

02 在画廊库中选择“视频滤镜”选项组，用鼠标单击并拖曳“肖像画”滤镜到时间轴的第二段视频上。

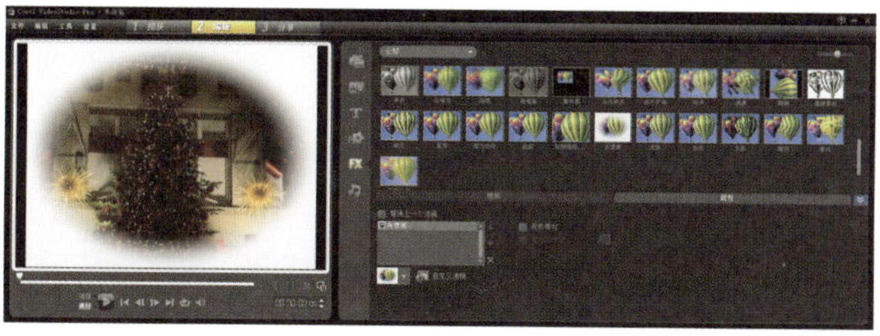

插入视频素材

03 选择“属性”选项面板，单击“自定义滤镜”按钮，打开属性设置对话框，将“镂空罩色彩”设置为橙色，将“形状”设置为“椭圆”，将“柔和度”设置为20，单击▶播放按钮进行预览。

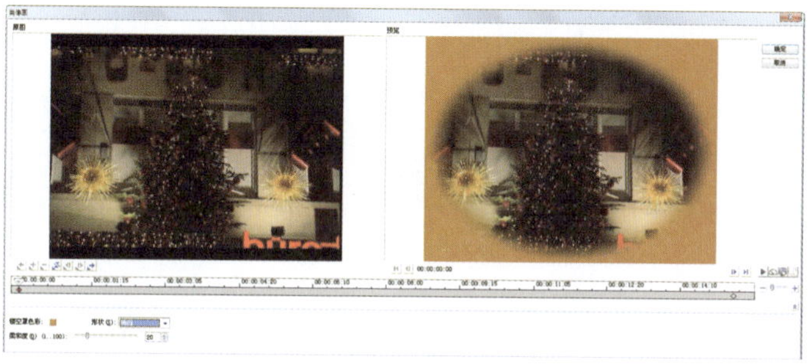

滤镜属性对话框

- 镂空罩色彩：设置边缘遮罩的填充色彩。
- 形状：从下拉列表中可以选择椭圆、正方形以及矩形等不同的形状。
- 柔和度：设置边缘的柔化程度。

04 在预览窗口中查看编辑完成的效果后，执行“文件”→“保存”命令，将修改完成的项目文件以“肖像画滤镜应用”命名并保存到计算机指定的目录中。

Example 实例 72 漩涡滤镜应用

实例目标

“漩涡”滤镜可以使画面扭曲变形，模拟旋涡般的效果。

完成文件：实例文件\Chapter 4\实例72\Complete\漩涡滤镜应用.VSP

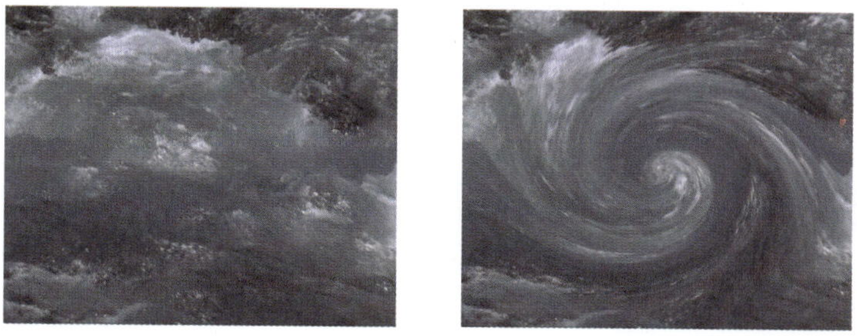

效果图

实例要点

将素材插入轨道，添加“漩涡”视频滤镜并在属性对话框中进行设置，最后预览并保存文件。

操作步骤

01 新建一个影片项目，在时间轴上单击鼠标右键，从弹出的快捷菜单中选择“插入视频”命令，选择本书实例光盘中Chapter 4\实例72\Media目录下的视频素材，单击“打开”按钮。重复上述步骤，将两段相同的素材按先后顺序导入到轨道上。

02 在画廊库中选择“视频滤镜”选项组，用鼠标单击并拖动“漩涡”滤镜到时间轴的第二段视频上。

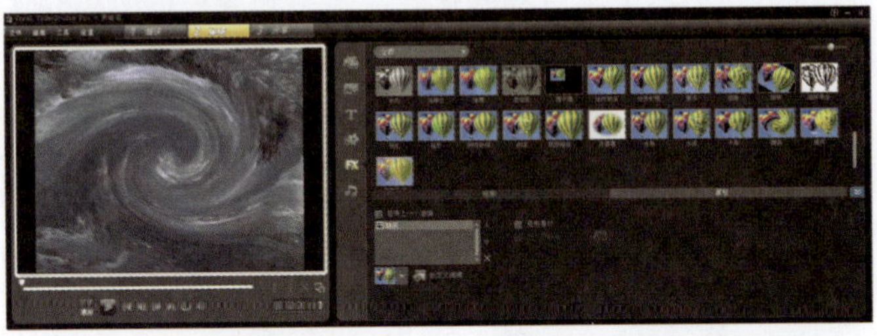

将视频滤镜拖曳到视频素材上

03 选择“属性”选项面板，单击“自定义滤镜”按钮，打开属性设置对话框，将“方向”设置为“逆时针”，将“扭曲”设置为320，单击▶播放按钮进行预览。

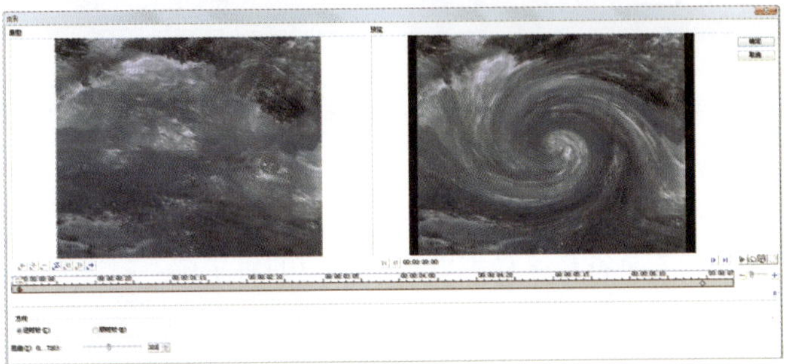

滤镜属性对话框

- 方向：选择漩涡的方向。
- 扭曲：设置旋转程度。

04 在预览窗口中查看编辑完成的效果后，执行“文件”→“保存”命令，将修改完成的项目文件以“漩涡滤镜应用”命名并保存到计算机中指定的目录。

第5章 转场

会声会影X3提供了很多转场效果，而且按照不同类型分为16个大类，方便用户编辑。同时还特别提供了“收藏夹”转场效果组，使用户可以将常用的转场特效加入到“收藏夹”中，方便日后编辑工作。

Example 实例 73 三维转场效果

实例说明

“三维”转场效果是指视频或者图像之间使用模拟三维立体的方式进行过渡，使画面切换形式多样、自然流畅。

完成文件：实例文件\Chapter 5\实例73\Complete\三维转场效果.VSP

效果图

实例要点

- 将图像素材导入到视频轨道上。
- 选择“三维”中的转场效果并将其插入到两个图像素材的连接处。
- 在转场效果选项面板中设置具体的参数。

操作步骤

01 切换到“故事板”视图模式，在时间轴上单击鼠标右键，从弹出的快捷菜单中选择“插入照片”命令，打开“浏览照片”对话框。

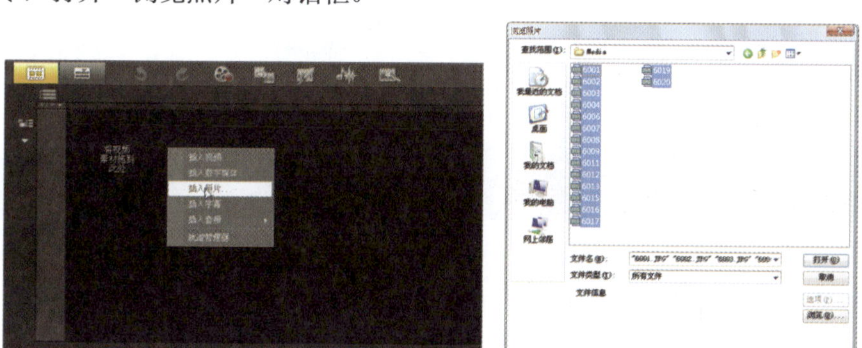

插入图像

02 选择本书实例光盘中Chapter 5\实例73\Media目录下准备的所有图像素材，单击“打开”按钮，图像素材将根据编号自动排列到轨道上。

将素材添加到时间轴

03 单击画廊左侧工具栏中的 “转场”按钮，进入“转场”设置界面，在下拉列表中选择“三维”。将“手风琴”效果拖放到时间轴的第一个和第二个素材中间。

添加“手风琴”转场

04 在转场效果选项设置面板中对“边框”、“色彩”和“柔化边缘”等参数进行设置，选择转场的方向后，可以在预览窗口中进行查看并根据需要进行修改。

设置转场参数

- 边框：调整边框的宽度。在选项面板中，当“边框”的数值设置为0时，则不显示边框。调整“边框”的数值，数值越大，边框越宽。

设置边框

◆ 色彩：用于设置边框或两侧的颜色，单击颜色方块，在弹出菜单中可以自定义要使用的颜色。

设置色彩

◆ 柔化边缘：选项面板上的“柔化边缘”用于指定转场效果和素材的融合程度，在素材之间创建平滑的过渡。主要分为无柔化边缘、弱柔化边缘、中等柔化边缘、强柔化边缘4种程度。

柔化边缘

◆ 方向：按下“方向”中对应的按钮，可指定转场效果的运动方向。

选择方向

05 在“三维”转场效果组中将“对开门”效果拖曳到时间轴的第二个和第三个素材之间。

添加“对开门”转场

06 在转场效果选项设置面板中对相关参数进行设置，选择转场的方向后，在预览窗口中进行查看并根据需要进行修改。

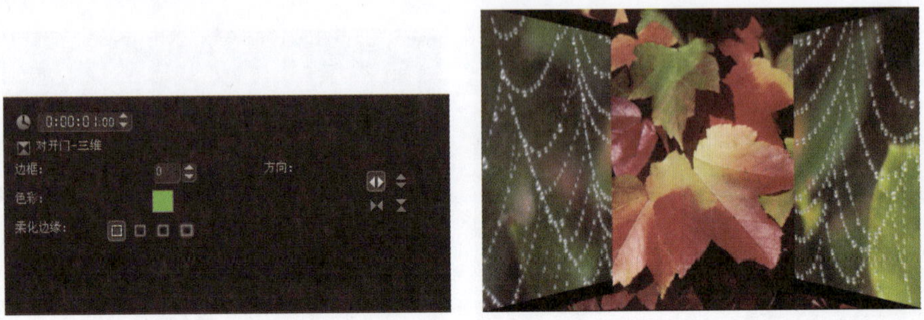

设置转场参数

- 方向：指定转场效果的运动方向。包括“打开-垂直分割”、“打开-水平分割”、“关闭-垂直分割”和“关闭-水平分割”4种效果。

07 在“三维”转场效果组中选择“百页窗”效果，将其拖曳到时间轴的第三个和第四个素材之间。

08 在转场效果选项设置面板中设置相应的参数，选择转场的方向后，在预览窗口中进行查看并根据需要进行修改。

设置转场参数

09 在“三维”转场效果组中选择“外观”效果，将其拖到时间轴的第四个和第五个素材之间。

添加“外观”转场

⑩ 在转场效果选项设置面板中设置对应的参数，选择转场的方向后，在预览窗口中进行查看并根据需要进行修改。

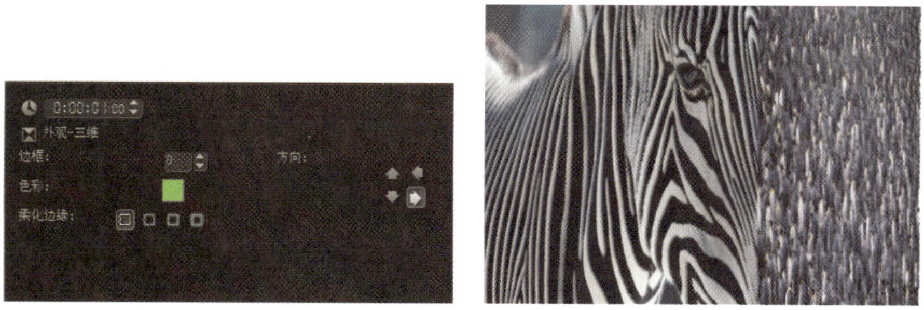

设置转场参数

⑪ 在“三维”转场效果组中选择“飞行木板”效果，将其拖曳到时间轴的第五个和第六个素材之间。

添加“飞行木板”转场

⑫ 在转场效果选项设置面板中设置对应的参数，选择转场的方向后，在预览窗口中进行查看并根据需要进行修改。

设置转场参数

⑬ 在“三维”转场效果组中选择“飞行方块”效果，将其拖曳到时间轴的第六个和第七个素材之间。

添加“飞行方块”转场

⑭ 在转场效果选项设置面板中设置对应的参数，选择转场的方向后，在预览窗口中进行查看并根据需要进行修改。

设置转场参数

⑮ 在“三维”转场效果组中选择“飞行翻转”效果，将其拖曳到时间轴的第七个和第八个素材之间。

添加“飞行翻转”转场

⑯ 在转场效果选项设置面板中设置对应的参数，选择转场的方向后，在预览窗口中进行查看并根据需要进行修改。

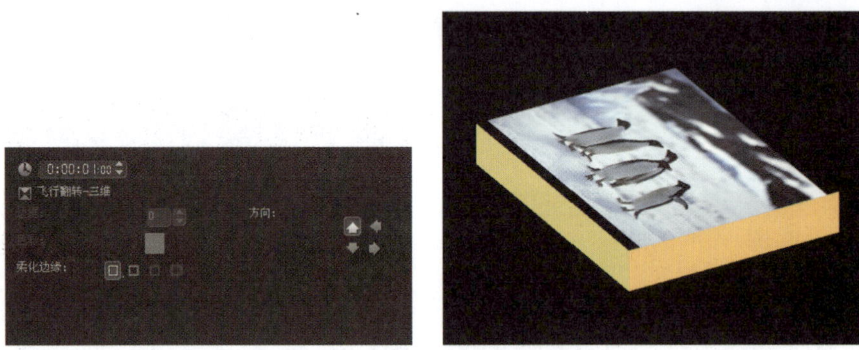

设置转场参数

⑰ 在“三维”转场效果组中选择“飞行折叠”效果，将其拖曳到时间轴的第八个和第九个素材之间。

添加“飞行折叠”转场

⑱ 在转场效果选项设置面板中设置对应的参数，选择一个转场的方向后，在预览窗口中进行查看并根据需要进行修改。

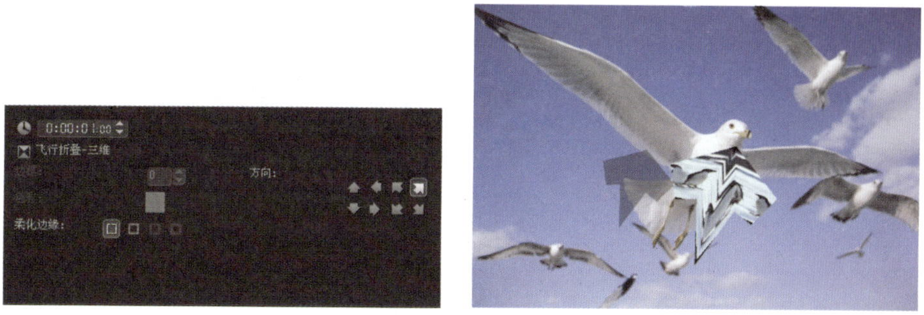

设置转场参数

⑲ 在“三维”转场效果组中选择“折叠盒”效果，并将其拖曳到时间轴的第九个和第十个素材之间。

添加“折叠盒”转场

⑳ 在转场效果选项设置面板中设置对应的参数，选择一个转场方向后，在预览窗口中进行查看并根据需要进行修改。

设置转场参数

㉑ 在“三维”转场效果组中选择“门”效果，并将其拖曳到时间轴的第十个和第十一个素材之间。

添加“门”转场

㉒ 在转场效果选项设置面板中设置对应的参数，选择一个转场方向后，在预览窗口中进行查看并根据需要进行修改。

设置转场参数

㉓ 在“三维”转场效果组中选择“滑动”效果，并将其拖曳到时间轴的第十一个和第十二个素材之间。在转场效果选项设置面板中设置对应的参数，选择一个转场方向后，在预览窗口中进行查看并根据需要进行修改。

设置转场参数

㉔ 在“三维”转场效果组中选择“旋转门”效果，并将其拖曳到时间轴的第十二个和第十三个素材之间。在转场效果选项设置面板中设置对应的参数，选择一个转场方向后，在预览窗口中进行查看并根据需要进行修改。

设置转场参数

㉕ 在“三维”转场效果组中选择“分割门”效果，并将其拖曳到时间轴的第十三个和第十四个素材之间。在转场效果选项设置面板中设置对应的参数，选择一个转场方向后，在预览窗口中进行查看并根据需要进行修改。

设置转场参数

㉖ 在“三维”转场效果组中选择“挤压”效果，并将其拖曳到时间轴的第十四个和第十五个素材之间。在转场效果选项设置面板中设置对应的参数，选择一个转场方向后，在预览窗口中进行查看并根据需要进行修改。

设置转场参数

㉗ 在“三维”转场效果组中选择“漩涡”效果，并将其拖曳到时间轴的第十五个和第十六个素材之间。在转场效果选项设置面板中单击“自定义”按钮，打开“漩涡-三维”对话框。

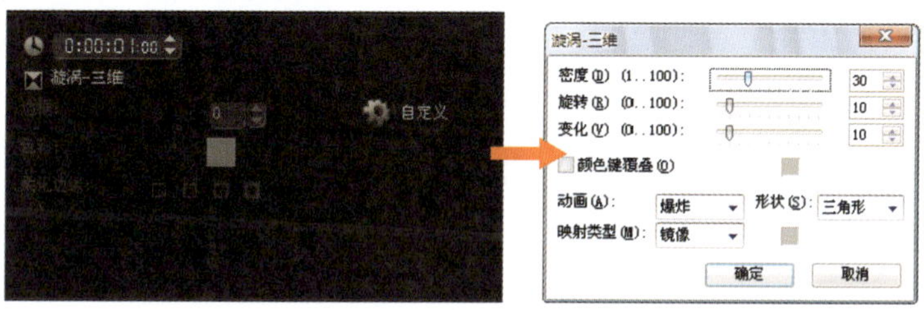

打开“漩涡-三维”对话框

- 密度：设置碎片分裂的数量，数值越大，分裂的碎片数量越多。
- 旋转：设置碎片旋转运动的角度，数值越大，碎片旋转运动越明显。
- 变化：设置碎片随机运动的变化程度，数值越大，运动轨迹的随机性越强。
- 颜色键覆叠：选中该选项，然后单击右侧的颜色方块，弹出“图像色彩选取器”对话框。在略图上单击鼠标左键，可以汲取需要透空的区域色彩；也可以单击“选取图像色彩”右侧的颜色方框，指定透空的色彩。遮罩色彩，则用于在略图上显示透空区域的颜色；“色彩相似度”用于控制指定的透空色彩的范围。设置完成后，单击“确定”按钮，可以使指定的透空色彩区域透出素材B相应区域的颜色。

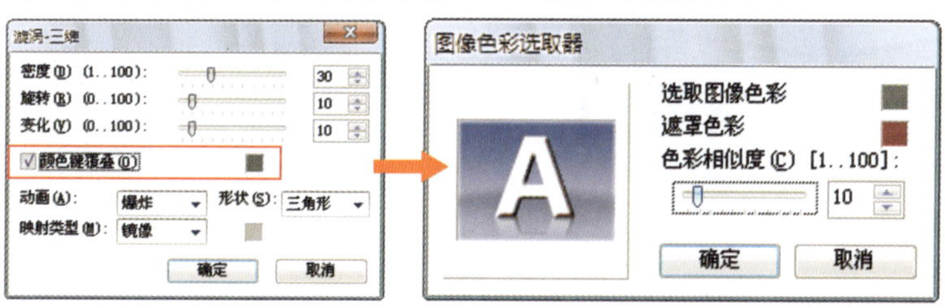

打开“图像色彩选取器”对话框

- 动画：设置碎片的运动方式，包括爆炸、扭曲和上升3种不同的类型。
- 形状：设置碎片的形状，可以选择三角形、矩形、球体和点等不同的类型。
- 映射类型：设置碎片边缘的反射类型，包括镜像图像和自定义色彩两种方式。

㉘ 在对话框中将“密度”设置为“2”，“旋转”设置为“30”、“变化”设置为“70”，“动画”设置为“上升”，“形状”设置为“球形”，“映射类型”设置为“镜像”，单击“确定”按钮。

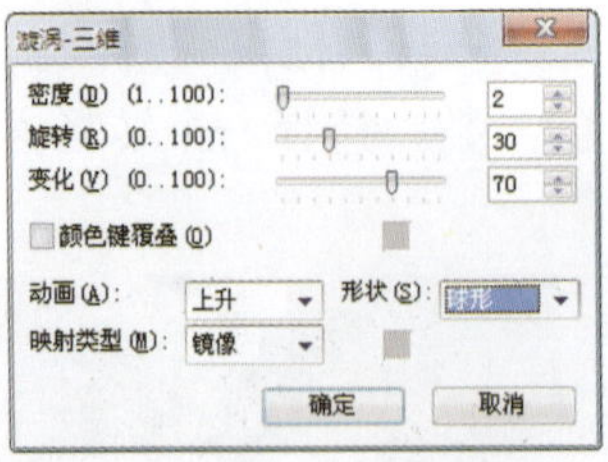

设置“漩涡-三维”对话框

㉙ 在预览窗口中单击“扩大”按钮，以全屏方式进行预览，单击“播放”按钮，预览编辑完成的缩放动画效果。

预览影片效果

㉚ 执行“文件”→“保存”命令，将编辑完成的项目文件以“三维转场效果”命名并保存到计算机中。

Example 实例 74 相册转场效果

实例说明

“相册”转场效果是使图像或视频以相册翻页的形式进行过渡的效果。

完成文件：实例文件\ Chapter 5\实例74\Complete\相册转场效果.VSP

效果图

实例要点

- 将图像素材导入到视频轨道上。
- 选择“时钟”中的转场效果并将其插入到两个图像素材的连接处。
- 在转场效果选项面板中单击“自定义”按钮，打开相应的对话框设置具体的参数。

操作步骤

01 切换到“故事板”视图模式，在时间轴上单击鼠标右键，从弹出的快捷菜单中选择“插入照片”命令，选择本书实例光盘中Chapter 5\实例74\Media目录下准备的所有图像素材，单击“打开”按钮，图像素材将根据编号自动排列到轨道上。

拖放素材到时间轴

02 单击画廊左侧工具栏中的 “转场”按钮，进入“转场”设置界面，在下拉列表中选择“相册”。将“翻转”效果拖曳到时间轴的第一个和第二个素材中间。

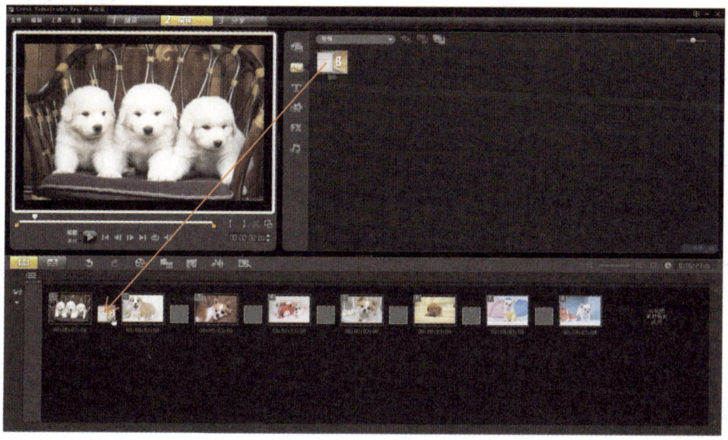

添加“翻转”转场效果

03 选中时间轴上的“翻转”转场效果，在转场效果选项设置面板中单击 “自定义”按钮，打开“翻转-相册”对话框。

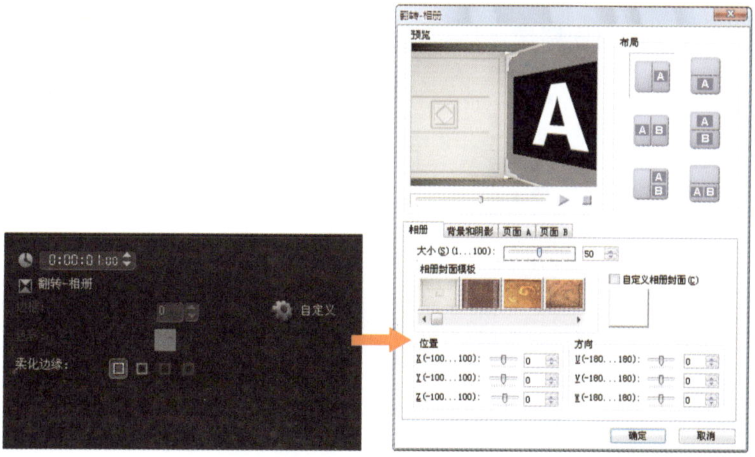

打开“翻转-相册”对话框

04 在“翻转-相册”对话框中选择布局方式的第一种后，在“相册”选项卡中将“大小”设置为“80”，在“相册封面模板”中选择第三个模板，“位置”和“方向”的值保持默认。

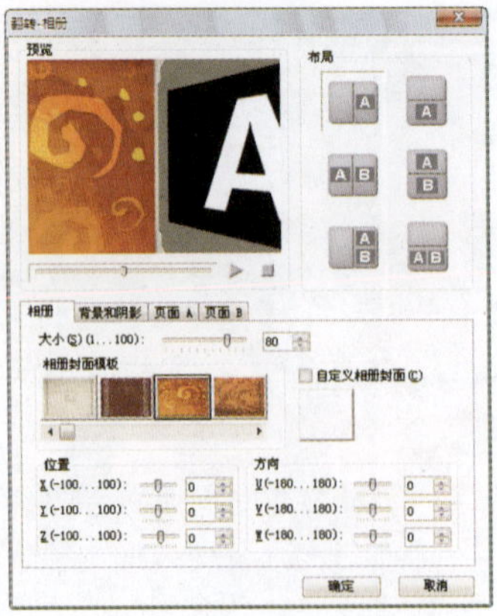

设置参数

◆ 布局：设置相册中素材的布局方式，共包括6种布局。

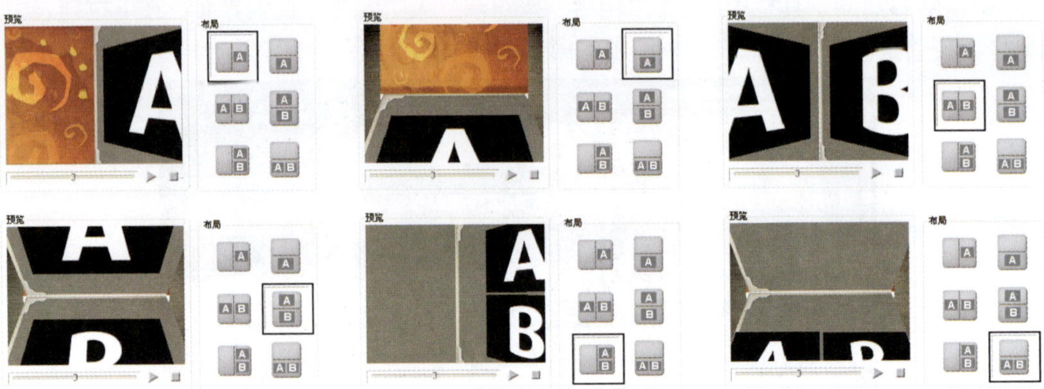

不同布局的效果示意图

◆ 大小：设置相册的形状大小。拖曳“大小”后面的滑块或直接输入数值，即可修改相册的大小。

◆ 相册封面模板：设置相册的封面。在“相册封面模板”中单击对应的预设略图，即可为相册应用新的封面。

◆ 自定义相册封面：导入新的相册封面。选中“自定义相册封面”选项，在“打开”对话框中选择要使用的封面图像，然后单击“打开”按钮即可。

自定义相册封面

◆ 位置：设置相册的位置。通过拖动滑块或直接输入数值来改变相册的位置，输入的数值范围为-100～100。

◆ 方向：设置相册的方向。通过拖动滑块或直接输入数值来改变相册的方向，输入的数值范围为-180～180。

05 单击“背景和阴影”选项卡，进入到“背景和阴影”设置界面，在“背景模板”中选择第四个模板。选中“阴影”选项，将“X-偏移量”和“Y-偏移量”设置为20，将“柔化边缘”设置为1。

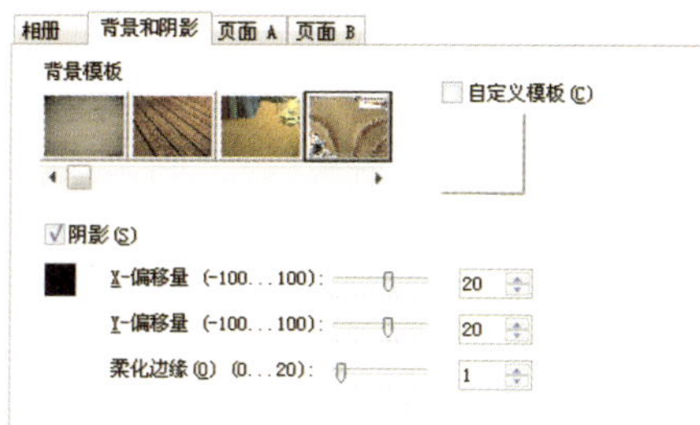

设置背景和阴影

- ◆ 背景模板：设置相册的背景。在“背景模板”中选择一个模板，为相册应用新的背景。
- ◆ 自定义模板：自定义背景模板，以导入自定义的背景图像。
- ◆ 阴影：设置相册的阴影颜色、偏移量和柔化边缘。选中“阴影”选项后，单击“颜色”设置框即可打开“Corel色彩选取器”对话框，在其中设置阴影的颜色。在“X-偏移量”、“Y-偏移量”和“柔化边缘”选项中拖曳滑块或直接输入一个数值，即可分别为其设置参数值。

友立色彩选取器

06 单击“页面A”选项卡，进入“页面A”设置界面。在“相册页面模板”中选择第4个模板，将“Va大小和位置”中的“大小”值设置为“70”。

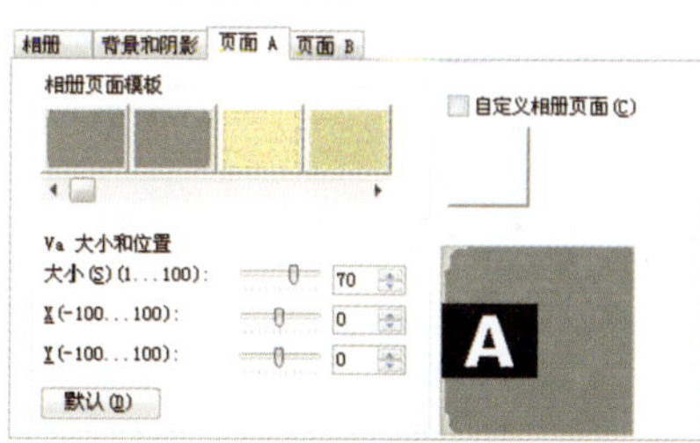

设置“页面A”

- ◆ 相册页面模板：设置“页面A”的背景图像。在“相册页面模板”栏中选择一个页面模板即可修改相册页面图像。

- 自定义相册页面：选中该项从外部添加一个新的图像文件作为相册页面图像。
- Va大小和位置：设置该页面上素材的大小和位置。分别拖曳“大小”以及“X”和“Y”右侧的滑块即可设置素材的大小和位置。
- 默认：单击该按钮，将“Va大小和位置”中的值还原为默认的数值。

07 单击“页面B”选项卡进入“页面B”设置界面。在“相册页面模板”中选择第三个模板，然后将“Va大小和位置”中的“大小”值设置为“70”，单击“确定”按钮。

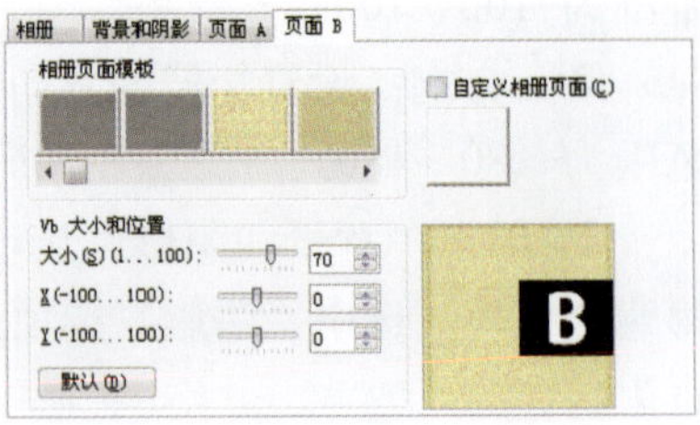
设置“页面B”

08 将“翻转”效果拖曳到时间轴的素材2和素材3之间，双击时间轴上添加的转场效果，打开转场效果选项设置面板。

09 在转场效果选项设置面板中单击“自定义”按钮，打开“翻转-相册”对话框，选择图像布局方式。

选择布局方式

10 在“页面A”选项卡中将各项参数保持默认值；在“页面B”选项卡中将“大小”值设置为18，将X值设置为-12，将Y值设置为-12，单击“确定”按钮。

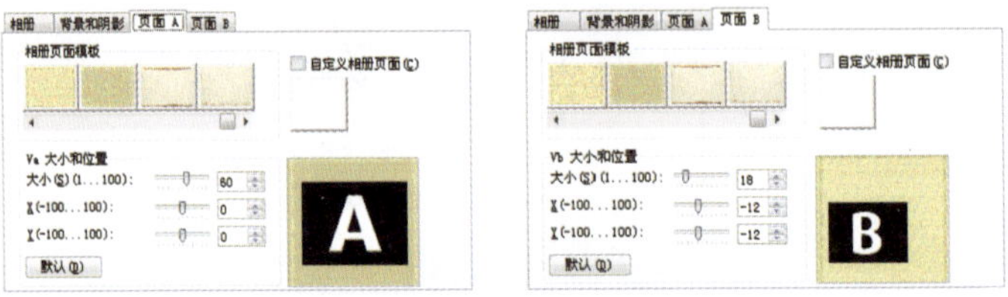
添加设置转场效果

11 将“翻转”效果拖放到时间轴的素材3和素材4之间，在转场效果选项设置面板中单击“自定义”按钮，打开“翻转-相册”对话框。

12 在“布局”中选择第二种布局方式，然后在“相册封面模板”中选择第四个模板，将“大小”设置为13。

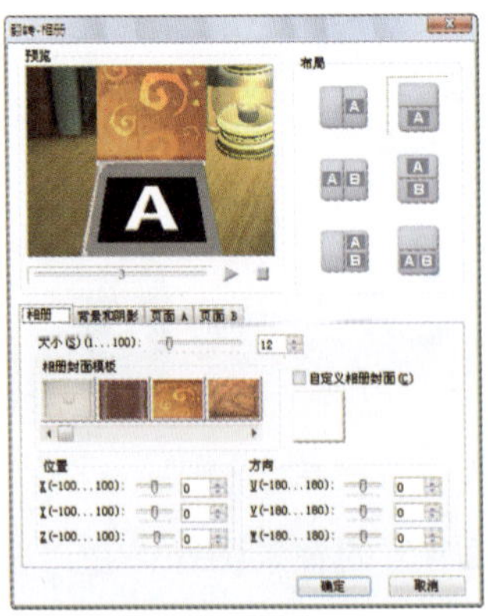
设置“翻转”转场效果

⑬ 按照相同方法将“翻转”转场效果添加到其余几个图像之间，并为其设置详细参数。

⑭ 在预览窗口中单击 “扩大”按钮，以全屏方式进行预览，单击 “播放”按钮，预览编辑完成的缩放动画效果。

预览动画效果

⑮ 执行“文件”→“保存”命令，将编辑完成的项目文件以“相册转场动画”命名并保存到计算机中。

Example 实例 75 取代转场效果

实例说明

“取代”转场效果是将图像或视频间的过渡用形状、运动等不同的方式互相取代。

完成文件：实例文件\ Chapter 5\实例75\Complete\取代转场效果.VSP

效果图

实例要点

- 将图像素材导入到视频轨道上。
- 选择“取代”中的转场效果并将其插入到两个图像素材的连接处。
- 在转场效果选项面板中设置具体的参数。

操作步骤

01 切换到“故事板”视图模式，在时间轴上单击鼠标右键，从弹出的快捷菜单中选择“插入照片”命令，选择本书实例光盘中Chapter 5\实例75\Media目录下准备的所有图像素材，单击“打开”按钮，图像素材将根据编号自动排列到轨道上。

添加图像素材

02 单击画廊左侧工具栏中的 “转场”按钮，进入“转场”设置界面，在下拉列表中选择“取代”选项。将“棋盘”效果拖放到时间轴的第一个和第二个素材中间。

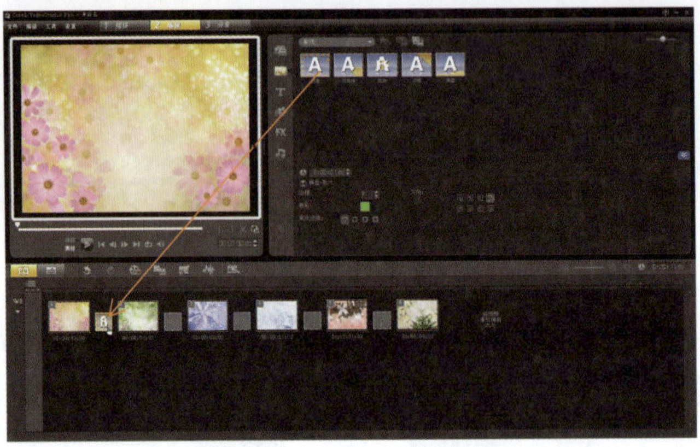

添加“棋盘”效果

03 在转场效果选项设置面板中设置对应的参数，选择一个转场的方向后，在预览窗口中进行查看并根据需要进行修改。

设置“棋盘”转场参数

04 在“取代”转场效果组中选择“对角线”效果，并将其拖到时间轴的第二个和第三个素材之间。

添加“对角线”转场效果

05 在转场效果选项设置面板中设置对应的参数，选择一个转场的方向后，在预览窗口中进行查看并根据需要进行修改。

设置“对角线”转场参数

06 在“取代”转场效果组中选择“盘旋”效果，并将其拖到时间轴的第三个和第四个素材之间。

添加“盘旋”转场效果

07 在转场效果选项设置面板中设置对应的参数，选择一个转场的方向后，在预览窗口中进行查看并根据需要进行修改。

设置“盘旋”转场参数

08 在“取代”转场效果组中选择“交错”效果，并将其拖曳到时间轴的第四个和第五个素材之间。

添加“交错”转场效果

09 在转场效果选项设置面板中设置对应的参数，选择一个转场的方向后，在预览窗口中进行查看并根据需要进行修改。

设置“交错”转场参数

⑩ 在“取代”转场效果组中选择“墙壁”效果，并将其拖曳到时间轴的第五个和第六个素材之间。

添加“墙壁”转场效果

⑪ 在转场效果选项设置面板中设置对应的参数，选择一个转场的方向后，在预览窗口中进行查看并根据需要进行修改。

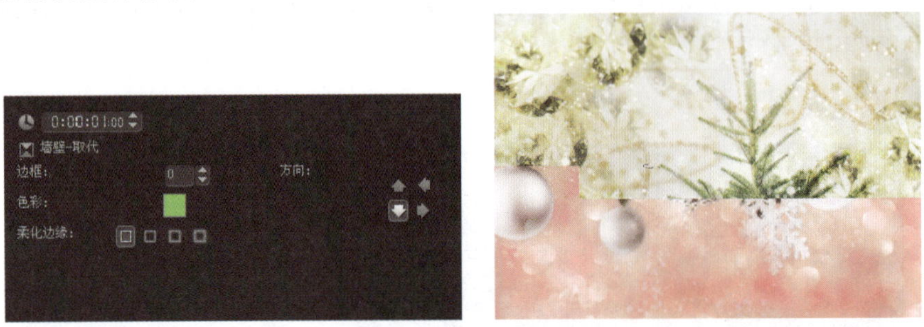

设置“墙壁”转场参数

⑫ 在预览窗口中单击“扩大”按钮，以全屏方式进行预览，单击“播放”按钮，预览编辑完成的缩放动画效果。

预览转场效果

⑬ 执行“文件”→“保存”命令，将编辑完成的项目文件以“取代转场动画”命名并保存到计算机中。

Example 实例 76 时钟转场效果

实例说明

“时钟”转场效果是在图像或视频间创建类似时钟指针转动的方式进行过渡。

完成文件：实例文件\ Chapter 5\实例76\Complete\时钟转场效果.VSP

效果图

实例要点

- 将图像素材导入到视频轨道上。
- 选择“时钟”中的转场效果并将其插入到两个图像素材的连接处。
- 在转场效果选项面板中设置具体的参数。

操作步骤

01 切换到“故事板”视图模式，在时间轴上单击鼠标右键，从弹出的快捷菜单中选择“插入照片”命令，选择本书实例光盘中Chapter 5\实例76\Media目录下的所有图像素材，单击“打开”按钮，图像素材将根据编号自动排列到轨道上。

添加图像素材

02 单击画廊左侧工具栏中的 “转场”按钮，进入“转场”设置界面，在下拉列表中选择“时钟”。将“居中”效果拖曳到时间轴的第一个和第二个素材中间。

添加“居中”效果

03 在转场效果选项设置面板中将“边框”的值设置为“1”，将“色彩”设置为蓝色，将“柔化边缘”设置为“强柔化边缘”，在预览窗口中进行查看并根据需要进行修改。

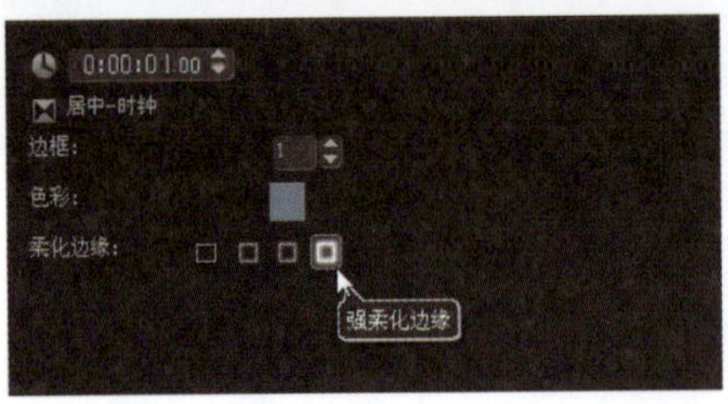

设置“居中”转场参数

04 在“时钟”转场效果组中选择“四分之一”效果，并将其拖曳到时间轴的第二个和第三个素材之间。

添加“四分之一”转场效果

05 在转场效果选项设置面板中，将“边框”的值设置为“1”，将“色彩”设置为灰白色，将“柔化边缘”设置为“强柔化边缘”，将“方向”设置为“左下到右上”，在预览窗口中进行查看并根据需要进行修改。

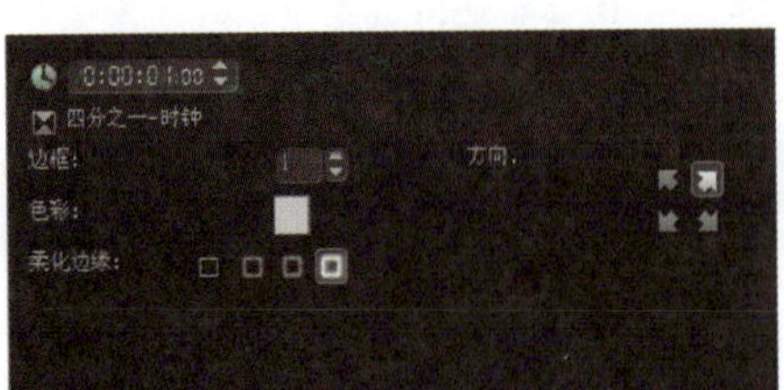

设置“四分之一”转场参数

06 在“时钟”转场效果组中选择“单向”效果，并将其拖曳到时间轴的第三个和第四个素材之间。

添加“侧面”转场效果

07 在转场效果选项设置面板中，将“区间”设置为2秒，将“边框”值设置为“1”，将“色彩”设置为深灰色，将“柔化边缘”设置为“强柔化边缘”，将“方向”设置为“从右边清除”，在预览窗口中进行查看并根据需要进行修改。

设置“侧面”转场参数

08 在“时钟”转场效果组中选择“分割”效果，并将其拖曳到时间轴的第四个和第五个素材之间。

添加“分割”转场效果

09 在转场效果选项设置面板中将“柔化边缘”选择为“弱柔化边缘”，其他项保持默认，在预览窗口中进行查看并根据需要进行修改。

设置“分割”转场参数

⑩ 在“时钟”转场效果组中选择“清除”效果，并将其拖曳到时间轴的第五个和第六个素材之间。

添加“清除”转场效果

⑪ 在转场效果选项设置面板中，将“边框”的值设置为“1”，将“色彩”设置为蓝色，将“柔化边缘”设置为“弱柔化边缘”，将“方向”设置为“顺时针”，在预览窗口中进行查看并根据需要进行修改。

设置“清除”转场参数

⑫ 在“时钟”转场效果组中选择“转动”效果，并将其拖曳到时间轴的第六个和第七个素材之间。

添加“转动”转场效果

⑬ 在转场效果选项设置面板中，将“柔化边缘”设置为“弱柔化边缘”，将“方向”设置为“顺时针”，在预览窗口中进行查看并根据需要进行修改。

设置“转动”转场参数

⑭ 在“时钟”转场效果组中选择“扭曲”效果，并将其拖曳到时间轴的第七个和第八个素材之间。

添加“扭曲”转场效果

⑮ 在转场效果选项设置面板中，将“柔化边缘”设置为“中柔化边缘”，将“方向”设置为“顺时针”，在预览窗口中进行查看并根据需要进行修改。

设置“扭曲”转场参数

⑯ 在预览窗口中单击“扩大”按钮，以全屏方式进行预览，单击“播放”按钮，预览编辑完成的缩放动画效果。

预览动画效果

⑰ 执行“文件”→“保存”命令，将编辑完成的项目文件以“时钟转场动画”命名并保存到计算机上。

Example 实例 77 过滤转场效果

实例说明

“过滤”转场效果是在多个图像或视频间以不同的形状创建过滤出现的效果，由于“过滤”转场效果的实例较多，这里将选取部分常用效果进行介绍。

完成文件：实例文件\ Chapter 5\实例77\Complete\过滤转场效果.VSP

效果图

实例要点

- 将图像素材导入到视频轨道上。
- 选择“过滤”中的转场效果并将其插入到两个图像素材的连接处。
- 在转场效果选项面板中设置具体的参数。

操作步骤

01 切换到“故事板”视图模式，在时间轴上单击鼠标右键，从弹出的快捷菜单中选择“插入照片”命令，选择本书实例光盘中Chapter 5\实例77\Media目录下准备的所有图像素材，单击“打开”按钮，图像素材将根据编号自动排列到轨道上。

添加图像素材

02 单击画廊左侧工具栏中的“转场”按钮，进入“转场”设置界面，在下拉列表中选择“过滤”。将“喷出”效果拖曳到时间轴的第一个和第二个素材中间。

添加“箭头”转场效果

03 “喷出”转场效果没有需要设置的效果参数，在预览窗口中即可查看“喷出”转场效果。

查看转场效果

04 在“过滤”转场效果组中选择“交叉淡化”效果，并将其拖曳到时间轴的第二个和第三个素材之间。

添加“交叉淡化”转场

05 “交叉淡化”转场效果没有需要设置的效果参数，在预览窗口中即可查看“交叉淡化”转场效果。

查看转场效果

06 在“过滤”转场效果组中选择“菱形”效果，并将其拖曳到时间轴的第三个和第四个素材之间。

添加“菱形”转场

07 “菱形”转场效果没有需要设置的效果参数，在预览窗口中查看“菱形”转场效果。

查看转场效果

08 在“过滤”转场效果组中选择“溶解”效果，并将其拖曳到时间轴的第四个和第五个素材之间。

添加“溶解”转场

09 “溶解”转场效果没有需要设置的效果参数，在预览窗口中即可查看“溶解”转场效果。

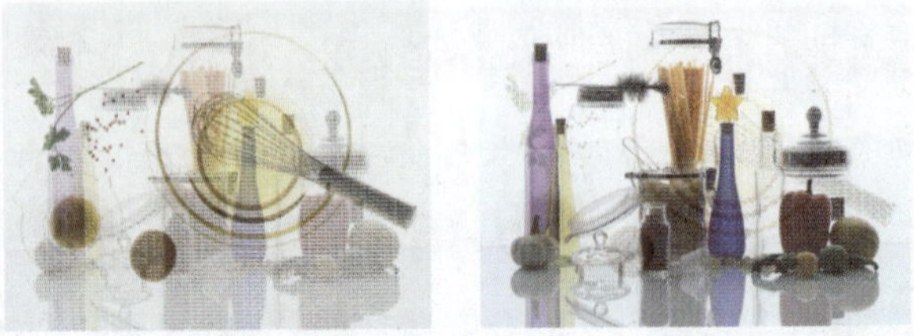

查看转场效果

10 在“过滤”转场效果组中选择“漏斗”效果，并将其拖曳到时间轴的第五个和第六个素材之间。

添加“漏斗”转场

11 在转场效果选项设置面板中，将“柔化边缘”设置为“强柔化边缘”，在“方向”栏中选择一个转场方向后，在预览窗口中即可查看效果并根据需要进行修改。

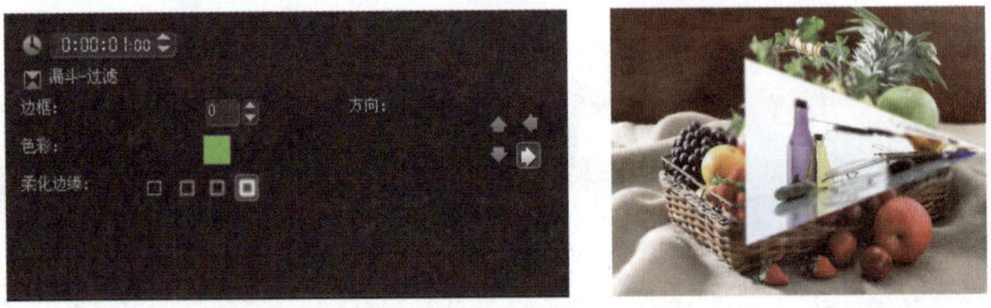

设置“漏斗”转场参数

12 在“过滤”转场效果组中选择“镜头”效果，并将其拖曳到时间轴的第六个和第七个素材之间。

添加“镜头”转场

⑬ 在转场效果选项设置面板中设置相应的参数，在“方向”栏中选择一个转场方向后，在预览窗口中进行查看并根据需要进行修改。

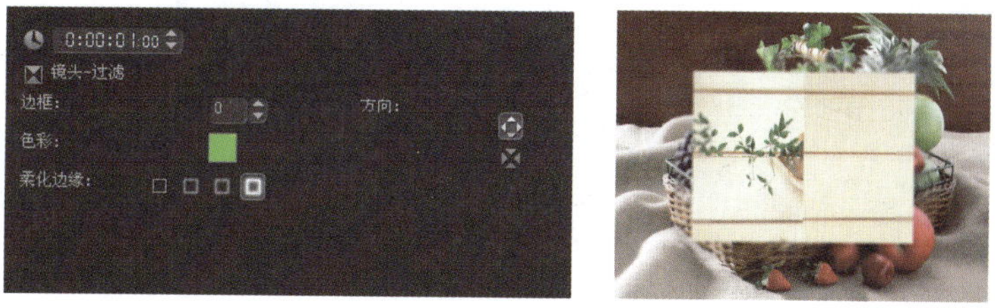

设置“镜头”转场参数

⑭ 在“过滤”转场效果组中选择“遮罩”效果，并将其拖曳到时间轴的第七个和第八个素材之间。

添加“遮罩”转场

⑮ 在转场效果选项设置面板中设置相应的参数，在“方向”栏中选择一个转场方向后，在预览窗口中进行查看并根据需要进行修改。

设置“遮罩”转场参数

◆ 打开遮罩 打开遮罩：导入一个新的图像作为遮罩层。单击该按钮，在“打开”对话框中选择需要作为遮罩的图像，单击“打开”按钮即可。

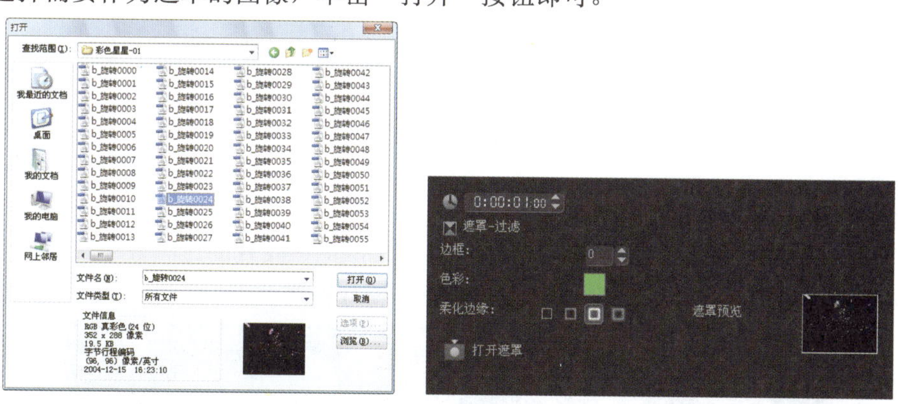

导入新的遮罩

◆ 遮罩预览：显示当前应用的遮罩图像。

⑯ 在“过滤”转场效果组中选择“随机”效果，并将其拖曳到时间轴的第八个和第九个素材之间。

添加“断电”转场效果

⑰ 在转场效果选项设置面板中设置相应的参数，在“方向”栏中选择一个转场方向后，在预览窗口中进行查看并根据需要进行修改。

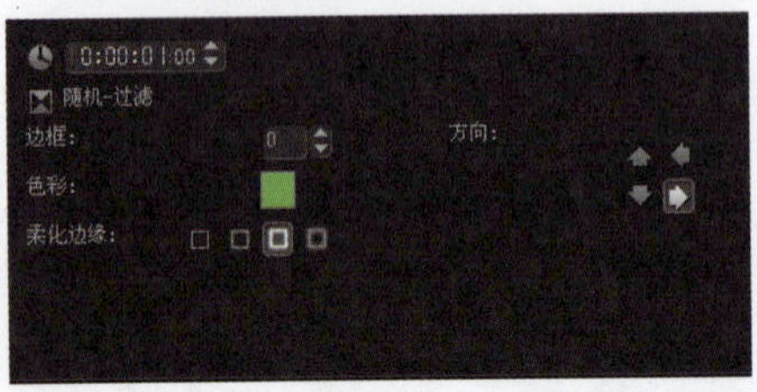

预览转场效果

⑱ 在预览窗口中单击“扩大”按钮，以全屏方式进行预览，单击“播放”按钮，预览编辑完成的缩放动画效果。

预览影片效果

⑲ 执行“文件”→“保存”命令，将编辑完成的项目文件以“过滤转场效果”命名并保存到计算机中。

Example 实例 78 胶片转场效果

实例说明

“胶片”转场效果是在多个图像或视频之间创建类似电影胶片的过渡效果。

完成文件：实例文件\ Chapter 5\实例78\Complete\胶片转场效果.VSP

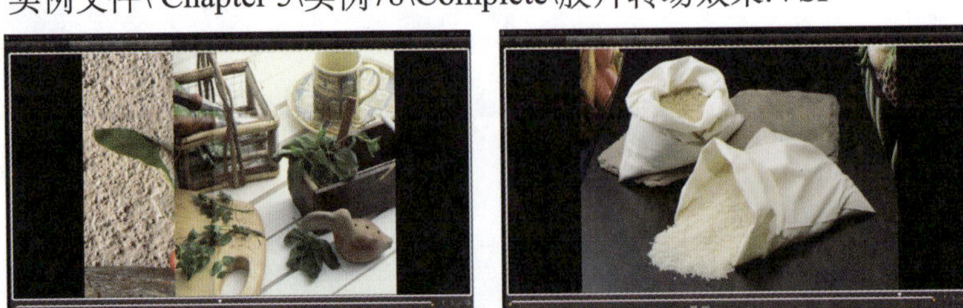

效果图

实例要点

- 将图像素材导入到视频轨道上。
- 选择“胶片”中的转场效果并将其插入到两个图像素材的连接处。
- 在转场效果选项面板中设置具体的参数。

操作步骤

01 切换到“故事板”视图模式，在时间轴上单击鼠标右键，从弹出的快捷菜单中选择“插入照片”命令，选择本书实例光盘中Chapter 5\实例78\Media目录下的所有图像素材，单击“打开”按钮，图像素材将根据编号自动排列到轨道上。

添加图像

02 单击画廊左侧工具栏中的AB“转场”按钮，进入“转场”设置界面，在下拉列表中选择“胶片”命令。将“横条”效果拖曳到时间轴的第一个和第二个素材中间。

添加“横条”转场效果

03 “横条”转场只能设置“方向”的参数，在“方向”栏中选择一个转场方向后，在预览窗口中即可查看效果并根据需要进行修改。

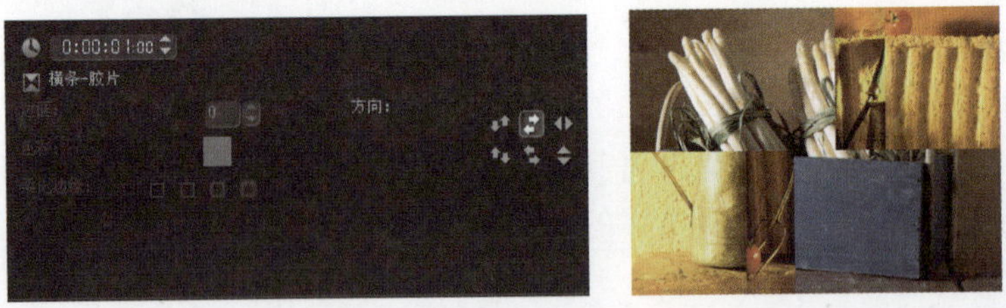

设置转场参数

04 在“胶片”转场效果组中选择“对开门”效果，并将其拖曳到时间轴的第二个和第三个素材之间。

添加“打开门”转场

05 “打开门”转场只能设置“方向”的参数，在“方向”栏中选择一个转场方向后，在预览窗口中即可查看效果并根据需要进行修改。

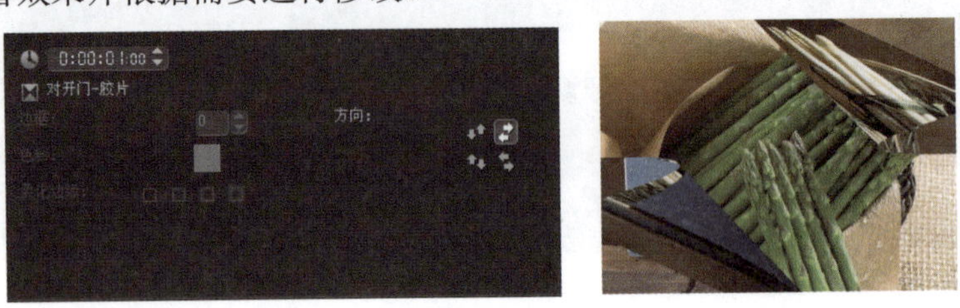

设置转场参数

06 在“胶片”转场效果组中选择“交叉”效果，并将其拖曳到时间轴的第三个和第四个素材之间。

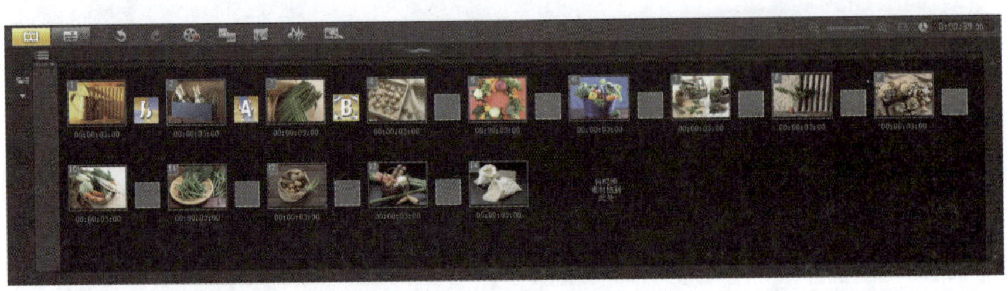

添加“交叉”转场

07 “交叉”转场只能设置“方向”的参数，在“方向”栏中选择一个转场方向后，在预览窗口中即可查看效果并根据需要进行修改。

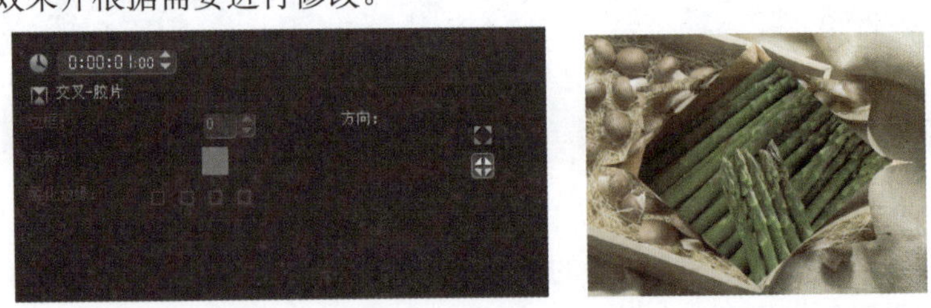

设置转场参数

08 在“胶片”转场效果组中选择“飞去A”效果，并将其拖曳到时间轴的第四个和第五个素材之间。

添加“飞去A”转场

09 “飞去A”转场只能设置“方向”的参数，在“方向”栏中选择一个转场方向后，在预览窗口中即可查看效果并根据需要进行修改。

设置转场参数

10 在“胶片”转场效果组中选择“飞去B”效果，并将其拖曳到时间轴的第五个和第六个素材之间。

添加“飞去B”转场

11 “飞去B”转场只能设置“方向”的参数，在“方向”栏中选择一个转场方向后，在预览窗口中即可查看效果并根据需要进行修改。

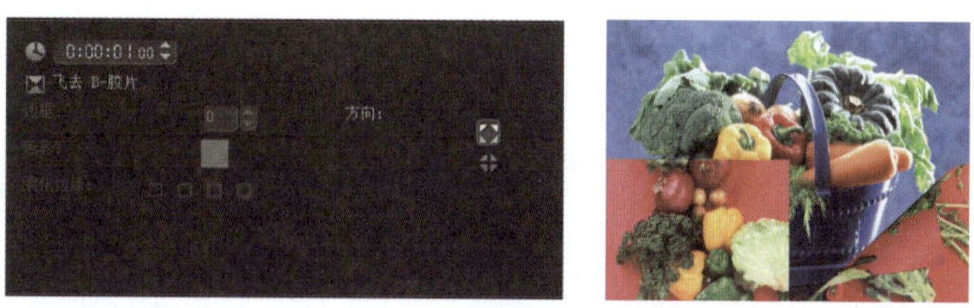

设置转场参数

12 在“胶片”转场效果组中选择“渐进”效果，并将其拖曳到时间轴的第六个和第七个素材之间。

添加“渐进”转场

⑬ “渐进”转场只能设置“方向”的参数，在“方向”栏中选择一个转场方向后，在预览窗口中即可查看效果并根据需要进行修改。

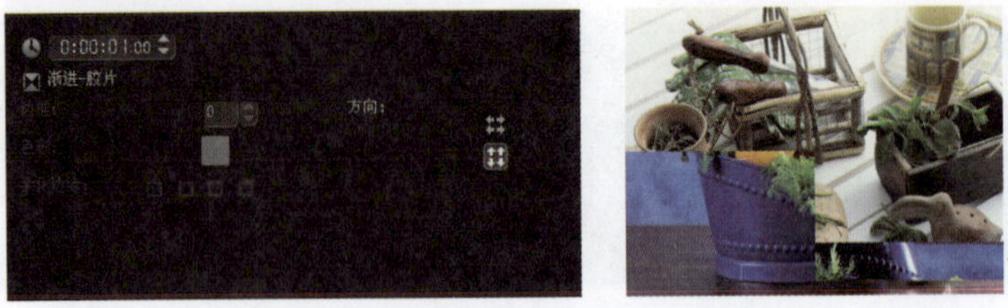

设置转场参数

⑭ 在“胶片”转场效果组中选择“单向”效果，并将其拖曳到时间轴的第七个和第八个素材之间。

添加“单向”转场

⑮ “单向”转场只能设置“方向”的参数，在“方向”栏中选择一个转场方向后，在预览窗口中即可查看效果并根据需要进行修改。

设置转场参数

⑯ 在“胶片”转场效果组中选择“分成两半”效果，并将其拖曳到时间轴的第八个和第九个素材之间。

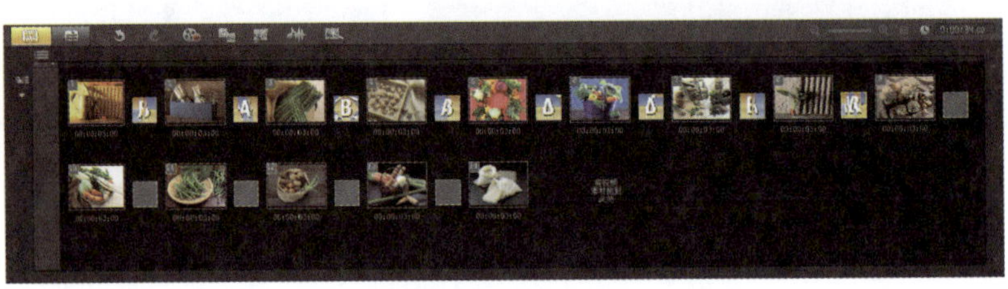

添加“分成两半”转场

⑰ “分成两半”转场只能设置“方向”的参数，在“方向”栏中选择一个转场方向后，在预览窗口中即可查看效果并根据需要进行修改。

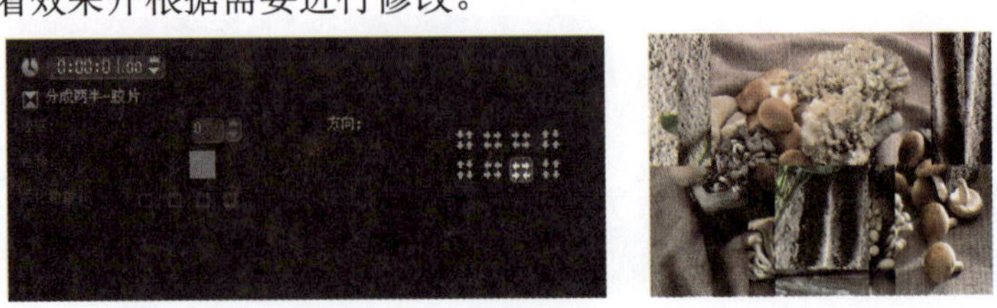

设置转场参数

⑱ 在“胶片”转场效果组中选择“分割”效果，并将其拖曳到时间轴的第九个和第十个素材之间。

添加“分割”转场

⑲ 分割”转场只能设置“方向”的参数，在“方向”栏中选择一个转场方向后，在预览窗口中即可查看效果并根据需要进行修改。

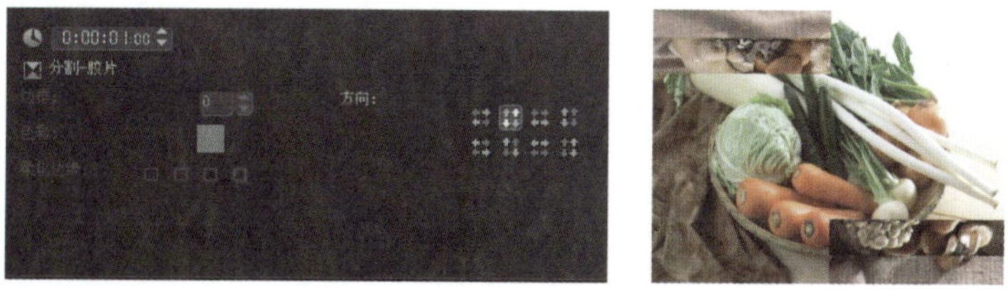

设置转场参数

⑳ 在“胶片”转场效果组中选择“翻页”效果，并将其拖曳到时间轴的第十个和第十一个素材之间。

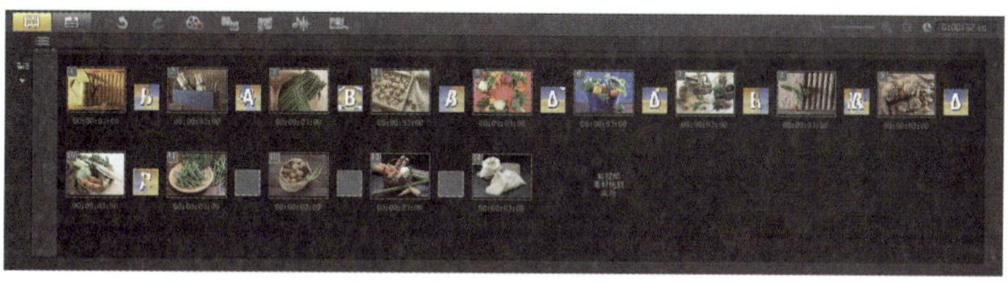

添加“翻页”转场

㉑ “翻页”转场只能设置“方向”的参数，在“方向”栏中选择一个转场方向后，在预览窗口中即可查看效果并根据需要进行修改。

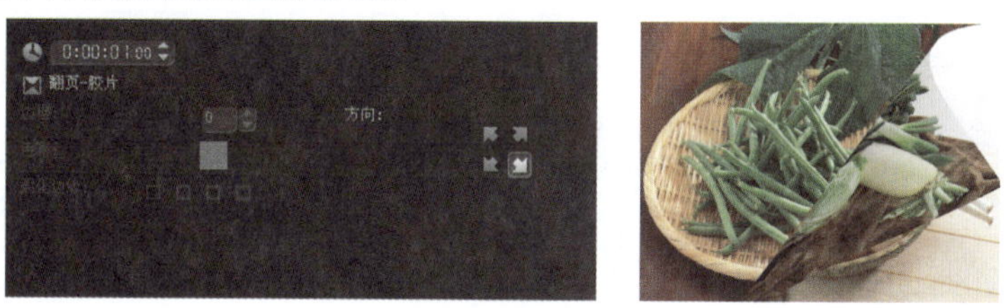

设置转场参数

㉒ 在“胶片”转场效果组中选择“扭曲”效果，并将其拖曳到时间轴的第十一个和第十二个素材之间。

添加“扭曲”转场

㉓ “扭曲”转场只能设置“方向”的参数，在“方向”栏中选择一个转场方向后，在预览窗口中即可查看效果并根据需要进行修改。

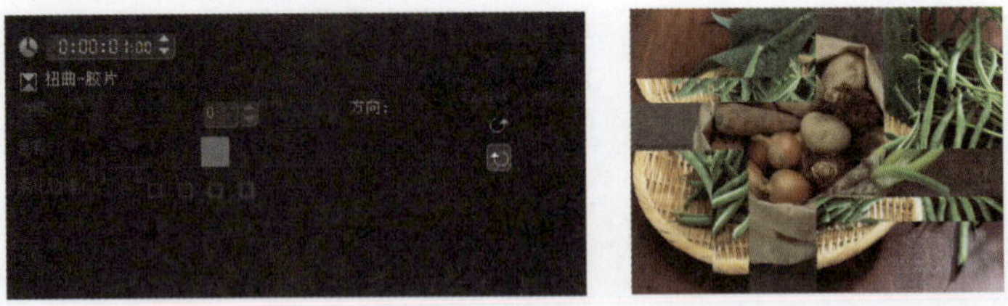

设置转场参数

㉔ 在“胶片”转场效果组中选择“环绕”效果，并将其拖曳到时间轴的第十二个和第十三个素材之间。

添加“环绕”转场

㉕ “环绕”转场只能设置“方向”的参数，在“方向”栏中选择一个转场方向后，在预览窗口中进行查看并根据需要进行修改。

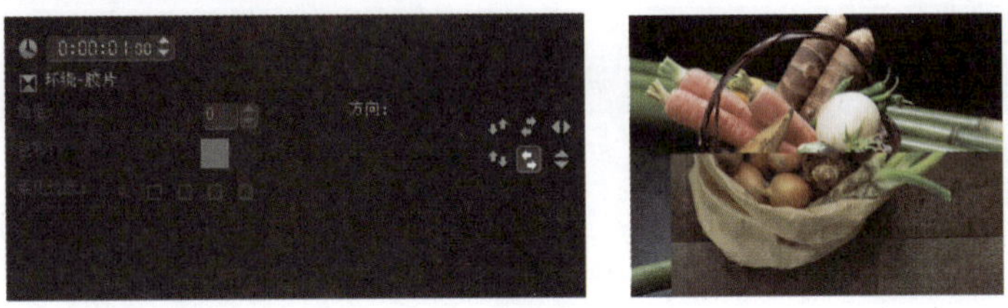

设置转场参数

㉖ 在“胶片”转场效果组中选择“拉链”效果，并将其拖曳到时间轴的第十三个和第十四个素材之间。

添加“拉链”转场

㉗ “拉链”转场只能设置“方向”的参数，在“方向”栏中选择一个转场方向后，在预览窗口中即可查看效果并根据需要进行修改。

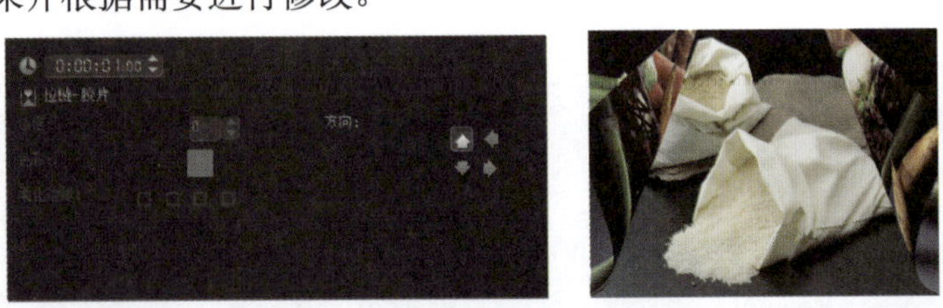

设置转场参数

㉘ 在预览窗口中单击“扩大”按钮，以全屏方式进行预览，单击“播放”按钮，预览编辑完成的动画效果。

预览影片效果

㉙ 执行“文件”→“保存”命令，将编辑完成的项目文件以“胶片转场效果”命名并保存到计算机中。

Example 实例 79 闪光转场效果

实例说明

“闪光转场”可以模拟闪光或为下一场景引入梦幻进入效果。添加的灯光对场景进行溶解，形成梦幻效果。

完成文件：实例文件\ Chapter 5\实例79\Complete\闪光转场效果.VSP

效果图

实例要点

- 将图像素材导入到视频轨道上。
- 选择“闪光”中的转场效果并将其插入到两个图像素材的连接处。
- 在转场效果选项面板中单击“自定义”按钮，打开相应的对话框设置具体的参数。

操作步骤

01 切换到“故事板”视图模式，在时间轴上单击鼠标右键，从弹出的快捷菜单中选择“插入照片”命令，选择本书实例光盘中Chapter 5\实例79\Media目录下的所有图像素材，单击“打开”按钮，图像素材将根据编号自动排列到轨道上。

添加图像素材

02 单击画廊左侧工具栏中的 “转场” 按钮，进入“转场”设置界面，在下拉列表中选择“闪光”命令。将“闪光”效果拖曳到时间轴的第一个和第二个素材中间。

添加“闪光”转场

03 在时间轴上选中“闪光”转场效果，在转场效果选项设置面板中单击 “自定义”按钮，打开“闪光-闪光”对话框。

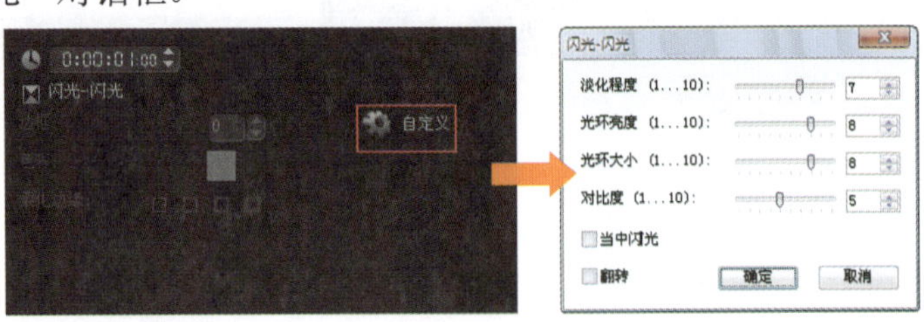

打开“闪光-闪光”对话框

- 淡化程度：设置遮罩柔化边缘的厚度。
- 光环亮度：设置灯光的强度。
- 光环大小：设置灯光覆盖范围。
- 对比度：设置两个素材之间的色彩对比度。
- 当中闪光：为融解遮罩添加一个灯光元素。
- 翻转：翻转遮罩的效果。

04 在“闪光-闪光”对话框中对“淡化程度”、“光环亮度”、“光环大小”和“对比度”等参数进行设置后，单击“确定”按钮，在预览窗口中即可查看效果并根据需要进行修改。

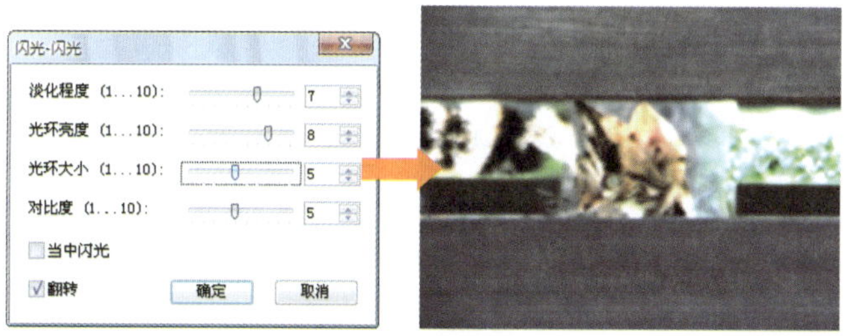

设置“闪光-闪光”对话框

05 在“闪光”转场效果组中选择“闪光”效果，并将其拖曳到时间轴的第二个和第三个素材之间。

添加“闪光”转场

06 在转场效果选项设置面板中单击“自定义”按钮，打开“闪光-闪光”对话框。在对话框中对“淡化程度”、“光环亮度”、“光环大小”和“对比度”等参数进行设置后，单击“确定”按钮，即可在预览窗口中查看效果并根据需要进行修改。

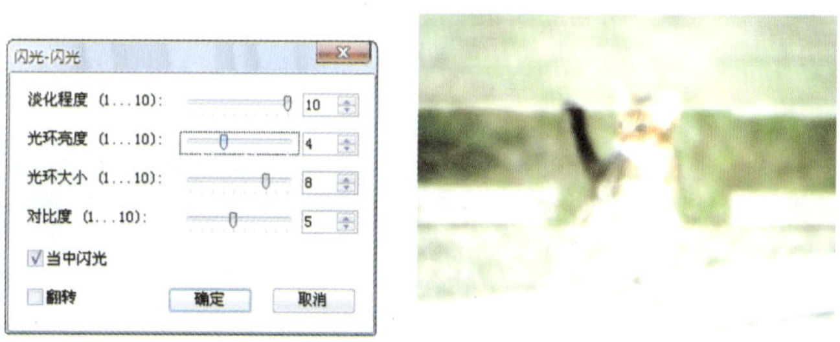

设置“闪光-闪光”对话框

07 在预览窗口中单击“扩大”按钮，以全屏方式进行预览，单击“播放”按钮，预览编辑完成的动画效果。

预览影片效果

08 执行“文件”→“保存”命令，将编辑完成的项目文件以“闪光转场效果”命名并保存到计算机中。

Example 实例 80 遮罩转场效果

实例说明

不同的图案或对象（如形状、叶、球等）通过渲染为遮罩，可以用在转场效果中。本实例就是使用的遮罩转场效果创建多种效果的转场。

完成文件：实例文件\ Chapter 5\实例80\Complete\遮罩转场效果.VSP

效果图

实例要点

◆ 将图像素材导入到视频轨道上。

◆ 选择“遮罩”中的转场效果并将其插入到两个图像素材的连接处。

◆ 在转场效果选项面板中单击“自定义”按钮，打开相应的对话框设置具体的参数。

操作步骤

01 切换到“故事板”视图模式，在时间轴上单击鼠标右键，从弹出的快捷菜单中选择“插入照片”命令，选择本书实例光盘中Chapter 5\实例80\Media目录下的所有图像素材，单击“打开”按钮，图像素材将根据编号自动排列到轨道上。

添加图像素材

02 单击画廊左侧工具栏中的“转场”按钮，进入“转场”设置界面，在下拉列表中选择“遮罩”。将“遮罩-A”效果拖曳到时间轴的第一个和第二个素材中间。

添加“遮罩A”转场

03 在时间轴上选中“遮罩A”转场效果，在转场效果选项设置面板中单击“自定义”按钮，打开“遮罩-遮罩A”对话框。

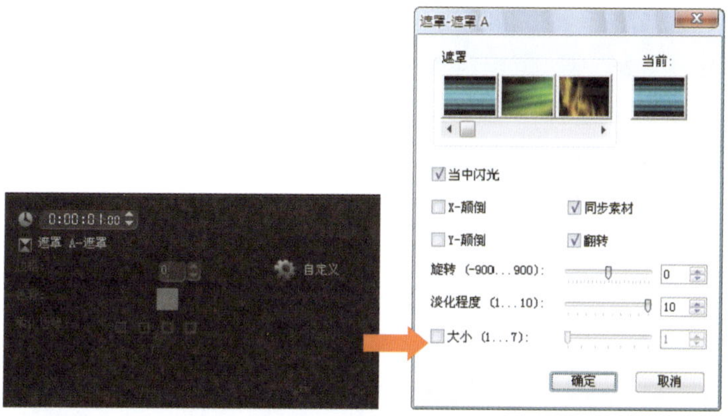

打开“遮罩-遮罩A”对话框

- 遮罩：选择用作遮罩的预设模板。
- 当前：显示作为遮罩的模板。如果单击略图，将打开一个对话框，在对话框中选择用作转场遮罩的BMP文件。
- 当中闪光：在进行转场时，图像中间产生闪光效果。
- X/Y 颠倒：翻转遮罩的路径方向。
- 同步素材：使素材的动画与遮罩的动画相匹配。
- 翻转：设置翻转遮罩的效果。
- 旋转：设置遮罩旋转的角度。
- 淡化程度：设置遮罩柔化边缘的厚度。
- 大小：设置遮罩的大小。

04 在对话框中选择新的遮罩图形，并对“当中闪光”、“同步素材”、“翻转”、“旋转”、“淡化程度”和“大小”等参数进行设置后，单击“确定”按钮，即可在预览窗口中查看效果并根据需要进行修改。

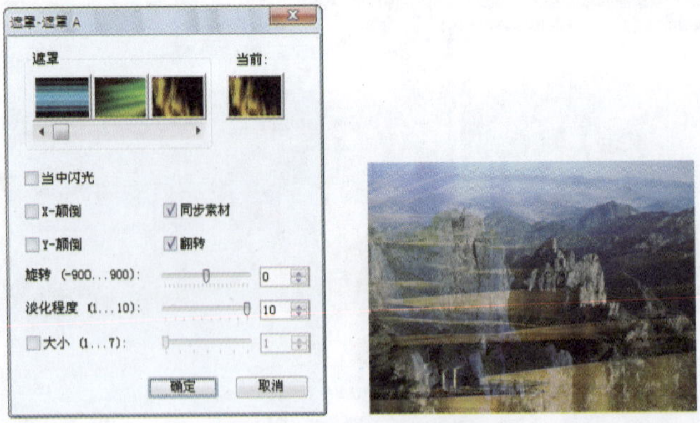

设置“遮罩-遮罩A”对话框

05 在“遮罩”转场效果组中选择“遮罩B”效果，并将其拖曳到时间轴的第二个和第三个素材之间。

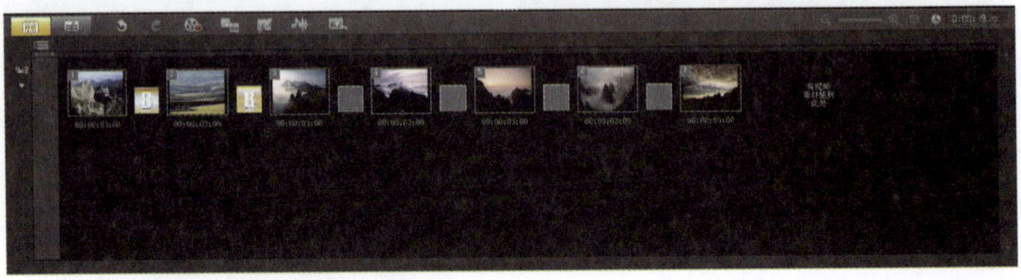

添加“遮罩B”转场

06 在转场效果选项设置面板中单击“自定义”按钮，打开“遮罩-遮罩B”对话框。在对话框中设置“淡化程度”、“当中闪光”和“翻转”参数后，单击“确定”按钮，即可在预览窗口中查看效果并根据需要进行修改。

设置“遮罩-遮罩B”对话框

07 在“遮罩”转场效果组中选择“遮罩C”效果，并将其拖曳到时间轴的第三个和第四个素材之间。

添加“遮罩C”转场

08 在转场效果选项设置面板中单击“自定义”按钮，打开“遮罩-遮罩C”对话框。在对话框中选择新的遮罩图形，并对“路径”、“X/Y 颠倒”、“旋转”、“翻转”、“间隔”和“大小”等参数进行设置后，单击“确定”按钮，即可在预览窗口中查看效果并根据需要进行修改。

设置“遮罩-遮罩C”对话框

09 在“遮罩”转场效果组中选择“遮罩D”效果，将其拖曳到时间轴的第四个和第五个素材之间。

添加“遮罩D”转场

10 在转场效果选项设置面板中单击“自定义”按钮，打开“遮罩-遮罩D”对话框。在对话框中选择新的遮罩图形，并对“路径”、“Y-颠倒”、“同步素材”、“旋转”、“翻转”、“淡化程度”和“大小”等参数进行设置后，单击“确定”按钮，即可在预览窗口中查看效果并根据需要进行修改。

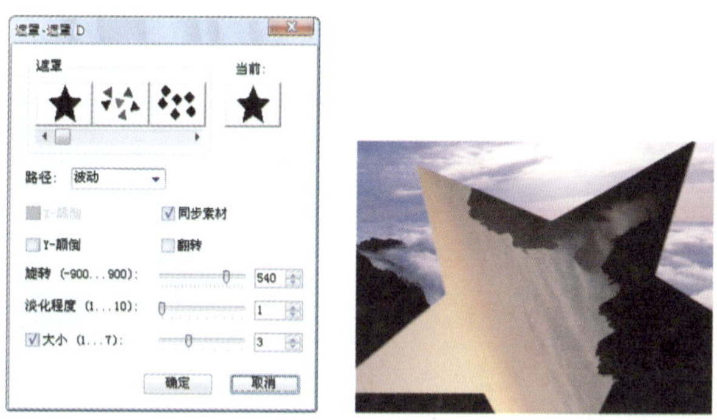

设置“遮罩-遮罩D”对话框

11 在“遮罩”转场效果组中选择“遮罩E”效果，将其拖曳到时间轴的第五个和第六个素材之间。

添加“遮罩E”转场

⑫ 在转场效果选项设置面板中单击“自定义”按钮，打开“遮罩-遮罩E”对话框。在对话框中对“旋转”、“淡化程度”、“同步素材”、“路径”、“翻转”、“X-颠倒”、“当中闪光”和“应用于”等参数进行设置后，单击“确定”按钮，即可在预览窗口中查看效果并根据需要进行修改。

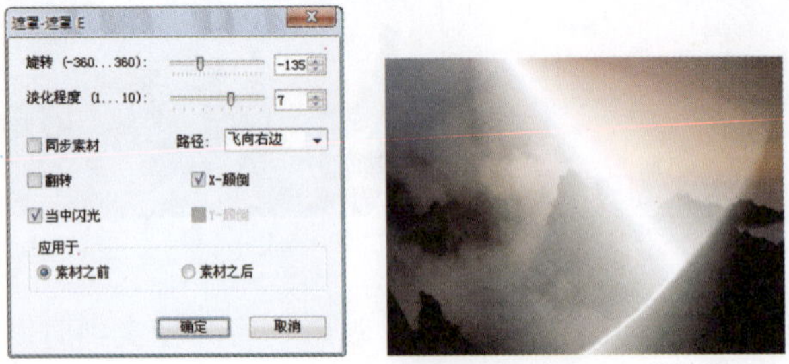

设置“遮罩-遮罩E”对话框

⑬ 在“遮罩”转场效果组中选择“遮罩F”效果，将其拖曳到时间轴的第八个和第九个素材之间。

添加“遮罩F”转场

⑭ 在转场效果选项设置面板中单击“自定义”按钮，打开“遮罩-遮罩F”对话框。在对话框中选择新的遮罩图像后，对 “翻转”、“淡化程度”和“间隔”等参数进行设置后，单击“确定”按钮，即可在预览窗口中查看效果并根据需要进行修改。

设置“遮罩-遮罩F”对话框

⑮ 在预览窗口中单击“扩大”按钮，以全屏方式进行预览，单击“播放”按钮，预览编辑完成的动画效果。

预览影片效果

⑯ 执行“文件”→“保存”命令，将编辑完成的项目文件以“遮罩转场效果”命名并保存到计算机中。

Example 实例 81 果皮转场效果

实例说明

“果皮”转场效果是在多个图像或视频间创建类似果皮剥离的过渡。

完成文件：实例文件\ Chapter 5\实例81\Complete\果皮转场效果.VSP

效果图

实例要点

- 将图像素材导入到视频轨道上。
- 选择“果皮”中的转场效果并将其插入到两个图像素材的连接处。
- 在转场效果选项面板中设置具体的参数。

操作步骤

01 切换到“故事板”视图模式，在时间轴上单击鼠标右键，从弹出的快捷菜单中选择“插入照片”命令，选择本书实例光盘中Chapter 5\实例81\Media目录下的所有图像素材，单击“打开”按钮，图像素材将根据编号自动排列到轨道上。

添加视频

02 单击画廊左侧工具栏中的“转场”按钮，进入“转场”设置界面，在下拉列表中选择“果皮”命令。将“对开门”效果拖曳到时间轴的第一个和第二个素材中间。

添加“对开门”转场

03 在转场效果选项设置面板中，将“色彩”设置为灰色，当选择转场的方向以后，即可在预览窗口中查看效果并根据需要进行修改。

设置转场参数

04 在“果皮”转场效果组中选择“交叉”效果，将其拖曳到时间轴的第二个和第三个素材之间。

添加“交叉”转场

05 在转场效果选项设置面板中，将“色彩”设置为灰色，当选择转场的方向以后，即可在预览窗口中查看效果并根据需要进行修改。

设置转场参数

06 在“果皮”转场效果组中选择“飞去A”效果，将其拖曳到时间轴的第四个和第五个素材之间。

添加“飞去A”转场

07 在转场效果选项设置面板中选择转场的方向后，即可在预览窗口中查看效果并根据需要进行修改。

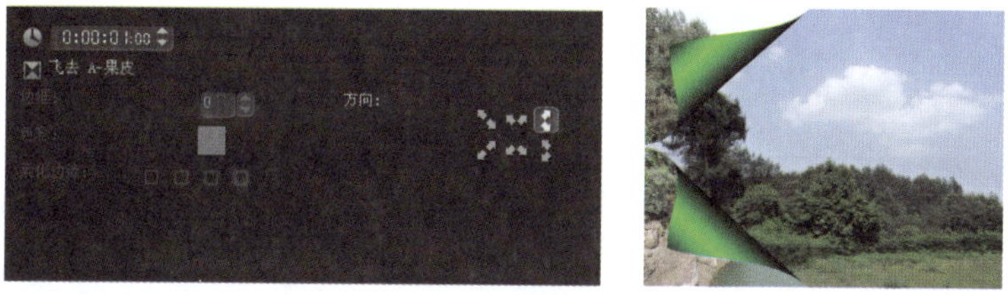

设置转场参数

08 在“果皮”转场效果组中选择“飞去B”效果，将其拖曳到时间轴的第五个和第六个素材之间。

添加“飞去B”转场

09 在转场效果选项设置面板中，将“色彩”设置为灰色，当选择转场的方向以后，即可在预览窗口中查看效果并根据需要进行修改。

设置转场参数

10 在“果皮”转场效果组中选择“翻页”效果，将其拖曳到时间轴的第六个和第七个素材之间。

添加“翻页”转场

⑪ 在转场效果选项设置面板中，将“色彩”设置为灰色，当选择转场的方向以后，即可在预览窗口中查看效果并根据需要进行修改。

设置转场参数

⑫ 在“果皮”转场效果组中选择“拉链”效果，将其拖曳到时间轴的第七个和第八个素材之间。

添加“拉链”转场

⑬ 在转场效果选项设置面板中，将“色彩”设置为灰色，当选择转场的方向以后，即可在预览窗口中查看效果并根据需要进行修改。

设置转场参数

⑭ 在预览窗口中单击“扩大”按钮，以全屏方式进行预览，单击“播放”按钮，预览编辑完成的动画效果。

预览影片效果

⑮ 执行“文件”→“保存”命令，将编辑完成的项目文件以“果皮转场效果”命名并保存到计算机中。

Example 实例 82 推动转场效果

实例说明

“推动”转场效果是在多个图像或视频间创建类似推动两个重叠箱子的过渡效果。

完成文件：实例文件\ Chapter 5\实例82\Complete\推动转场效果.VSP

效果图

实例要点

- 将图像素材导入到视频轨道上。
- 选择“推动”中的转场效果并将其插入到两个图像素材的连接处。
- 在转场效果选项面板中设置具体的参数。

操作步骤

01 切换到“故事板”视图模式，在时间轴上单击鼠标右键，从弹出的快捷菜单中选择“插入照片”命令，选择本书实例光盘中Chapter 5\实例82\Media目录下的所有图像素材，单击“打开”按钮，图像素材将根据编号自动排列到轨道上。

添加视频到时间轴

02 单击画廊左侧工具栏中的AB“转场”按钮，进入“转场”设置界面，在下拉列表中选择“推动”。将“横条”效果拖曳到时间轴的第一个和第二个素材中间。

添加“横条”转场

03 在转场效果选项设置面板中，将“柔化边缘”设置为强柔化边缘，当选择转场的方向以后，即可在预览窗口中进行查看并根据需要进行修改。

设置转场参数

04 在“推动”转场效果组中选择“网孔”效果，将其拖曳到时间轴的第二个和第三个素材之间。

添加“网孔”转场

05 在转场效果选项设置面板中选择转场的方向后，即可在预览窗口中查看效果并根据需要进行修改。

设置转场参数

06 在“推动”转场效果组中选择“跑动和停止”效果，将其拖曳到时间轴的第三个和第四个素材之间。

添加“跑动和停止”转场

07 在转场效果选项设置面板中，将“柔化边缘”设置为强柔化边缘，当选择转场的方向以后，即可在预览窗口中查看效果并根据需要进行修改。

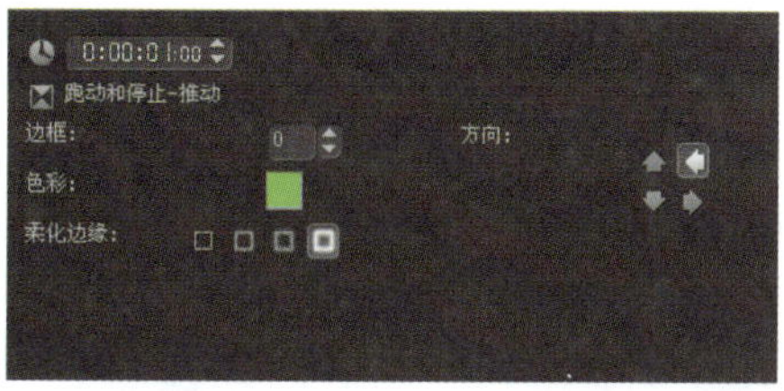

设置转场参数

08 在“推动”转场效果组中选择“单向”效果，将其拖曳到时间轴的第四个和第五个素材之间。

添加“单向”转场

09 在转场效果选项设置面板中，将“柔化边缘”设置为强柔化边缘，当选择转场的方向以后，即可在预览窗口中查看效果并根据需要进行修改。

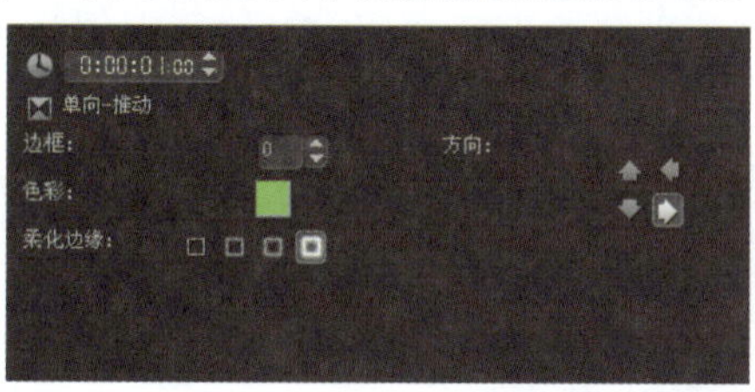

设置转场参数

10 在“推动”转场效果组中选择“条带”效果，将其拖曳到时间轴的第五个和第六个素材之间。

添加“条带”转场

⑪ 在转场效果选项设置面板中，将“柔化边缘”设置为强柔化边缘，在选择转场的方向以后，即可在预览窗口中查看效果并根据需要进行修改。

设置转场参数

⑫ 在预览窗口中单击“扩大”按钮，以全屏方式进行预览，单击“播放”按钮，预览编辑完成的动画效果。

预览影片效果

⑬ 执行“文件”→“保存”命令，将编辑完成的项目文件以“推动转场效果”命名并保存到计算机中。

Example 实例 83　卷动转场效果

实例说明

“卷动”转场效果是在多个图像或视频间创建像纸张卷动一样的过渡效果。

完成文件：实例文件\ Chapter 5\实例83\Complete\卷动转场效果.VSP

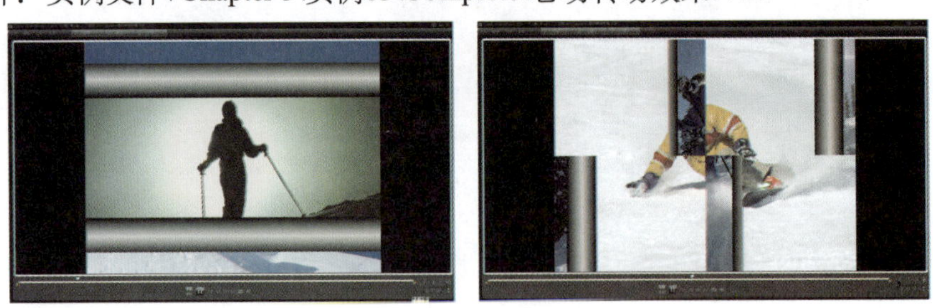

效果图

实例要点

- 将图像素材导入到视频轨道上。
- 选择“卷动”中的转场效果并将其插入到两个图像素材的连接处。
- 在转场效果选项面板中设置具体的参数。

操作步骤

01 切换到“故事板”视图模式，在时间轴上单击鼠标右键，从弹出的快捷菜单中选择“插入照片”命令，选择本书实例光盘中Chapter 5\实例83\Media目录下的所有图像素材，单击“打开”按钮，图像素材将根据编号自动排列到轨道上。

添加图像到时间轴

02 单击画廊左侧工具栏中的“转场”按钮，进入“转场”设置界面，在下拉列表中选择“卷动”。将“横条”效果拖曳到时间轴的第一个和第二个素材中间。

添加“横条”转场

03 在转场效果选项设置面板中，将“色彩”设置为灰色，选择转场的方向后，在预览窗口中进行查看并根据需要进行修改。

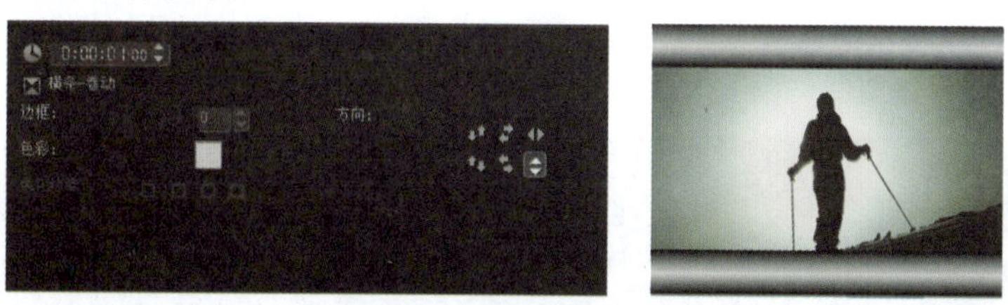

设置转场参数

04 在“卷动”转场效果组中选择“渐进”效果，将其拖曳到时间轴的第二个和第三个素材之间。

添加“渐进”转场

05 在转场效果选项设置面板中，将“色彩”设置为灰色，在选择转场的方向以后，即可在预览窗口中查看效果并根据需要进行修改。

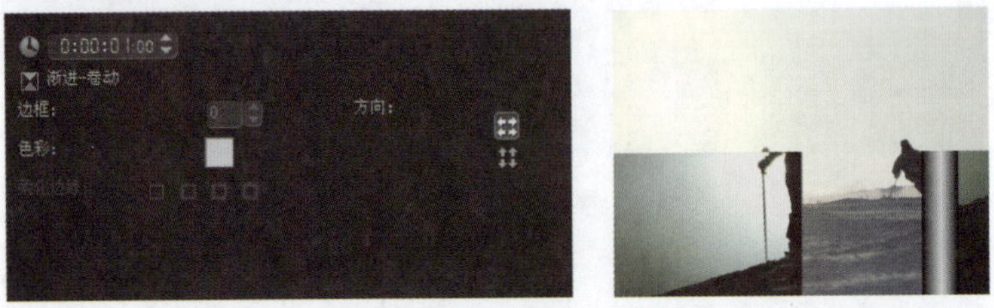

设置转场参数

06 在“卷动”转场效果组中选择“单向”效果，将其拖曳到时间轴的第三个和第四个素材之间。

添加“单向”转场

07 在转场效果选项设置面板中，将“色彩”设置为灰色，在选择转场的方向以后，即可在预览窗口中查看效果并根据需要进行修改。

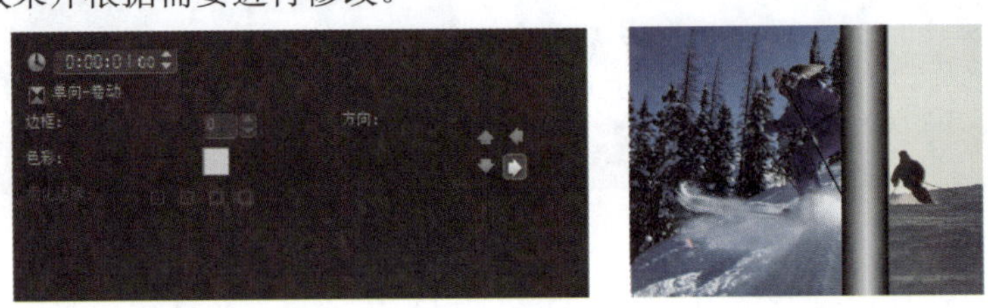

设置转场参数

08 在“卷动”转场效果组中选择“分成两半”效果，将其拖曳到时间轴的第四个和第五个素材之间。

添加“分成两半”转场

09 在转场效果选项设置面板中，将“色彩”设置为灰色，在选择转场的方向以后，即可在预览窗口中查看效果并根据需要进行修改。

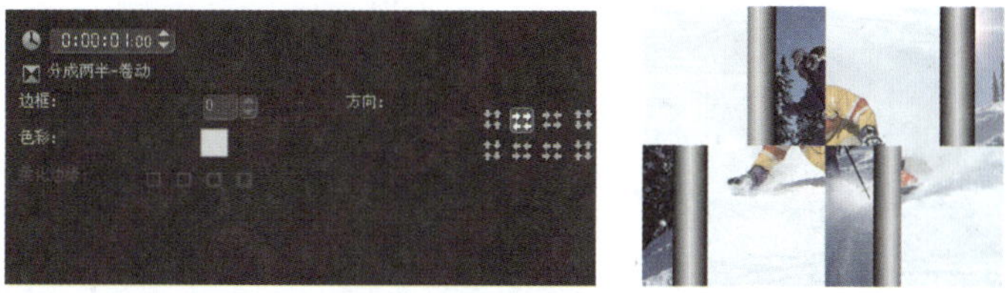

设置转场参数

10 在“卷动”转场效果组中选择“分割”效果，将其拖曳到时间轴的第五个和第六个素材之间。

添加“分割”转场

11 在转场效果选项设置面板中，将“色彩”设置为灰色，在选择转场的方向以后，即可在预览窗口中查看效果并根据需要进行修改。

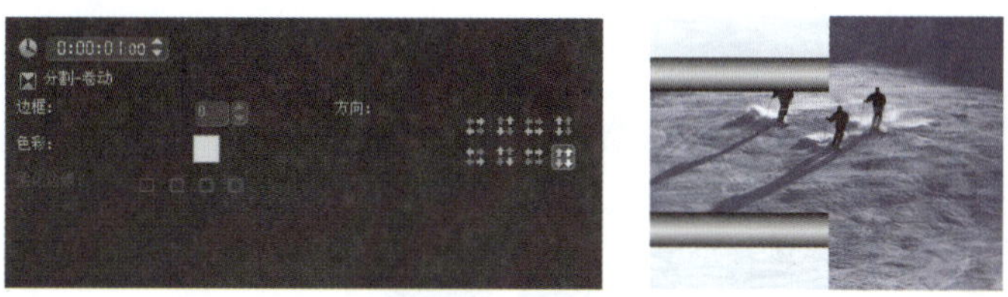

设置转场参数

12 在“卷动”转场效果组中选择“扭曲”效果，将其拖曳到时间轴的第六个和第七个素材之间。

添加“扭曲”转场

13 在转场效果选项设置面板中，将“色彩”设置为灰色，在选择转场的方向以后，即可在预览窗口中查看效果并根据需要进行修改。

设置转场参数

⑭ 在“卷动”转场效果组中选择“环绕”效果，将其拖曳到时间轴的第七个和第八个素材之间。

添加“环绕”转场

⑮ 在转场效果选项设置面板中，将“色彩”设置为灰色，在选择转场的方向以后，即可在预览窗口中查看效果并根据需要进行修改。

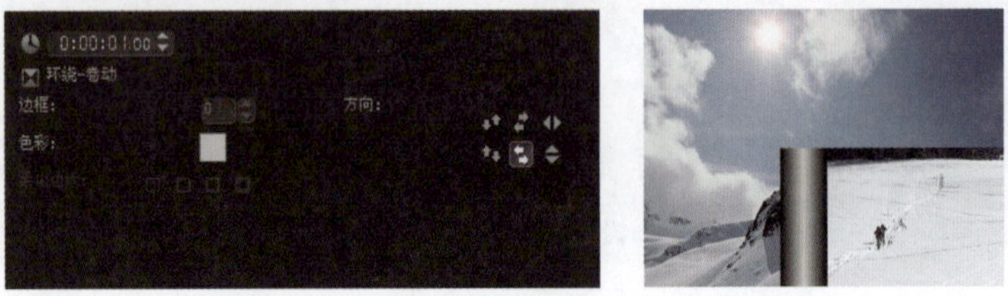

设置转场参数

⑯ 在预览窗口中单击“扩大”按钮，以全屏方式进行预览，单击“播放”按钮，预览编辑完成的动画效果。

预览影片效果

⑰ 执行“文件”→“保存”命令，将编辑完成的项目文件以“卷动转场效果”命名并保存到计算机中。

Example 实例 84 旋转转场效果

实例说明

“旋转”转场效果是在多个图像或视频间创建旋转的过渡效果。

完成文件：实例文件\ Chapter 5\实例84\Complete\旋转转场效果.VSP

效果图

实例要点

- 将图像素材导入到视频轨道上。
- 选择“旋转”中的转场效果并将其插入到两个图像素材的连接处。
- 在转场效果选项面板中设置具体的参数。

操作步骤

01 切换到“故事板”视图模式，在时间轴上单击鼠标右键，从弹出的快捷菜单中选择“插入照片”命令，选择本书实例光盘中Chapter 5\实例84\Media目录下的所有图像素材，单击“打开”按钮，图像素材将根据编号自动排列到轨道上。

添加视频到时间轴

02 单击画廊左侧工具栏中的“转场”按钮，进入“转场”设置界面，在下拉列表中选择“旋转”命令。将“响板”效果拖曳到时间轴的第一个和第二个素材中间。

添加“响板”转场

03 在转场效果选项设置面板中，将“柔化边缘”设置为“中等柔化边缘”，在选择转场的方向以后，即可在预览窗口中查看效果并根据需要进行修改。

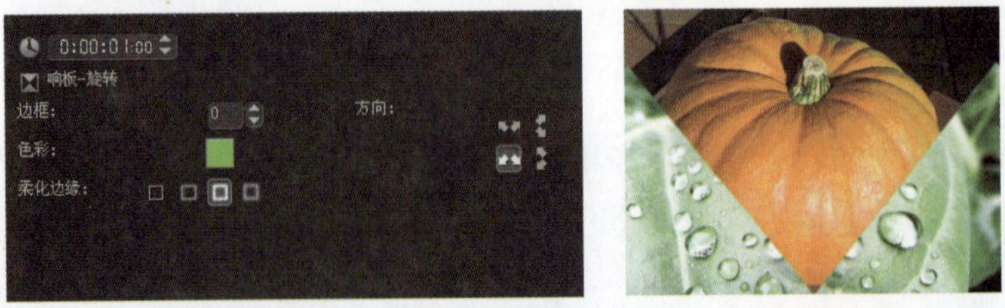

设置转场参数

04 在“旋转”转场效果组中选择“铰链”效果，将其拖曳到时间轴的第二个和第三个素材之间。

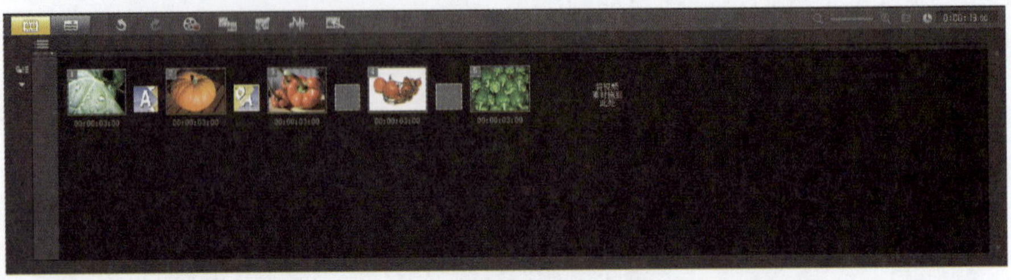

添加“铰链”转场

05 在转场效果选项设置面板中，将“柔化边缘”设置为“强柔化边缘”，在选择转场的方向以后，即可在预览窗口中查看效果并根据需要进行修改。

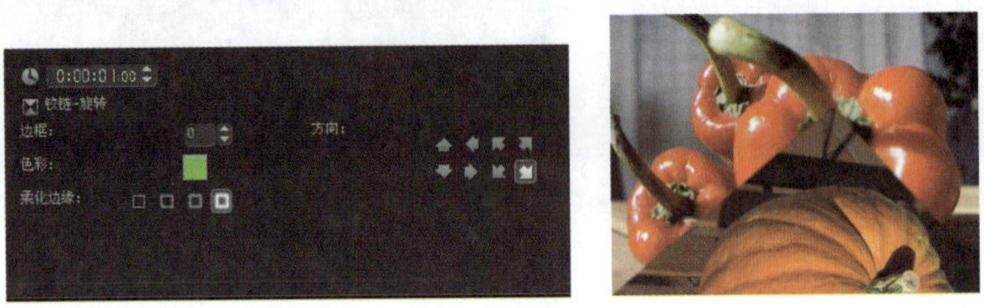

设置转场参数

06 在“旋转”转场效果组中选择“旋转”效果，将其拖曳到时间轴的第三个和第四个素材之间。

添加“旋转”转场

07 在转场效果选项设置面板中，将“柔化边缘”设置为“强柔化边缘”，在选择转场的方向以后，即可在预览窗口中查看效果并根据需要进行修改。

设置转场参数

08 在“旋转”转场效果组中选择“分割铰链”效果，将其拖曳到时间轴的第四个和第五个素材之间。

添加“分割铰链”转场

09 在转场效果选项设置面板中，将“柔化边缘”设置为“弱柔化边缘”，在选择转场的方向以后，即可在预览窗口中查看效果并根据需要进行修改。

设置转场参数

10 在预览窗口中单击“扩大”按钮，以全屏方式进行预览，单击“播放”按钮，预览编辑完成的动画效果。

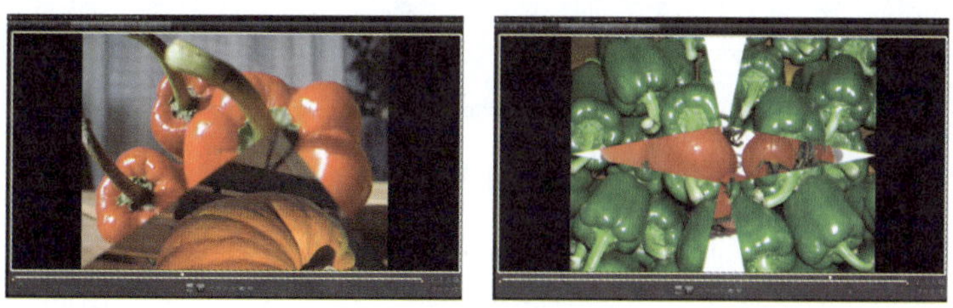

预览影片效果

11 执行“文件”→“保存”命令，将编辑完成的项目文件以“旋转转场效果”命名并保存到计算机中。

Example 实例 85 滑动转场效果

实例说明

“滑动”转场效果是在多个图像或视频间创建平滑的滑动过渡效果。

完成文件：实例文件\ Chapter 5\实例85\Complete\滑动转场效果.VSP

效果图

实例要点

- 将图像素材导入到视频轨道上。
- 选择“滑动”中的转场效果并将其插入到两个图像素材的连接处。
- 在转场效果选项面板中设置具体的参数。

操作步骤

01 切换到“故事板”视图模式，在时间轴上单击鼠标右键，从弹出的快捷菜单中选择“插入照片”命令，选择本书实例光盘中Chapter 5\实例85\Media目录下的所有图像素材，单击“打开”按钮，图像素材将根据编号自动排列到轨道上。

添加图像到时间轴

02 单击画廊左侧工具栏中的“转场”按钮，进入“转场”设置界面，在下拉列表中选择“滑动”命令。将“对开门”效果拖曳到时间轴的第一个和第二个素材中间。

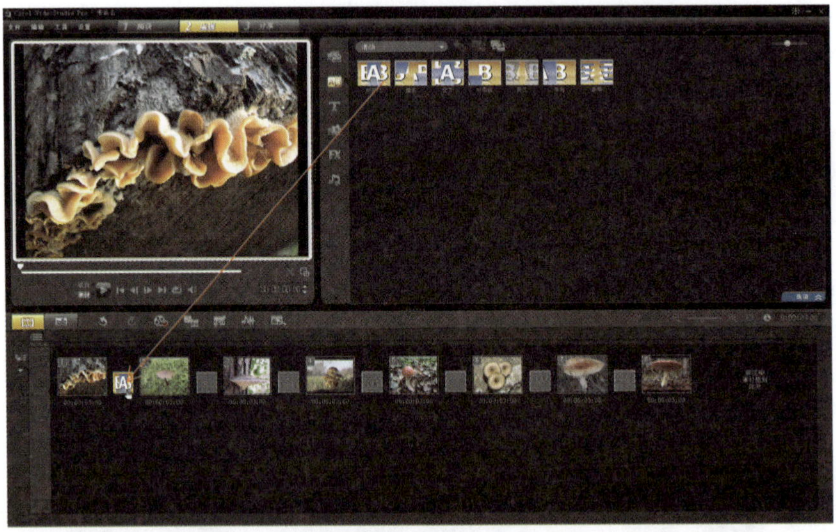

添加“对开门”转场

03 在转场效果选项设置面板中，将“柔化边缘”设置为“强柔化边缘”，在选择转场的方向以后，在预览窗口中进行查看并根据需要进行修改。

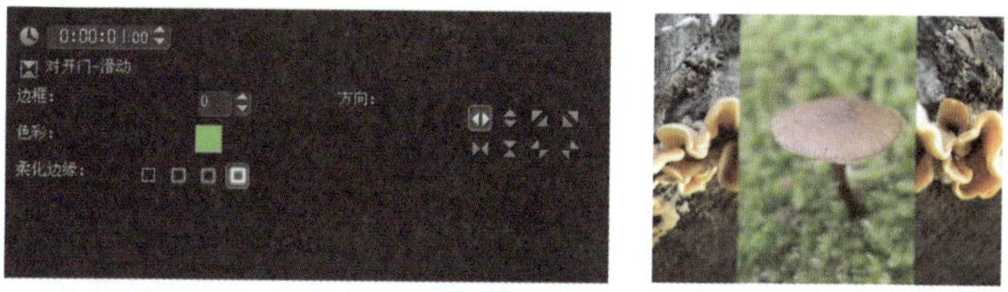

设置转场参数

04 在“滑动”转场效果组中选择“横条”效果，将其拖曳到时间轴的第二个和第三个素材之间。

添加“横条”转场

05 在转场效果选项设置面板中，将“柔化边缘”设置为“强柔化边缘”，在选择转场的方向以后，即可在预览窗口中查看效果并根据需要进行修改。

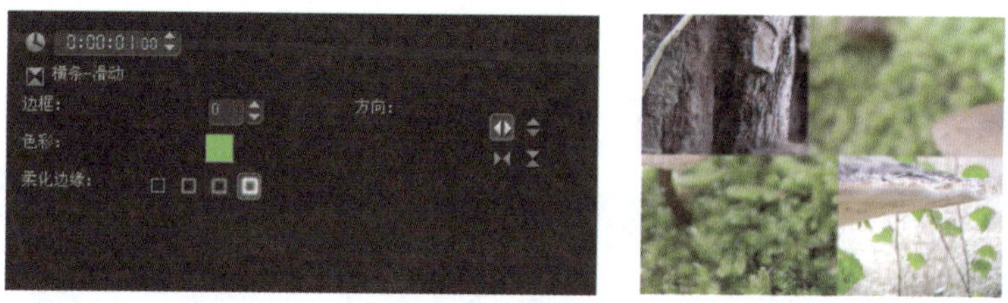

设置转场参数

06 在“滑动”转场效果组中选择“交叉”效果，将其拖曳到时间轴的第三个和第四个素材之间。

添加“交叉”转场

07 在转场效果选项设置面板中，将“柔化边缘”设置为“强柔化边缘”，在选择转场的方向以后，即可在预览窗口中查看效果并根据需要进行修改。

设置转场参数

08 在“滑动”转场效果组中选择“对角线”效果，将其拖曳到时间轴的第四个和第五个素材之间。

添加“对角线”转场

09 在转场效果选项设置面板中，将“柔化边缘”设置为“强柔化边缘”，在选择转场的方向以后，即可在预览窗口中查看效果并根据需要进行修改。

设置转场参数

10 在“滑动”转场效果组中选择“网孔”效果，将其拖曳到时间轴的第五个和第六个素材之间。

添加“网孔”转场

11 在转场效果选项设置面板中选择转场的方向后，即可在预览窗口中进行查看并根据需要进行修改。

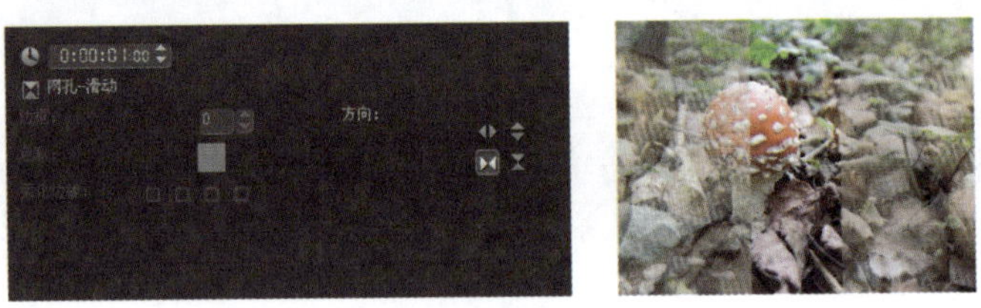

设置转场参数

12 在“滑动”转场效果组中选择“单向”效果，将其拖曳到时间轴的第六个和第七个素材之间。

添加“单向”转场

⑬ 在转场效果选项设置面板选择转场的方向后，即可在预览窗口中查看效果并根据需要进行修改。

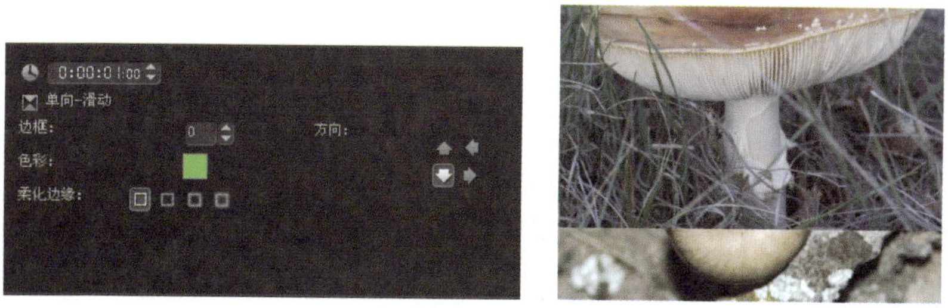

设置转场参数

⑭ 在“滑动”转场效果组中选择“条带”效果，将其拖曳到时间轴的第七个和第八个素材之间。

添加“条带”转场

⑮ 在转场效果选项设置面板中选择转场的方向后，即可在预览窗口中查看效果并根据需要进行修改。

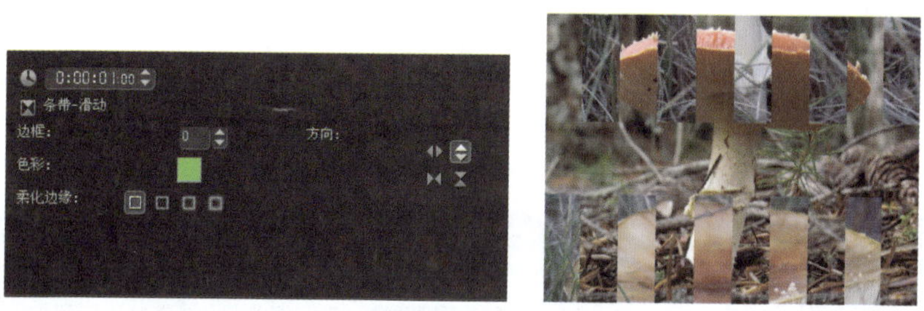

设置转场参数

⑯ 在预览窗口中单击“扩大”按钮，以全屏方式进行预览，单击“播放”按钮，预览编辑完成的动画效果。

预览影片效果

⑰ 执行“文件”→“保存”命令，将编辑完成的项目文件以“滑动转场效果”命名并保存到计算机中。

Example 实例 86 伸展转场效果

实例说明

“伸展”转场效果是在多个图像或视频间创建伸展的平滑过渡效果。

完成文件：实例文件\ Chapter 5\实例86\Complete\伸展转场效果.VSP

效果图

实例要点

- ◆ 将图像素材导入到视频轨道上。
- ◆ 选择“伸展”中的转场效果并将其插入到两个图像素材的连接处。
- ◆ 在转场效果选项面板中设置具体的参数。

操作步骤

01 切换到“故事板”视图模式，在时间轴上单击鼠标右键，从弹出的快捷菜单中选择“插入照片”命令，选择本书实例光盘中Chapter 5\实例86\Media目录下的所有图像素材，单击“打开”按钮，图像素材将根据编号自动排列到轨道上。

添加图像到时间轴

02 单击画廊左侧工具栏中的“转场”按钮，进入“转场”设置界面，在下拉列表中选择“伸展”命令。将“对开门”效果拖曳到时间轴的第一个和第二个素材中间。

添加“对开门”转场

03 在转场效果选项设置面板中，将“柔化边缘”设置为“强柔化边缘”，在选择转场的方向以后，即可在预览窗口中查看效果并根据需要进行修改。

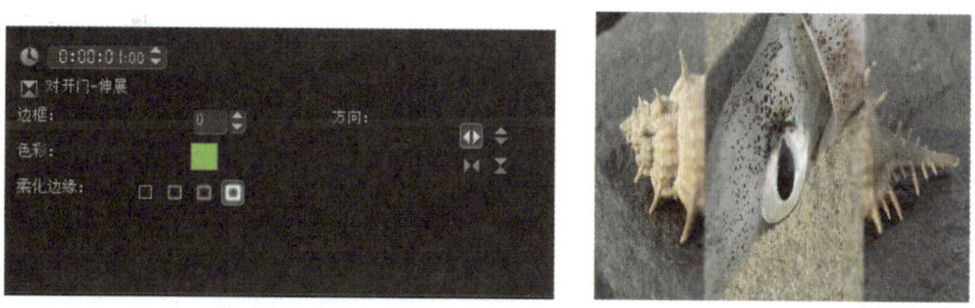

设置转场参数

04 在“伸展”转场效果组中选择“方盒”效果，将其拖曳到时间轴的第二个和第三个素材之间。

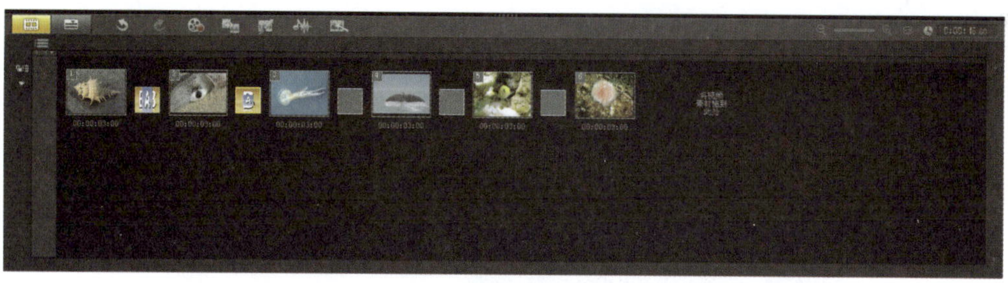

添加“方盒”转场

05 在转场效果选项设置面板中，将“柔化边缘”设置为“强柔化边缘”，在选择转场的方向以后，即可在预览窗口中查看效果并根据需要进行修改。

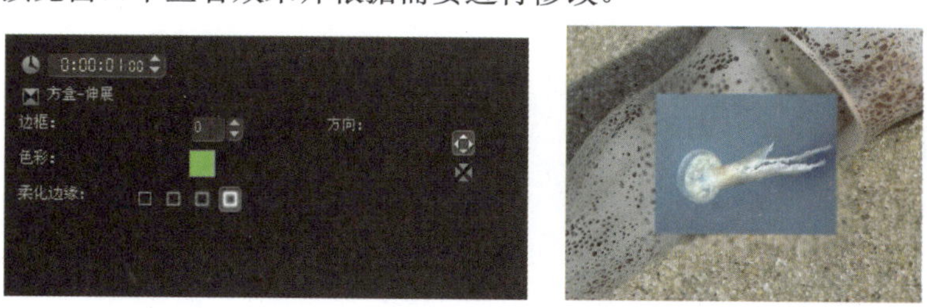

设置转场参数

06 在“伸展”转场效果组中选择“交叉缩放”效果，将其拖曳到时间轴的第三个和第四个素材之间。

添加“交叉缩放”转场

07 “交叉缩放”转场无需设置“边框”、“色彩”“柔化边缘”和“方向”等参数，在左边的预览窗口中可以查看“交叉缩放”转场的效果。

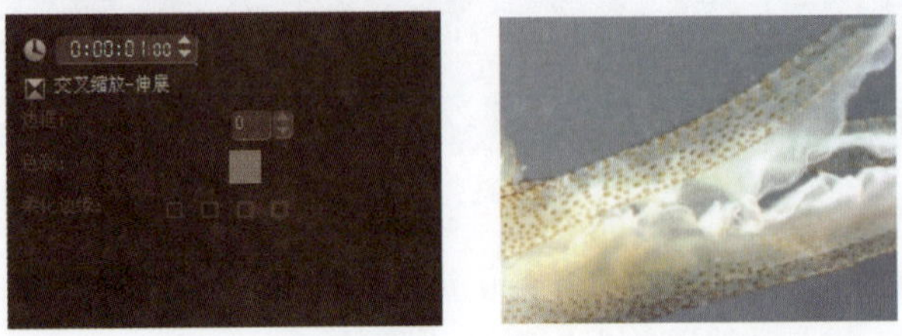

查看转场效果

08 在“伸展”转场效果组中选择“对角线”效果，将其拖曳到时间轴的第四个和第五个素材之间。

添加“对角线”转场

09 在转场效果选项设置面板中，将“柔化边缘”设置为“强柔化边缘”，在选择转场的方向以后，即可在预览窗口中查看效果并根据需要进行修改。

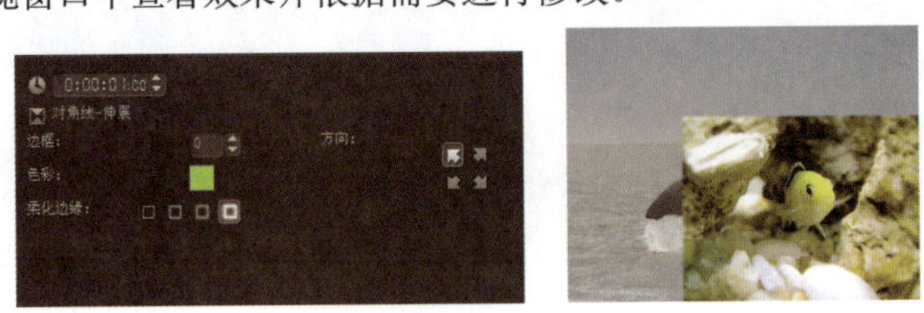

设置转场参数

10 在“伸展”转场效果组中选择“侧面”效果，将其拖曳到时间轴的第五个和第六个素材之间。

添加“侧面”转场

⑪ 在转场效果选项设置面板中，将“柔化边缘”设置为“强柔化边缘”，在选择转场的方向以后，即可在预览窗口中查看效果并根据需要进行修改。

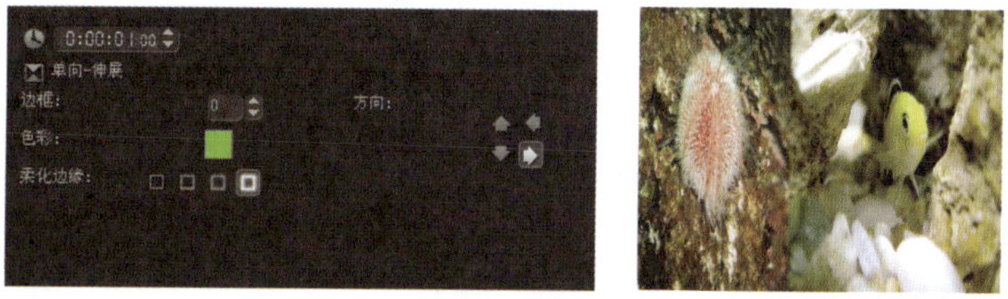

设置转场参数

⑫ 在预览窗口中单击“扩大”按钮，以全屏方式进行预览，单击“播放”按钮，预览编辑完成的动画效果。

预览影片效果

⑬ 执行“文件”→“保存”命令，将编辑完成的项目文件以“伸展转场效果”命名并保存到计算机中。

Example 实例 87 擦拭转场效果

实例说明

“擦拭”转场效果是在多个图像或视频间创建擦拭的平滑过渡效果。这里由于篇幅的原因，将只介绍其中较为常用的转场效果。

完成文件：实例文件\ Chapter 5\实例87\Complete\擦拭转场效果.VSP

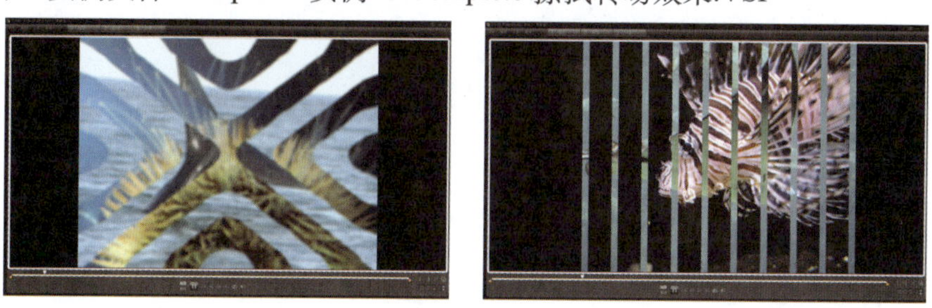

效果图

实例要点

- 将图像素材导入到视频轨道上。
- 选择“擦拭”中的转场效果并将其插入到两个图像素材的连接处。
- 在转场效果选项面板中设置具体的参数。

操作步骤

01 切换到“故事板”视图模式，在时间轴上单击鼠标右键，从弹出的快捷菜单中选择“插入照片”命令，选择本书实例光盘中Chapter 5\实例87\Media目录下的所有图像素材，单击“打开”按钮，图像素材将根据编号自动排列到轨道上。

添加图像到时间轴

02 单击画廊左侧工具栏中的“转场”按钮，进入“转场”设置界面，在下拉列表中选择“擦拭”。将“箭头”效果拖曳到时间轴的第一个和第二个素材中间。

添加“箭头”转场

03 在转场效果选项设置面板中，将“柔化边缘”设置为“强柔化边缘”，即可在预览窗口中查看效果并根据需要进行修改。

设置转场参数

04 在“擦拭”转场效果组中选择“对开门”效果，将其拖曳到时间轴的第二个和第三个素材之间。

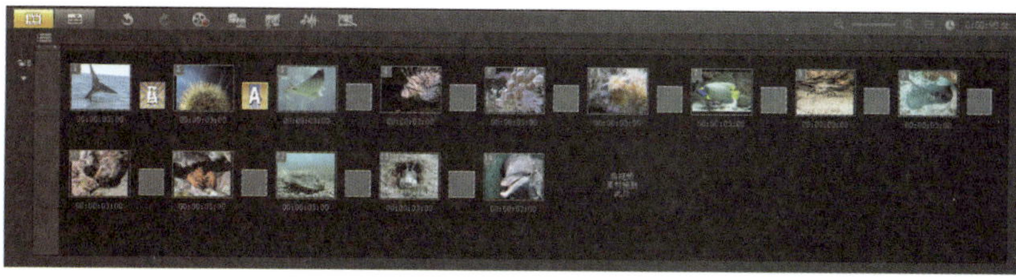

添加“对开门”转场

05 在转场效果选项设置面板中，将“柔化边缘”设置为“强柔化边缘”，选择转场的方向后，在预览窗口中进行查看并根据需要进行修改。

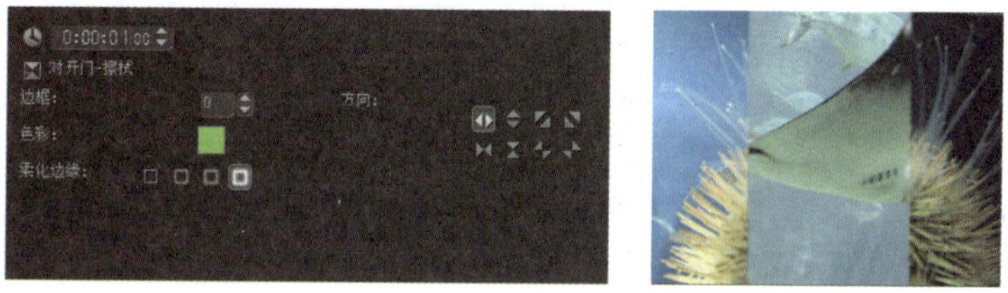

设置转场参数

06 在“擦拭”转场效果组中选择“百叶窗”效果，将其拖曳到时间轴的第三个和第四个素材之间。

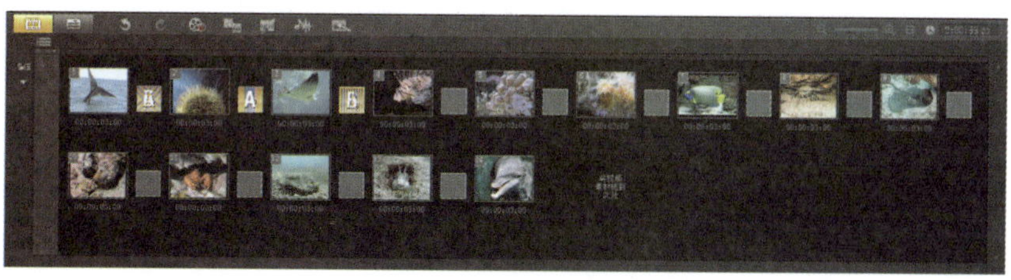

添加“百叶窗”转场

07 在转场效果选项设置面板中选择转场的方向后，即可在预览窗口中查看效果并根据需要进行修改。

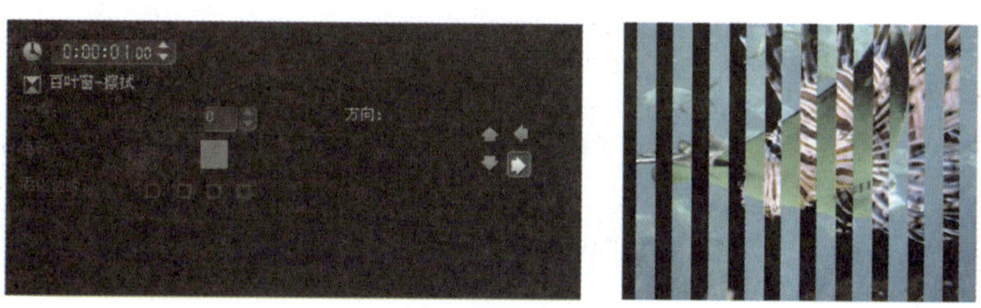

设置转场参数

08 在“擦拭”转场效果组中选择“棋盘”效果，将其拖到时间轴的第四个和第五个素材之间。

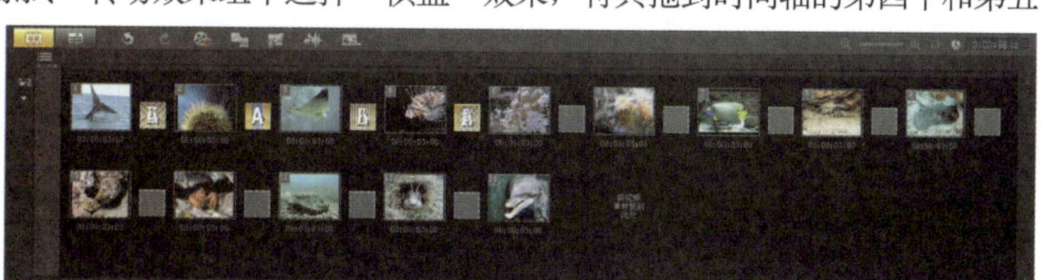

添加“棋盘”转场

09 在转场效果选项设置面板中，将“柔化边缘”设置为“弱柔化边缘”，选择转场的方向后，即可在预览窗口中查看效果并根据需要进行修改。

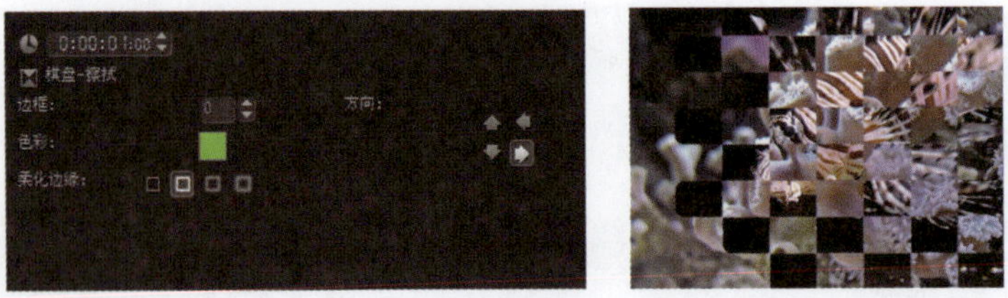

设置转场参数

10 在“擦拭”转场效果组中选择“圆形”效果，将其拖曳到时间轴的第五个和第六个素材之间。

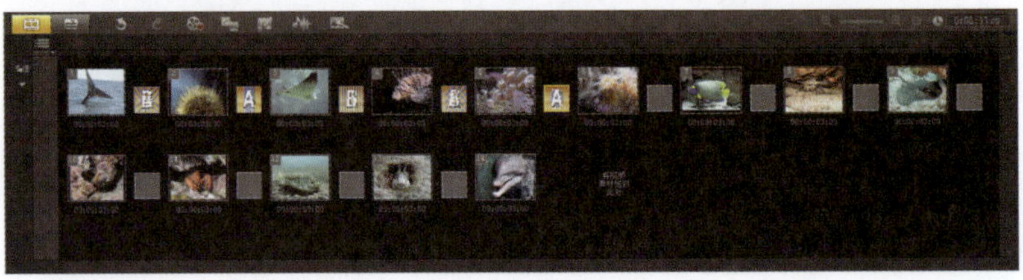

添加“圆形”转场

11 在转场效果选项设置面板中，将“柔化边缘”设置为“无柔化边缘”，选择转场的方向后，即可在预览窗口中查看效果并根据需要进行修改。

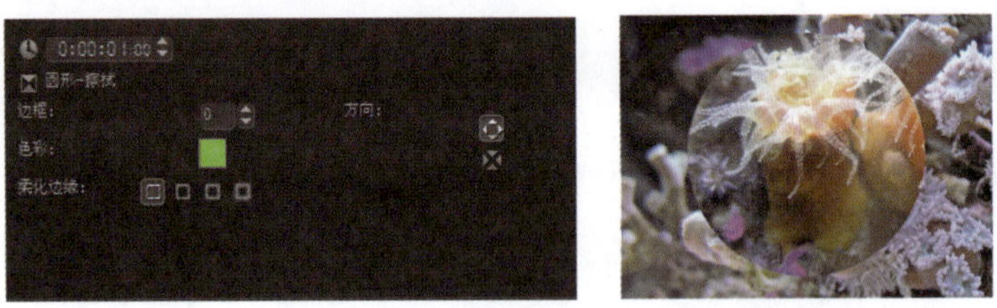

设置转场参数

12 在“擦拭”转场效果组中选择“交叉”效果，将其拖曳到时间轴的第六个和第七个素材之间。

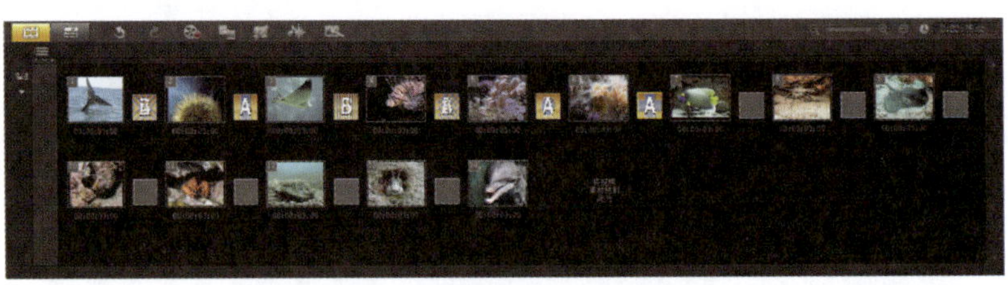

添加“交叉”效果

13 在转场效果选项设置面板中，将“柔化边缘”设置为“无柔化边缘”，选择转场的方向后，在预览窗口中查看效果并根据需要进行修改。

设置转场参数

⑭ 在“擦拭”转场效果组中选择“菱形A”效果，将其拖曳到时间轴的第七个和第八个素材中间。

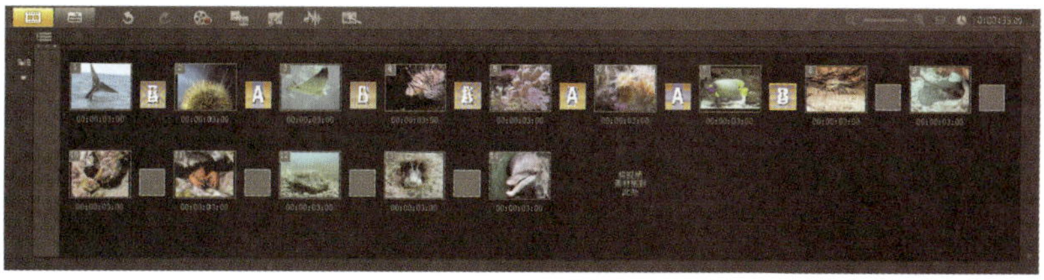

添加“菱形A”转场

⑮ 在转场效果选项设置面板中，将“柔化边缘”设置为“弱柔化边缘”，即可在预览窗口中查看效果并根据需要进行修改。

设置转场参数

⑯ 在“擦拭”转场效果组中选择“菱形B”效果，将其拖曳到时间轴的第八个和第九个素材之间。

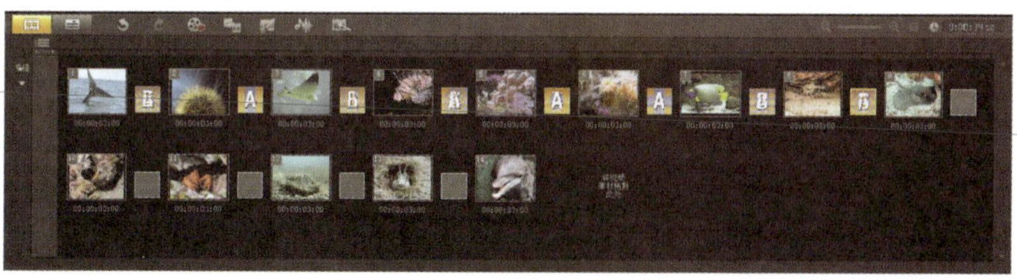

添加“菱形B”转场

⑰ 在转场效果选项设置面板中，将“柔化边缘”设置为“弱柔化边缘”，即可在预览窗口中查看效果并根据需要进行修改。

设置转场参数

⑱ 在“擦拭”转场效果组中选择“流动”效果，将其拖曳到时间轴的第九个和第十个素材之间。

添加“流动”转场

⑲ 在转场效果选项设置面板中，将“柔化边缘”设置为“弱柔化边缘”，即可在预览窗口中查看效果并根据需要进行修改。

设置转场参数

⑳ 在“擦拭”转场效果组中选择“泥泞”效果，将其拖曳到时间轴的第十个和第十一个素材之间。

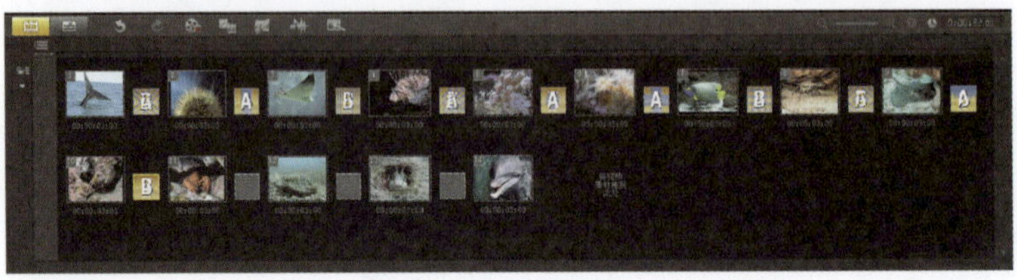

添加“泥泞”转场

㉑ 在转场效果选项设置面板中，将“柔化边缘”设置为“弱柔化边缘”，即可在预览窗口中查看效果并根据需要进行修改。

设置转场参数

㉒ 在“擦拭”转场效果组中选择“侧面”效果，将其拖曳到时间轴的第十一个和第十二个素材之间。

添加“侧面”转场

㉓ 在转场效果选项设置面板中，将“柔化边缘”设置为“无柔化边缘”，选择转场的方向后，即可在预览窗口中查看效果并根据需要进行修改。

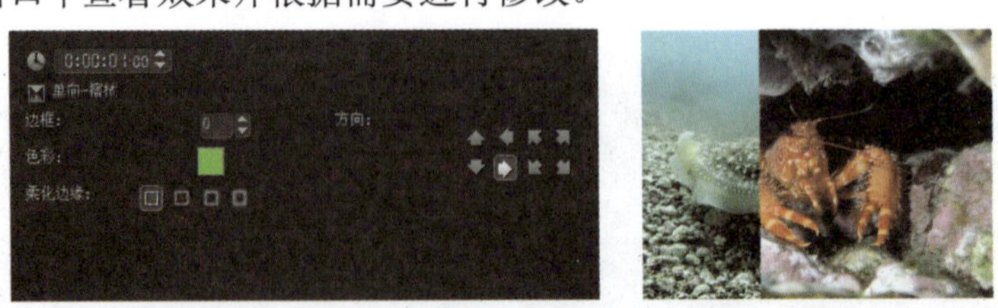

设置转场参数

24 在“擦拭”转场效果组中选择“星形”效果，将其拖曳到时间轴的第十二个和第十三个素材之间。

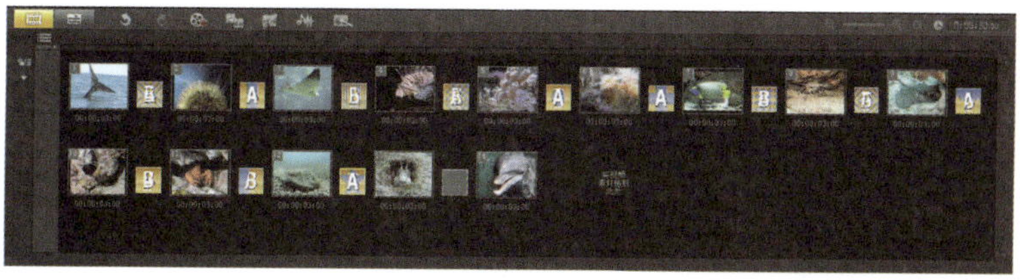

添加“星形”转场

25 在转场效果选项设置面板中，将“柔化边缘”设置为“强柔化边缘”，选择转场的方向后，即可在预览窗口中查看效果并根据需要进行修改。

设置转场参数

26 在“擦拭”转场效果组中选择“之字形”效果，将其拖曳到时间轴的第十三个和第十四个素材之间。

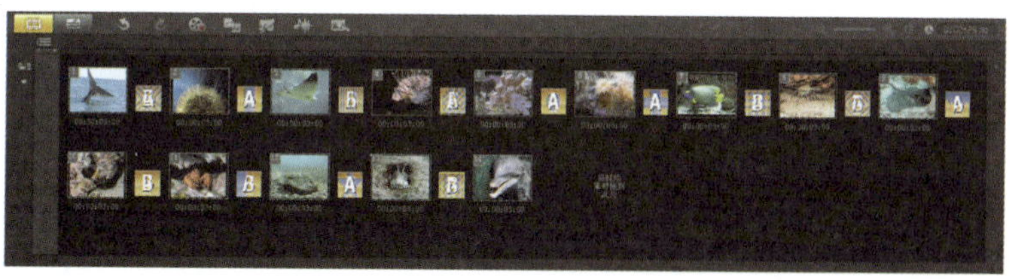

添加“之字形”转场

27 在转场效果选项设置面板中，将“柔化边缘”设置为“强柔化边缘”，即可在预览窗口中查看效果并根据需要进行修改。

设置转场参数

28 在预览窗口中单击“扩大”按钮，以全屏方式进行预览，，单击“播放”按钮，预览编辑完成的动画效果。

预览影片效果

㉙ 执行“文件”→“保存”命令，将编辑完成的项目文件以“擦拭转场效果”命名并保存到计算机中。

Example 实例 88 NewBlue样品转场效果

实例说明

NewBlue 样品转场是NewBlueFX出品的转场效果，它是具有源自该公司最畅销的NewBlueFX 效果和转场软件包的转场和效果插件。

完成文件：实例文件\ Chapter 5\实例88\Complete\NewBlue样品转场效果.VSP

效果图

实例要点

- 将图像素材导入到视频轨道上。
- 选择“NewBlue 样品转场”中的转场效果并将其插入到两个图像素材的连接处。
- 在转场效果选项面板中设置具体的参数。

操作步骤

01 切换到“故事板”视图模式，在时间轴上单击鼠标右键，从弹出的快捷菜单中选择“插入照片”命令，选择本书实例光盘中Chapter 5\实例88\Media目录下的所有图像素材，单击“打开”按钮，图像素材将根据编号自动排列到轨道上。

02 单击画廊左侧工具栏中的“转场”按钮，进入“转场”设置界面，在下拉列表中选择“NewBlue 样品转场”。将“3D彩屑”效果拖曳到时间轴的第一个和第二个素材中间。

添加图像到时间轴

添加“3D彩屑”转场

03 在转场效果选项设置面板中单击“自定义”按钮，打开“NewBlue 3D 彩屑”对话框，在其中选择合适的转场类型后，单击“确定”按钮，在预览窗口查看转场效果。

设置转场参数

04 在“NewBlue 样品转场”转场效果组中选择“3D披萨饼盒”效果，将其拖曳到时间轴的第二个和第三个素材之间。

添加“3D披萨饼盒”转场

05 在转场效果选项设置面板中单击“自定义”按钮，打开“NewBlue 3D 披萨饼盒”对话框，在其中选择合适的转场类型后，单击“确定”按钮，在预览窗口查看转场效果。

设置转场参数

06 在“NewBlue 样品转场”转场效果组中选择“色彩融化”效果，将其拖曳到时间轴的第三个和第四个素材之间。

添加“色彩融化”转场

07 在转场效果选项设置面板中单击“自定义”按钮，打开“NewBlue 色彩融化”对话框，在其中选择合适的转场类型后，单击“确定”按钮，在预览窗口查看转场效果。

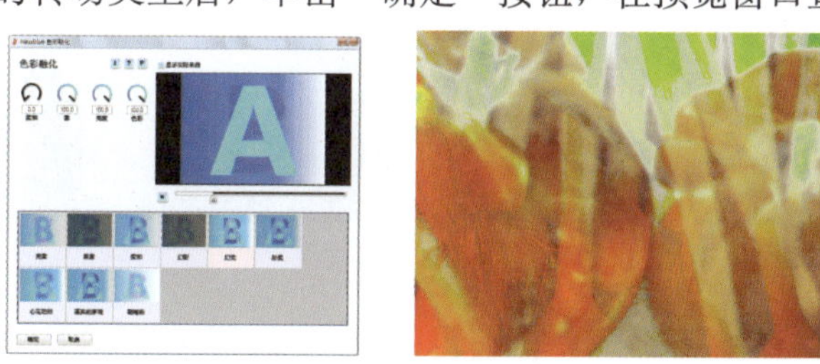

设置转场参数

08 在“NewBlue 样品转场”转场效果组中选择“拼图”效果，将其拖曳到时间轴的第四个和第五个素材之间。

添加“拼图”转场

09 在转场效果选项设置面板中单击 自定义 “自定义”按钮，打开“NewBlue 拼图”对话框，在其中选择合适的转场类型后，单击“确定”按钮，在预览窗口查看转场效果。

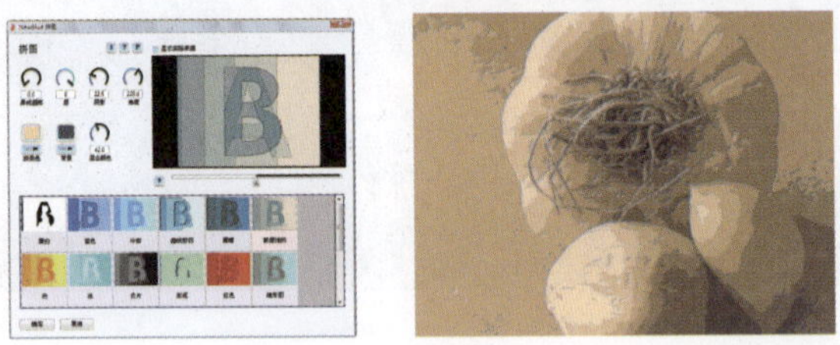

设置转场参数

10 在“NewBlue 样品转场”转场效果组中选择“涂抹”效果，将其拖曳到时间轴的第五个和第六个素材之间。

添加“涂抹”转场

11 在转场效果选项设置面板中单击 自定义 “自定义”按钮，打开“NewBlue 涂抹”对话框，在其中选择合适的转场类型后，单击“确定”按钮，在预览窗口查看转场效果。

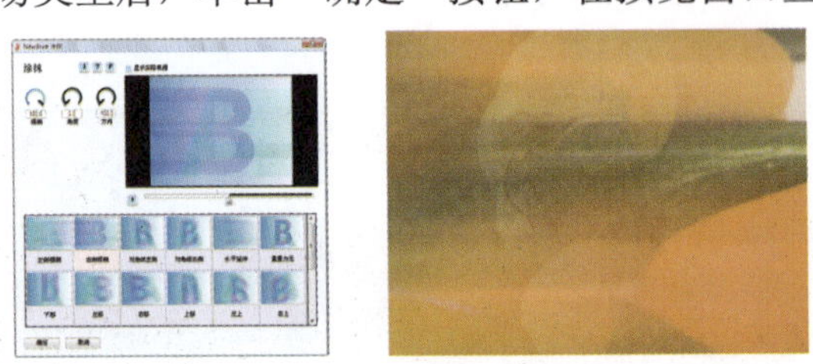

设置转场参数

12 在预览窗口中单击“扩大”按钮，以全屏方式进行预览，单击“播放”按钮，预览编辑完成的动画效果。

预览影片效果

13 执行“文件”→“保存”命令，将编辑完成的项目文件以“NewBlue样品转场”命名并保存到计算机中。

第6章 覆叠

Example 实例 89 带有边框的画中画效果

实例目标

通过使用覆叠轨，可以同时播放两个或以上的视频，创建出更精彩的效果。

完成文件：实例文件\ Chapter 6\实例89\Complete\带有边框的画中画效果.VSP

效果图

实例要点

将一个视频或者图像作为背景，将另一个视频或者图像的比例缩小，并添加动态效果，即可轻松实现动态画中画。

操作步骤

01 在时间轴上单击鼠标右键，从弹出的快捷菜单中选择“插入视频”命令，选择本书实例光盘中Chapter 6\实例89\Media目录下的视频素材“bg.avi”，单击“打开”按钮。

02 将本书实例光盘中Chapter 6\实例89\Media目录下的视频素材“01.avi”导入到覆叠轨1中，调整两个素材的播放时间使其相同。选择“属性”选项卡，单击“遮罩和色度键”按钮，打开设置面板。

单击“遮罩和色度键”按钮

03 在打开的设置面板中，设置边框为1，颜色设置为灰色，其他选项保持默认状态不变。

设置边框

04 单击面板右侧的“关闭”按钮，返回最初的“属性”选项面板中，设置进入的方向为左下方，退出的方向为右上方。

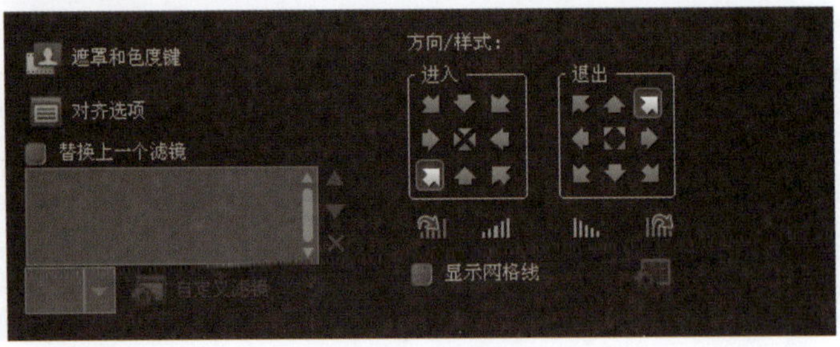

设置素材运动方式

05 在面板中分别选中“淡入动画效果”和“淡出动画效果”按钮，为视频添加淡入和淡出效果。

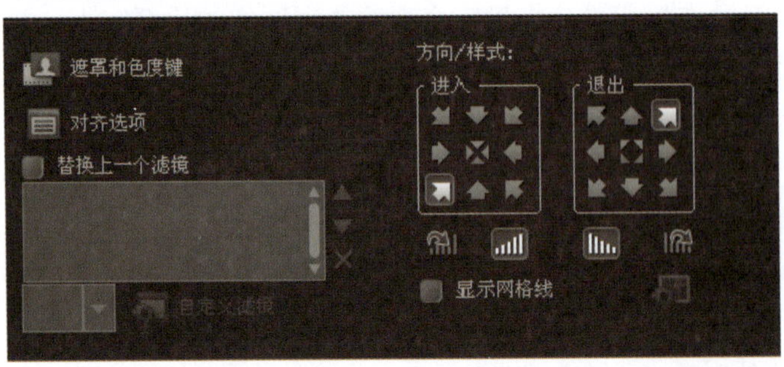

添加淡入淡出效果

06 单击“暂停区间前旋转”按钮和“暂停区间后旋转”按钮，预览时即可看到视频素材从画面左下角旋转进入，从右上角旋转退出。

设置画面旋转效果

07 在预览窗口查看最终效果。执行“文件”→“保存”命令，将修改完成的项目文件以“带有边框的画中画效果”命名并保存到计算机中。

Example 实例 90 覆叠素材变形和半透明

实例目标

在预览窗口中，通过移动素材顶点位置，可以使覆叠轨道上的素材变成任意形状。

完成文件：实例文件\ Chapter 6\实例90\Complete\覆叠素材变形和半透明.VSP

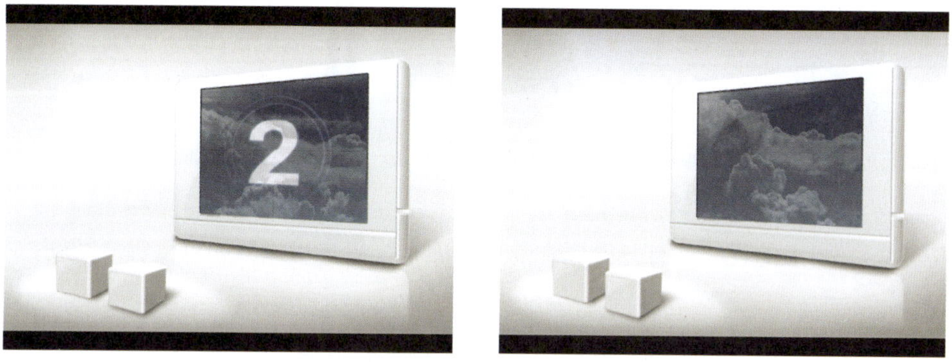

效果图

实例要点

将一个视频或者图像作为背景，调整另一个视频或者图像的形状。

操作步骤

01 在画廊库的视频素材库中，选择素材“V09”，将其拖曳到时间轴上。

调用视屏库素材

02 在覆叠轨1上单击鼠标右键，从弹出的快捷菜单中选择“插入视频”命令，导入本书实例光盘中Chapter 6\实例90\Media目录下的视频素材，并调整其持续时间与视频1轨道上的视频持续时间相同。

03 在预览窗口中，调整素材的顶点句柄，使视频素材形状发生改变，恰好可以作为电视的屏幕。

导入素材　　调整形状

04 双击覆叠轨1上的视频，打开“属性”设置面板，单击“遮罩和色度键”按钮，打开该选项的设置面板。

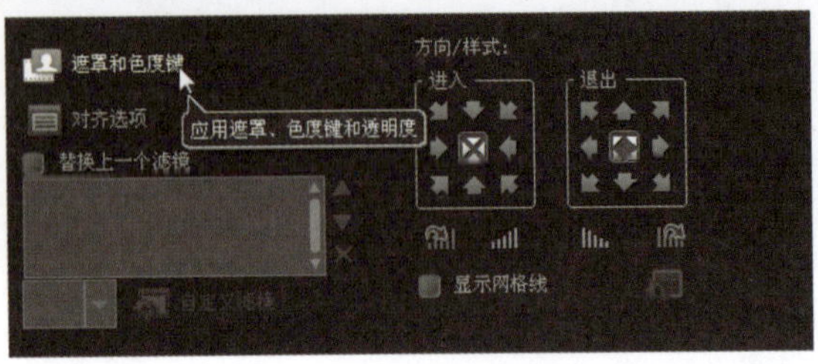

设置“遮罩和色度键”项

05 在打开的“遮罩和色度键”选项设置面板中，在“透明度”文本框中将数值设置为60，使图像变得透明。

设置“透明度”参数

06 在预览窗口选中“项目”类型后，单击▶播放按钮播放，查看最终效果。

预览视频效果

07 执行“文件”→“保存”命令，将修改完成的项目文件以“覆叠素材变形和半透明”命名并保存到计算机中。

Example 实例 91 色度键抠像功能

实例目标

本实例与画中画中的效果类似，区别在于色度键抠像功能使用了抠像特效，使两个视频完美的结合起来。

完成文件：实例文件\ Chapter 6\实例91\Complete\色度键抠像功能.VSP

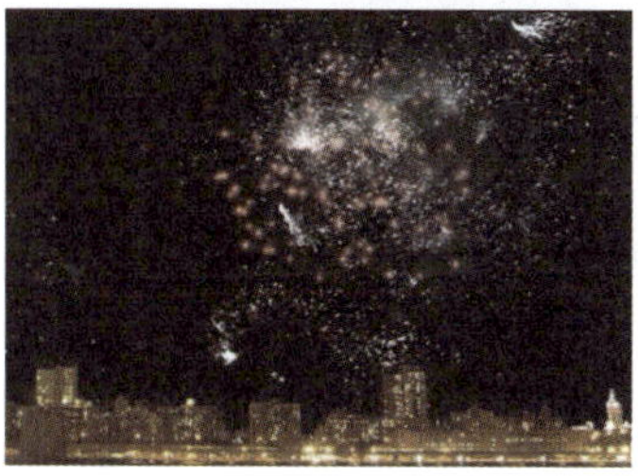

效果图

实例要点

将导入的视频素材分布到视频轨和覆叠轨，然后为视频轨上的素材添加特效，抠除黑色。

操作步骤

01 新建一个项目，在画廊库的视频素材库中，选择素材“V08”，将其拖曳到时间轴上。

将素材拖曳到时间轴上

02 在覆叠轨1上单击鼠标右键，从弹出的快捷菜单中选择“插入视频”命令，导入本书实例光盘中Chapter 6\实例91\Media目录下的视频素材，调整两个视频素材的播放时间，使其保持一致。

导入素材

03 使用鼠标左键双击覆叠轨1上的视频素材，在预览窗口中将其大小和位置调整到合适位置。

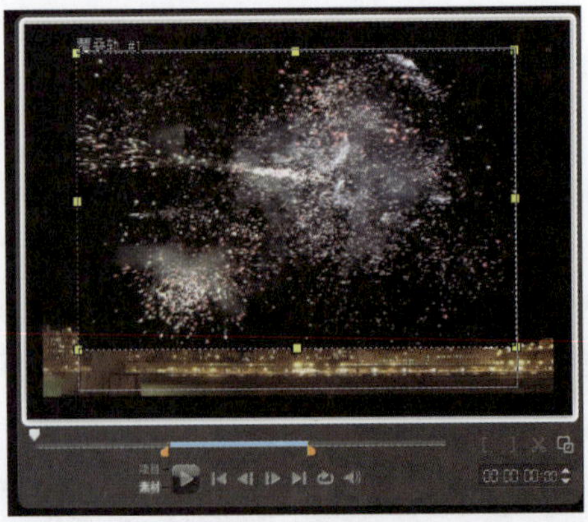

调整覆叠轨素材尺寸

04 在“属性”选项面板中，单击“遮罩和色度键”按钮，打开其设置面板，勾选“应用覆叠选项”复选框，在“类型”下拉菜单中选择“色度键”选项，将覆叠遮罩的色彩设置为黑色，将“相似度”设置为80。

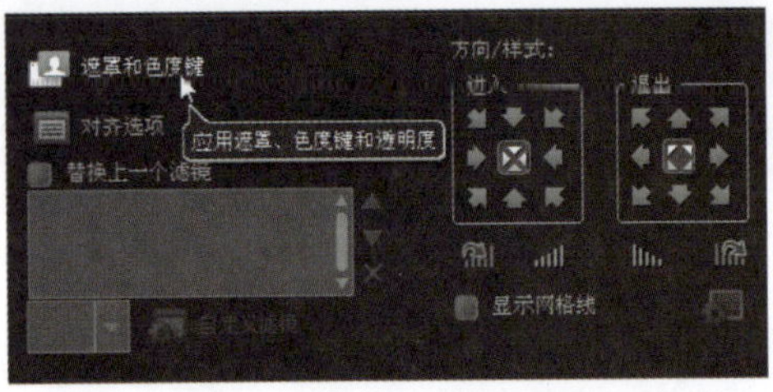

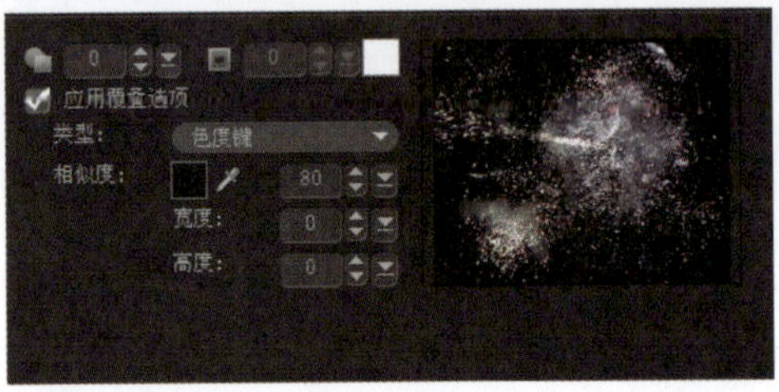

设置色度键遮罩

05 在预览窗口中播放，查看最终效果。执行“文件”→“保存”命令，将修改完成的项目文件以“色度键抠像功能”命名并保存到计算机中。

Example 实例 92 遮罩帧功能

实例目标

遮罩帧的功能与色度键类似，但是它是以图形来遮挡住不需要的部分。

完成文件：实例文件\ Chapter 5\实例92\Complete\遮罩帧功能.VSP

效果图

实例要点

将一个视频或者图像作为背景，调整另一个视频或图像的大小和位置，并添加遮罩帧效果。

操作步骤

01 分别在时间轴和覆叠轨1上单击鼠标右键，从弹出的快捷菜单中选择“插入视频”和“插入照片”命令，导入本书实例光盘中Chapter 5\实例92\Media目录下的视频素材“bg”和图像素材“meigui”。调整两个素材的持续时间，使其保持一致。

02 双击覆叠轨1上的视频素材，调整其大小和位置，在“属性”选项面板中，勾选“应用覆叠选项”复选框，在“类型”下拉菜单中选择“遮罩帧”选项。

导入素材

选择“遮罩帧”类型

03 在其后面的形状列表框中，单击一个适合的图形，可以看到图像素材的显示范围就是选择的图形形状。

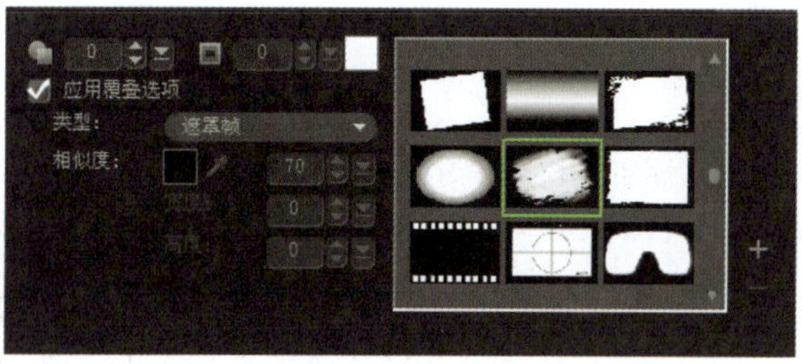

设置遮罩帧

04 在预览窗口中播放，查看最终效果。执行“文件”→“保存”命令，将修改完成的项目文件以“遮罩帧功能”命名并保存到计算机中。

Example 实例 93 多轨覆叠效果

实例目标

本实例是在画中画的基础上制作出5个动态视频同时播放的效果。

完成文件：实例文件\ Chapter 6\实例93\Complete\多轨覆叠效果.VSP

效果图

实例要点

通过轨道管理器添加多个覆叠轨，然后将多个视频分布在不同的覆叠轨上，调整其形状，使其都能显示出来并且同时播放。

操作步骤

01 在时间轴上单击鼠标右键，从弹出的快捷菜单中选择“插入视频”命令，导入本书实例光盘中Chapter 6\实例93\Media目录下的视频素材“01.avi”。

02 在时间轴窗口中单击覆叠轨1，然后导入本书实例光盘中Chapter 6\实例93\Media目录下的视频素材“02.avi”。

在覆叠轨上导入视频素材

03 在预览窗口中右键单击视频素材“02.avi”，选择“调整到屏幕大小”命令，使其全屏播放。

04 在时间轴窗口上单击 “轨道管理器”按钮，打开“轨道管理器”对话框，勾选“覆叠轨 #2”到“覆叠轨 #4”复选框，单击“确定”按钮。

调整图像尺寸

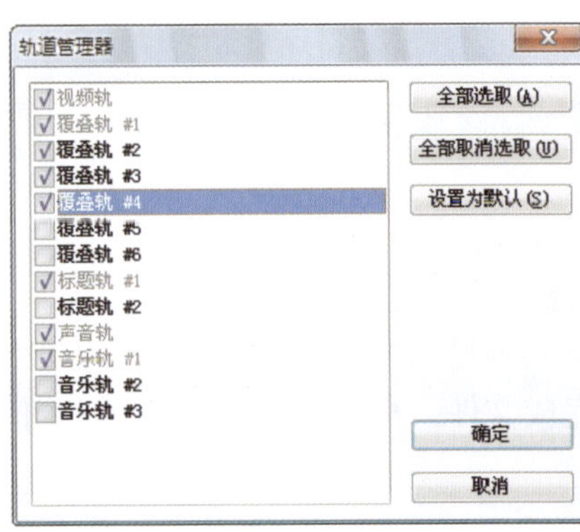

添加覆叠轨

05 分别将其他3个视频素材导入到对应的覆叠轨上。

导入其他视频素材

06 选择视频轨上的视频素材“01.avi”，在“属性”选项卡中勾选“变形素材”复选框。

07 在预览窗口中拖曳素材的顶点句柄，调整其形状，如下图所示。

勾选“变形素材”复选框

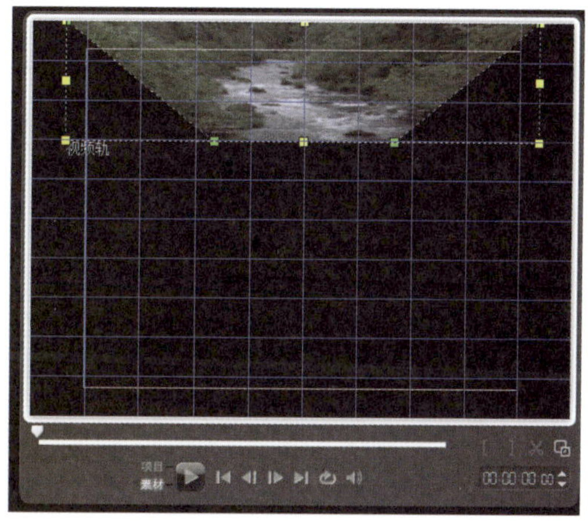

调整视屏素材的形状

08 选择覆叠轨1上的视频素材“02.avi”，在预览窗口中调整其形状，如左下图所示。

09 选择覆叠轨2上的视频素材“03.avi”，在预览窗口中调整其形状，如右下图所示。

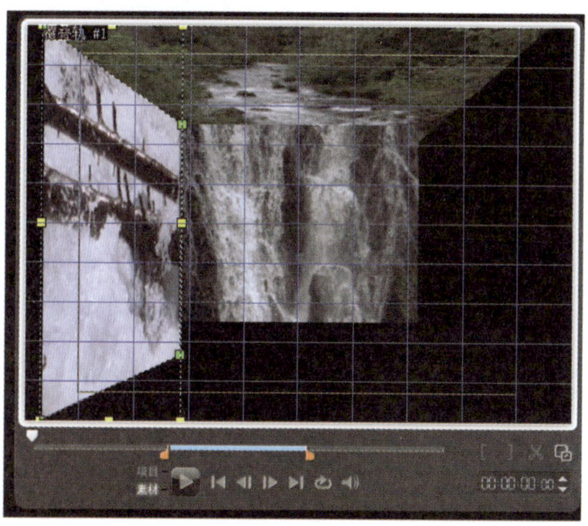

调整覆叠轨上的素材形状

调整覆叠轨上的素材形状

10 选择覆叠轨3上的视频素材“04.avi”，在预览窗口中调整其形状，如左下图所示。

11 选择覆叠轨4上的视频素材“05.avi”，在预览窗口中调整其形状，如右下图所示。

调整覆叠轨上的素材形状

调整覆叠轨上的素材形状

⑫ 在预览窗口中播放，查看最终效果。执行“文件”→“保存”命令，将修改完成的项目文件以“多轨覆叠效果”命名并保存到计算机中。

第7章 标题与字幕

Example 实例 94 应用预设动画标题

实例目标

会声会影X3提供了很多漂亮的预设字幕，可以直接使用，也可以对其稍作修改，得到一个新的字幕。

完成文件：实例文件\ Chapter 7\实例94\Complete\应用预设动画标题.VSP

效果图

实例要点

- 导入图像素材，在素材库中选择合适的标题字幕。
- 对字幕的字体、大小、动画等参数进行设置。

操作步骤

01 在时间轴上单击鼠标右键，从弹出的快捷菜单中选择“插入视频”命令，选择本书实例光盘中Chapter 7\实例94\Media目录下的视频素材，单击“打开”按钮将其导入，然后将持续时间设置为5秒。

选择预设字体

02 进入“标题”步骤，在标题库中选择预设标题“Lorem ipsum”，将其拖曳到时间轴的标题轨上，将持续时间调整为5秒。

03 在预览窗口中双击文字，进入编辑状态，将文字修改为“欢庆之夜”。

重新编辑文字内容

04 在预览窗口中单击文字外的空白区域，然后选择整个文字，进入“动画”选项面板，在“类型”下拉列表中选择“移动路径”，样式选择第二排第一列的样式。

05 在预览窗口中播放查看最终效果后，执行“文件”→“保存”命令，将修改完成的项目文件以“应用预设字幕”命名并保存到计算机中。

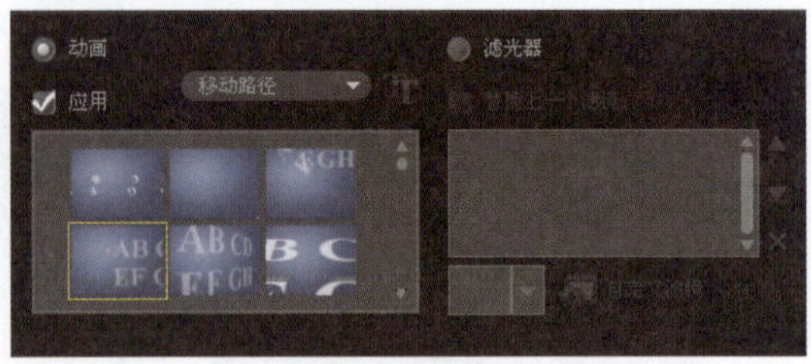

选择动画样式

Example 实例 95 阴影字幕

实例目标

在会声会影X3中可以自行对字幕添加或者删除各种阴影并进行修改。

完成文件：实例文件\ Chapter 7\实例95\Complete\阴影字幕.VSP

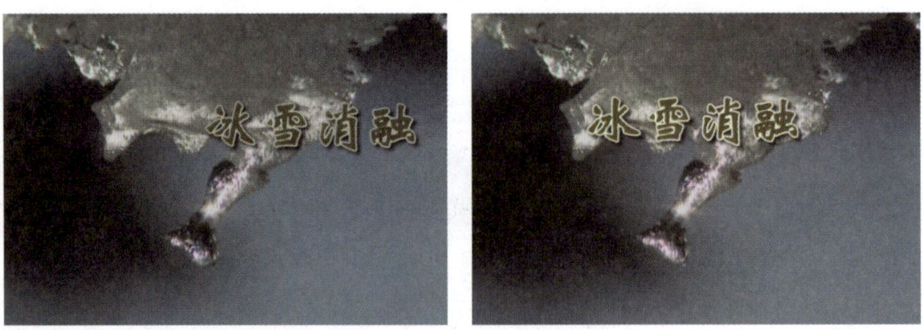

效果图

实例要点

- 导入素材，添加文字标题。
- 设置字体属性，添加阴影。

操作步骤

01 在时间轴上单击鼠标右键，从弹出的快捷菜单中选择“插入视频”命令，选择本书实例光盘中Chapter 7\实例95\Media目录下的视频素材，单击“打开”按钮将其导入，然后设置其持续时间为9秒。

导入素材

02 进入“标题”步骤，根据提示在预览窗口中双击鼠标，输入文字“冰雪消融”。在时间轴中调整其持续时间为10秒。

输入标题文字

03 在“编辑”选项面板中，选择“字体”右边的样式下拉列表，为文本内容设置字体。

04 在字号下拉列表中选择字号为68，也可以在文字框中直接输入字号的尺寸。

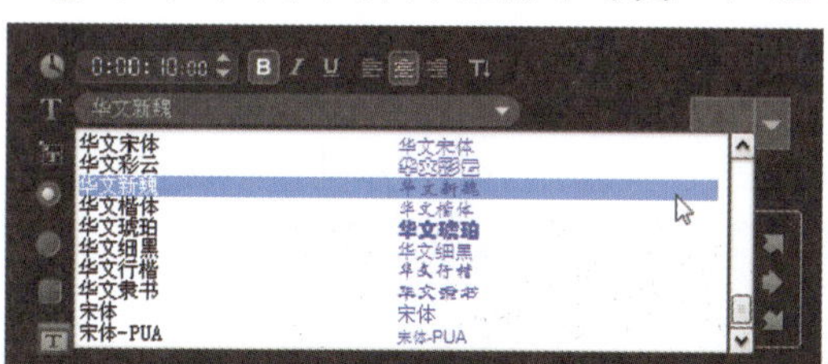

设置字体

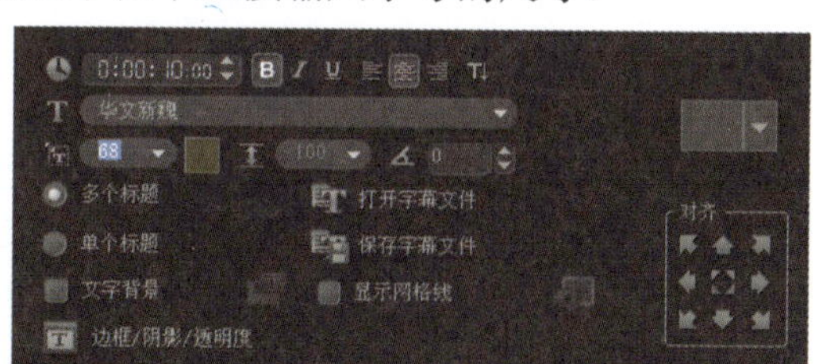

设置字号

05 单击“边框/阴影/透明度”按钮，在打开的对话框中选择“阴影”选项卡，选择样式为“下垂阴影”，设置阴影位置“X”为5，“Y”为5，“颜色”为黑色，“透明度”为30，“柔化边缘”为10。

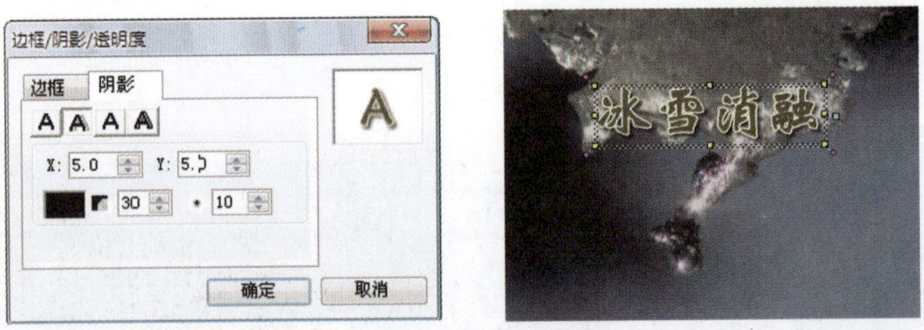

设置字体阴影

06 在预览窗口中播放查看最终效果后，执行“文件”→“保存”命令，将修改完成的项目文件以“阴影字幕”命名并保存到电脑中。

Example 实例 96 跑马灯字幕效果

实例目标

本实例的效果类似唱卡拉OK时的字幕显示效果，字幕将从画面的右方进入，从左方退出。

完成文件：实例文件\ Chapter 7\实例96\Complete\跑马灯字幕效果.VSP

效果图

实例要点

- 导入视频素材，添加文字并设置属性。
- 对字幕应用飞行动画效果。

操作步骤

01 在时间轴上单击鼠标右键，从弹出的快捷菜单中选择“插入视频”命令，选择本书实例光盘中Chapter 7\实例96\Media目录下的视频素材，单击“打开”按钮将其导入，然后设置其持续时间为10秒。

02 进入“标题”步骤，根据提示在预览窗口中双击鼠标，然后输入文字“昔年曾作五陵游，午夜清歌月满楼”。在“编辑”选项面板的右边列表中选择如下图所示的预设文字样式。

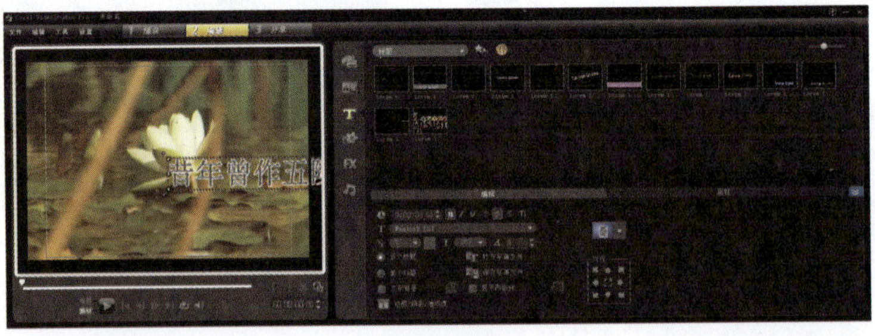

输入文字

03 将文字字体修改为华文行楷，字号为32，然后将文字的持续时间调整为10秒。

04 进入“动画”选项面板，勾选“应用动画”复选框，将“类型”设置为“飞行”，选择第二行第三列的样式。

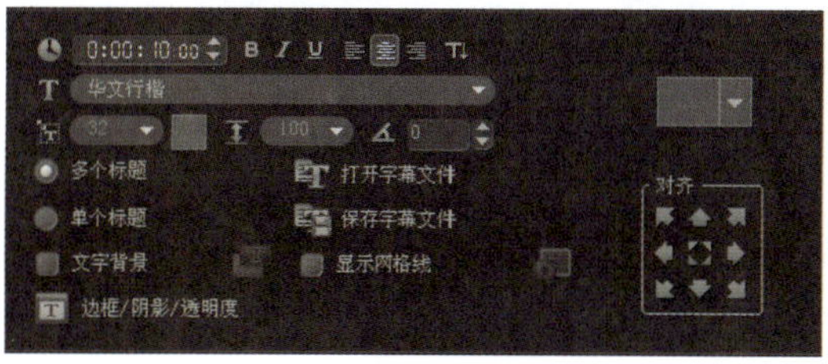

设置文字属性

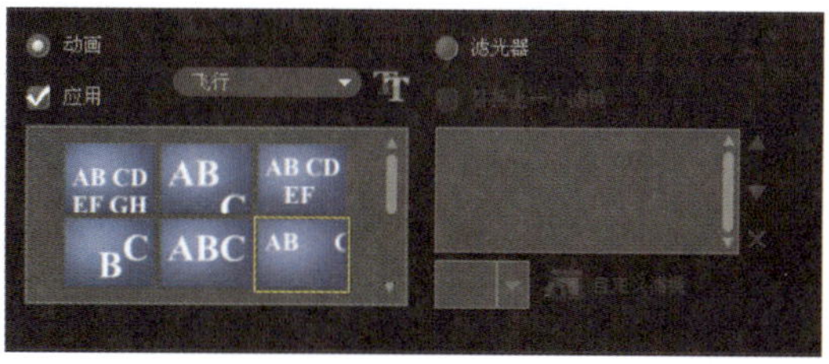

应用动画

05 单击 “自定义动画属性”按钮，在打开的“飞行动画”对话框中，将“暂停”设置为“中等”，其余选项保持默认。

06 在预览窗口中播放查看最终效果后，执行“文件”→“保存”命令，将修改完成的项目文件以“跑马灯字幕效果”命名并保存到计算机中。

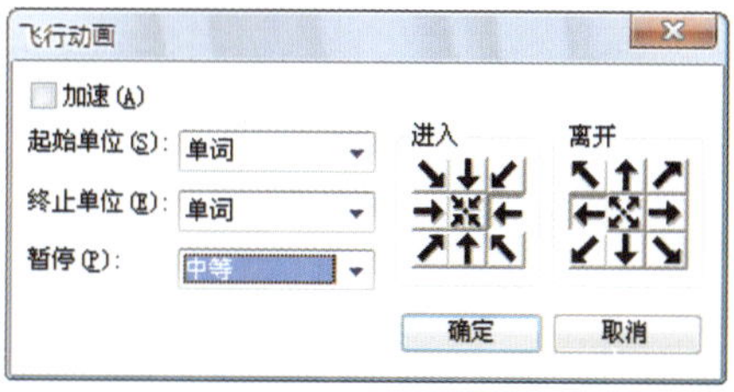

设置动画属性

Example 实例 97 滚动字幕

实例目标

滚动字幕也是比较常见的一种动态字幕，常常应用在说明性的视频中。

完成文件：实例文件\ Chapter 7\实例97\Complete\滚动字幕.VSP

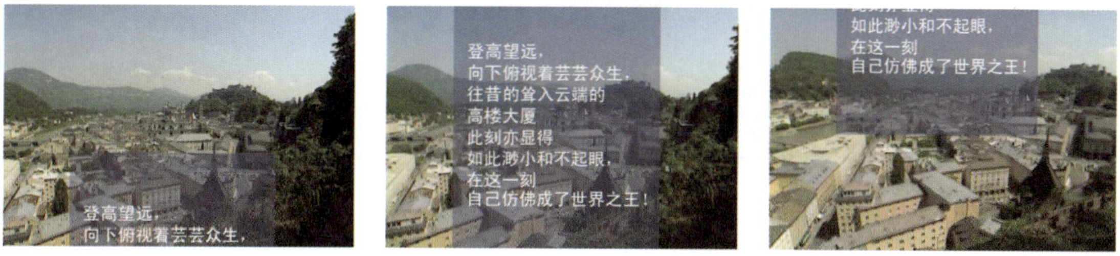

效果图

实例要点

- 导入素材，添加文字并设置字体属性。
- 应用飞行动画效果创建滚动字幕。

操作步骤

01 在时间轴上单击鼠标右键，从弹出的快捷菜单中选择“插入视频”命令，选择本书实例光盘中Chapter 7\实例97\Media目录下的视频素材，单击“打开”按钮将其导入，然后设置其持续时间为10秒。

02 进入“标题”步骤，在预览窗口中双击，然后输入标题和说明文字，调整其持续时间为10秒。

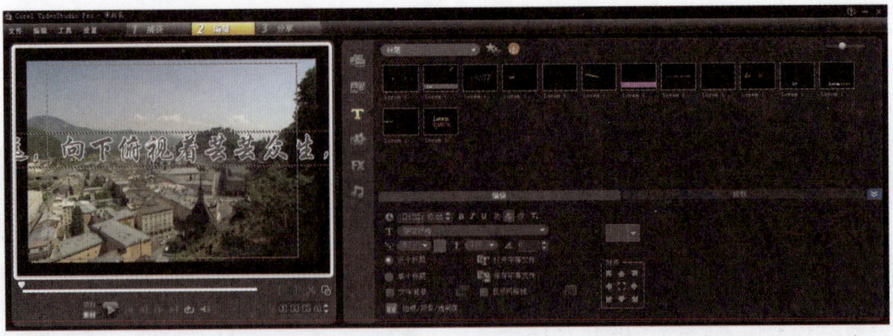

输入文字

03 单击“边框/阴影/透明度”按钮，在打开的对话框中选择“阴影”选项卡，选择“无阴影”样式。在“边框”选项卡中，取消勾选“透明文字”和“外部边界”复选框，单击“确定”按钮。

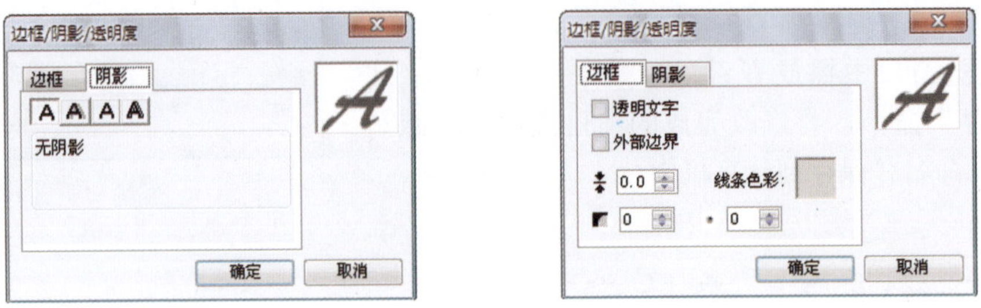

取消文字的边框和阴影

04 返回编辑窗口，选择说明文字，将字体设置为黑体，字号为28，颜色为白色，对齐方向为左对齐；然后调整文本的段落，使其重新排列。

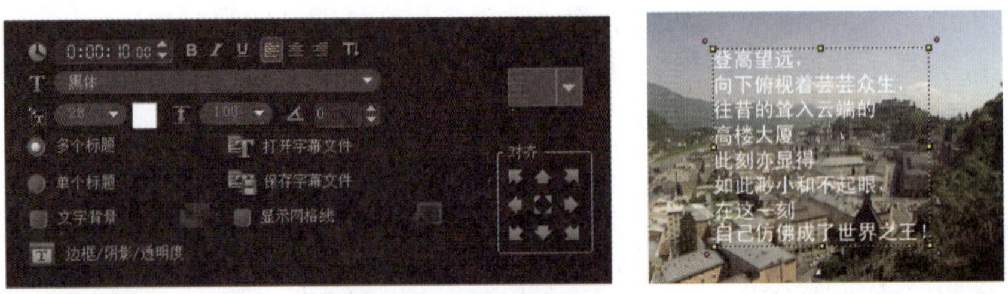

设置说明文字

05 单击“属性”选项卡，切换到“动画”选项面板，勾选“动画”下面的“应用”复选框，设置“类型”为“飞行”，选择第一个样式。

06 单击“自定义动画属性”按钮，在打开的对话框中，将“起始单位”设置为“文本”，将“终止单位”设置为“文本”，将“暂停”设置为“中等”，进入的方向为下方，离开的方向为上方，单击“确定”按钮。

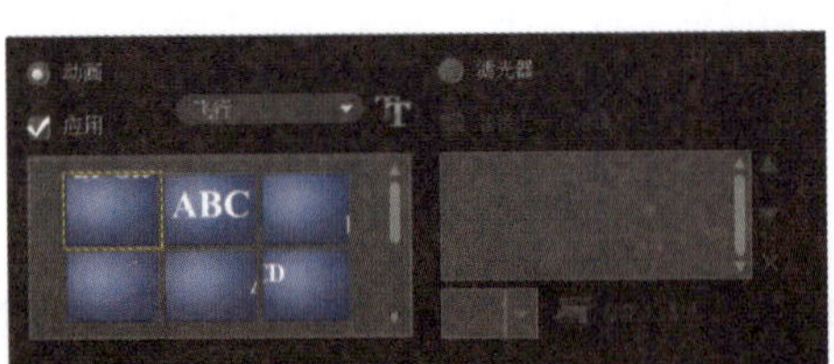

选择动画样式

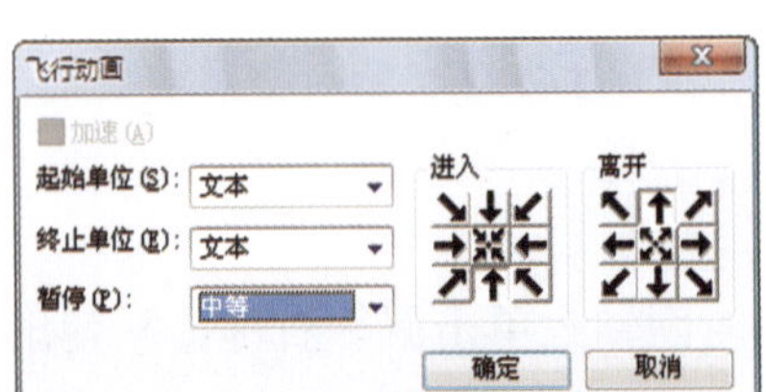

设置动画属性

07 切换到“色彩”库，选择蓝色色块，将其拖曳到覆叠轨上，设置其持续时间为10秒。

08 在预览窗口中通过拖曳顶点手柄，将色块调整到如右下图所示的形状。

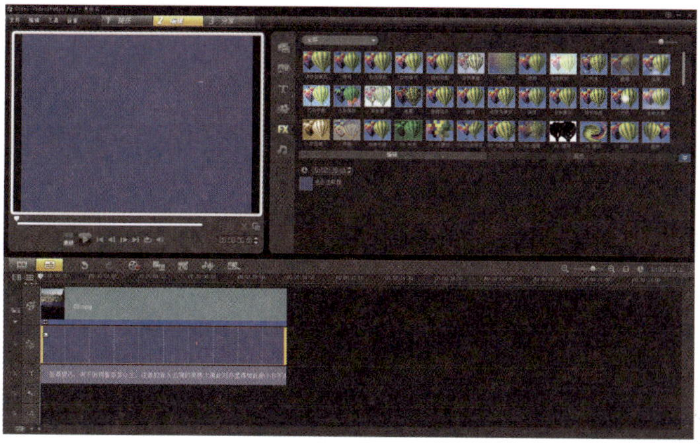

添加覆叠轨图像

调整图像尺寸

09 在“属性”选项面板中设置进入方向为“从下方进入”，退出方向为“从上方退出”。

10 在“属性”选项面板中单击“遮罩和色度键”按钮，将“透明度”设置为50。

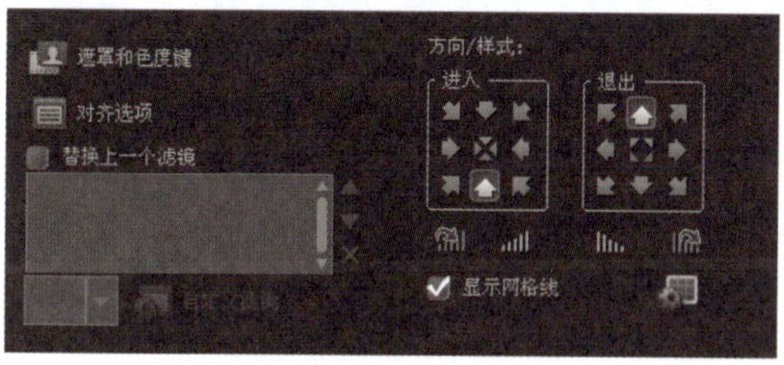

设置图像的移动轨迹

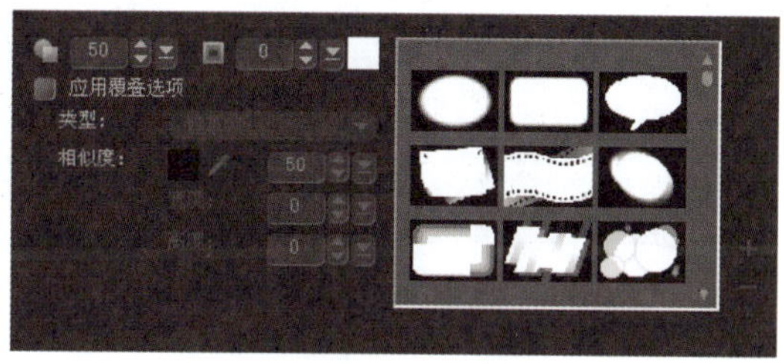

设置图像的透明度

11 在预览窗口中播放查看最终效果后，执行“文件”→“保存”命令，将修改完成的项目文件以“滚动字幕”命名并保存到计算机中。

Example 实例 98 弹入字幕

实例目标

弹入字幕具有从大到小、从透明到不透明的变化，具有一定的视觉冲击效果。

完成文件：实例文件\ Chapter 7\实例98\Complete\弹入字幕.VSP

效果图

实例要点

◆ 导入视频素材，添加标题文字并设置字体属性。

◆ 应用下降动画效果，并进行设置创建弹入字幕效果。

操作步骤

01 在时间轴上单击鼠标右键，从弹出的快捷菜单中选择“插入视频”命令，选择本书实例光盘中Chapter 7\实例98\Media目录下的视频素材，单击“打开”按钮将其导入，然后设置其持续时间为10秒。

02 进入“标题”步骤，在预览窗口中双击鼠标左键，然后输入标题文字“傻傻的山羊们”。

03 在编辑选项卡中，将“字体”设置为“华文琥珀”，字号为56，颜色为橙黄色。

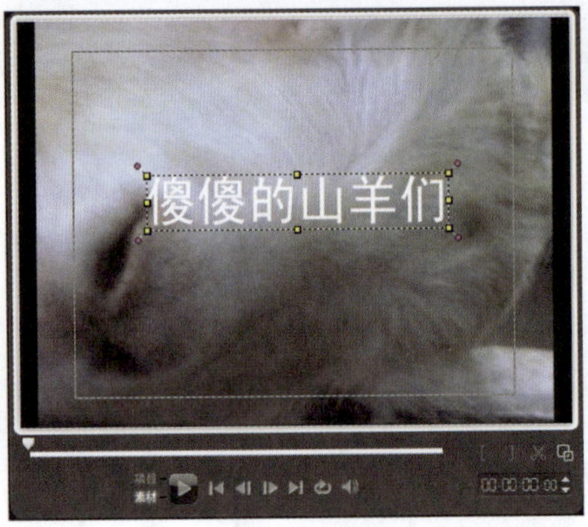

输入标题文字

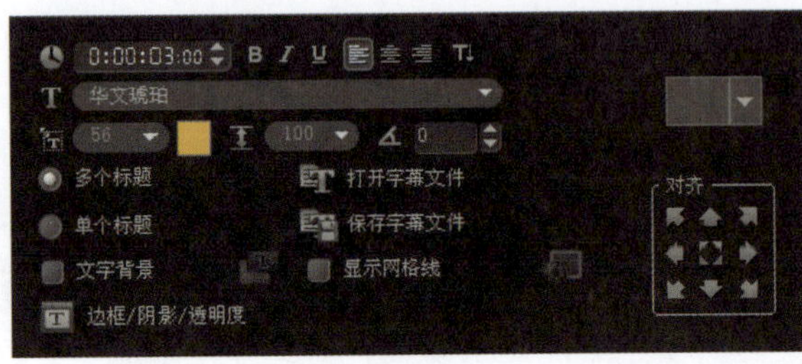

设置字体属性

04 单击“边框/阴影/透明度”按钮，在打开的对话框中选择“阴影”选项卡，将“样式”设置为“光晕阴影”，将“强度”设置为2.5，颜色为白色。

设置阴影

05 返回“编辑”选项面板，将“字幕区间”设置为2秒，从8秒处开始播放。

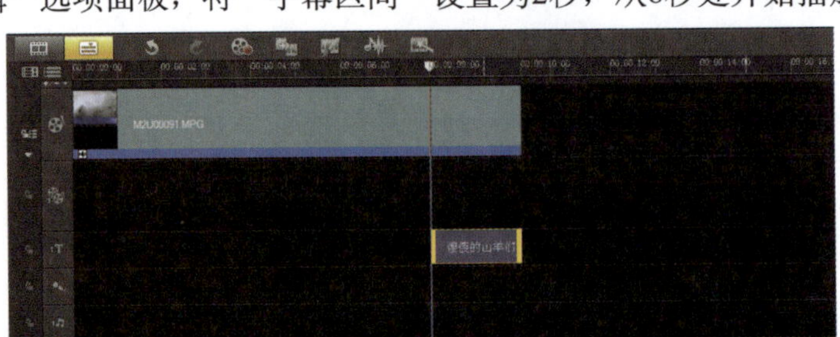

设置标题区间

06 打开“动画”选项面板，勾选“应用动画”复选框，将“类型”设置为“下降”，选择第二个样式。

07 单击 “自定义动画属性”按钮，在打开的对话框中勾选“加速”复选框，将“单位”设置为字符，单击“确定”按钮。

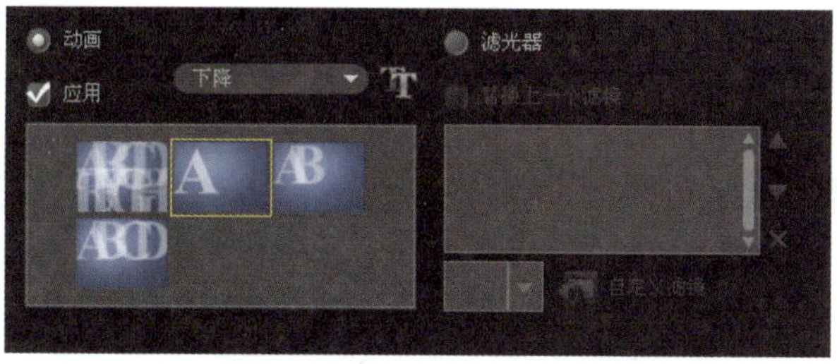

设置动画样式

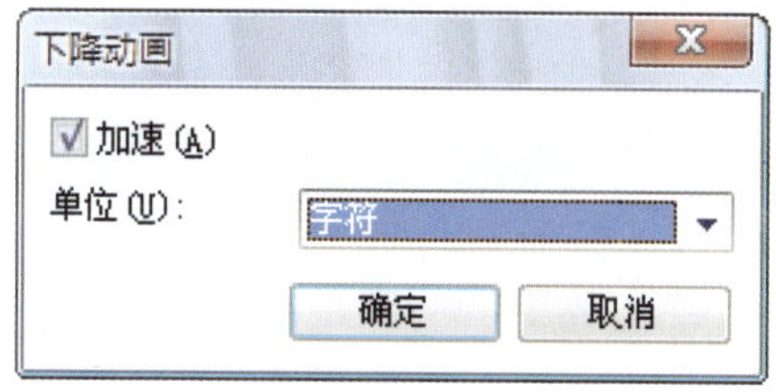

自定义动画属性

08 在预览窗口中播放查看最终效果后，执行“文件”→“保存”命令，将修改完成的项目文件以“弹入字幕”命名并保存到计算机中。

Example 实例 99 闪现字幕

实例目标

闪现字幕效果中，首先文字一个一个快速地出现，最后再整体显示出来，能够得到比弹入字幕更强烈的视觉效果。

完成文件：实例文件\ Chapter 7\实例99\Complete\闪现字幕.VSP

效果图

实例要点

- 导入视频素材，添加文字标题并设置字体属性。
- 调整字幕区间并应用缩放动画效果，编辑文字一个一个快速出现的效果。
- 复制字幕并调整区间，应用缩放动画效果，编辑文字一起出现的效果。

操作步骤

01 在时间轴上单击鼠标右键，从弹出的快捷菜单中选择“插入视频”命令，选择本书实例光盘中Chapter 7\实例99\Media目录下的视频素材，单击“打开”按钮将其导入，然后设置其持续时间为10秒。

02 进入“标题”步骤，在预览窗口中双击，然后输入标题文字“湖光山色”。

03 在“编辑”选项面板中对文本样式进行修改，将字体设置为华文琥珀，字号为57，颜色为橙黄色，将方向改为垂直。

输入标题文字

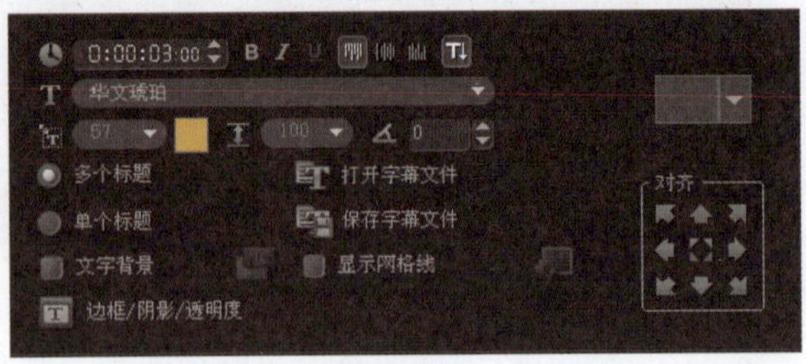

修改字体

04 打开“动画”选项面板，勾选“应用动画”复选框，将“类型”设置为“缩放”，选择第三个样式。

05 将字幕持续时间调整为6秒，然后对字幕进行复制，将复制标题的区间调整为4秒，使前后两个标题连续。

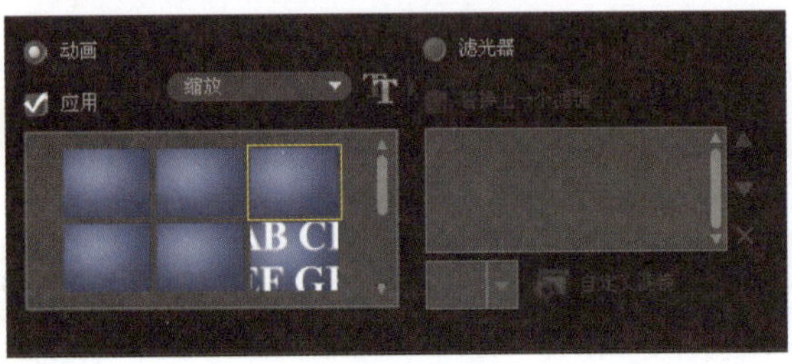

选择动画样式

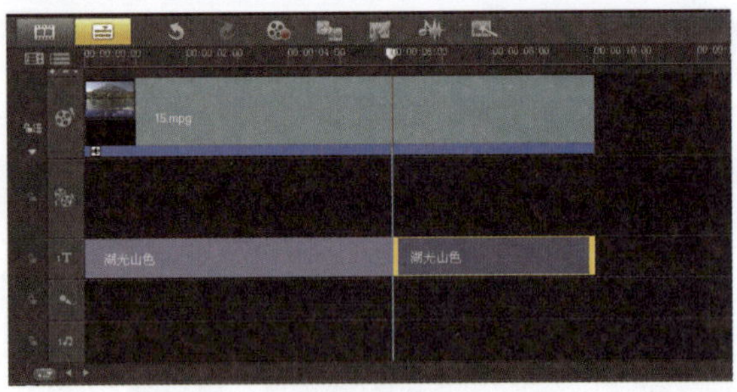

复制字幕

06 选择复制的标题，打开“动画”选项面板，勾选“应用动画”复选框，将“类型”设置为“缩放”，选择第六个样式。

07 在预览窗口中播放查看最终效果后，执行“文件”→“保存”命令，将修改完成的项目文件以“闪现字幕”命名并保存到计算机中。

选择动画样式

Example 实例 100 摇摆字幕

实例目标

摇摆字幕也是一种动态字幕效果，其左右或上下摇摆的效果可以令画面更加活泼。

完成文件：实例文件\ Chapter 7\实例100\Complete\摇摆字幕.VSP

效果图

实例要点

- 导入视频素材，输入文字并设置字体属性。
- 应用摇摆动画效果，并进行设置创建摇摆字幕效果。

操作步骤

01 在时间轴上单击鼠标右键，从弹出的快捷菜单中选择“插入视频”命令，选择本书实例光盘中Chapter 7\实例100\Media目录下的视频素材，单击“打开”按钮将其导入，然后设置其持续时间为5秒。

输入标题文字

02 进入“标题”步骤，在预览窗口中双击，然后输入标题文字“走进异国他乡”，将持续时间调整为5秒。

03 在“编辑”选项面板中，将字体设置为华文琥珀，字号为57，颜色为橙黄色，并添加白色阴影效果。

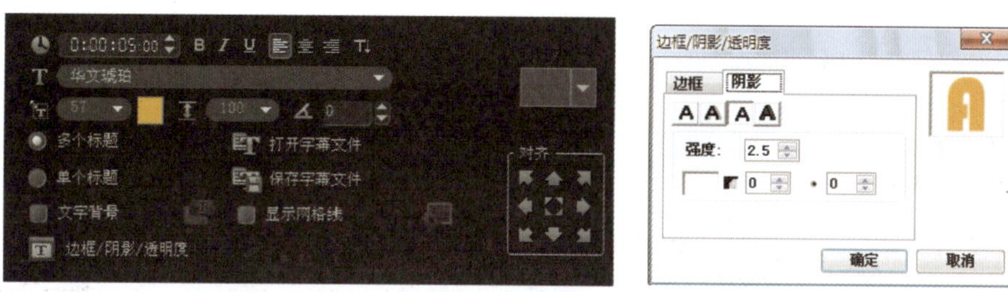

设置字体属性

04 打开“动画”选项面板，勾选“应用动画”复选框，将“类型”设置为“摇摆”，选择第五个样式。

05 单击“自定义动画属性”按钮，在打开的“摇摆动画”对话框中，将“暂停”设置为“长”，将“摇摆角度”设置为3，将“进入”设置为“左”，勾选“顺时针”复选框，将“离开”设置为中间，单击“确定”按钮。

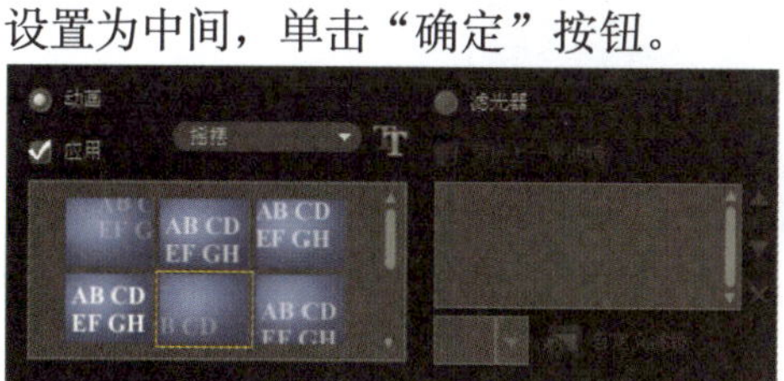
选择动画样式

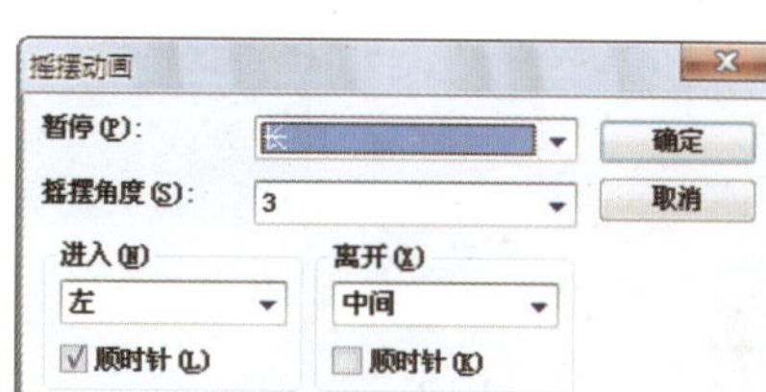

自定义动画属性

06 在预览窗口中播放查看最终效果后，执行“文件”→“保存”命令，将修改完成的项目文件以“摇摆字幕”命名并保存到计算机中。

Example 实例 101 翻转运动字幕

实例目标

翻转运动字幕可以模拟三维中间中的位置变化效果。

完成文件：实例文件\ Chapter 7\实例101\Complete\翻转运动字幕.VSP

效果图

实例要点

- 导入视频素材，添加文字标题并设置字体属性。
- 应用翻转动画效果，并进行设置创建翻转运动字幕效果。

操作步骤

01 在时间轴上单击鼠标右键，从弹出的快捷菜单中选择“插入视频”命令，选择本书实例光盘中Chapter 7\实例101\Media目录下的视频素材，单击“打开”按钮将其导入，然后设置其持续时间为5秒。

02 进入“标题”步骤，在预览窗口中双击，输入文字“畅游美景”，调整其持续时间为5秒。

输入标题文字

03 在“编辑”选项面板中，将字体设置为华文琥珀，字号为57，颜色为橙黄色，并添加白色阴影效果。

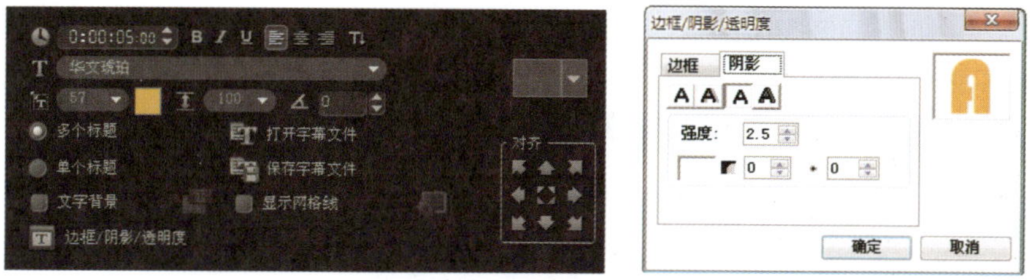

设置字体属性

04 打开“动画”选项面板，勾选“应用动画”复选框，将“类型”设置为“翻转”，选择第六个样式。

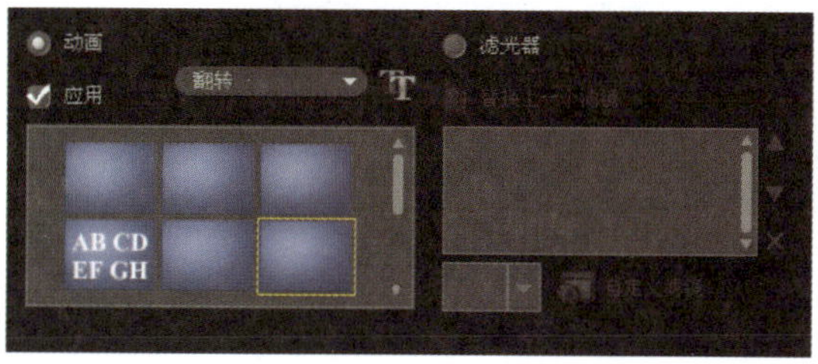

选择动画样式

05 在预览窗口中播放查看最终效果后，执行“文件”→“保存”命令，将修改完成的项目文件以“翻转运动字幕”命名并保存到计算机中。

Example 实例 102 双轨字幕

实例目标

会声会影X3的时间轴可以添加两个字幕轨道，这是为了实现同时显示两个字幕的效果。例如，我们在欣赏DVD时，经常会看到中文和英文两个字幕同时显示。

完成文件：实例文件\ Chapter 7\实例102\Complete\双轨字幕.VSP

效果图

实例要点

- 导入视频素材，在标题轨1制作文字动画。
- 在标题轨2应用预设文字动画。

操作步骤

01 在画廊库的视频素材库中，选择素材“V09”，将其拖曳到时间轴上，入点为0秒位置，将其持续时间设置为10秒。

02 单击时间轴工具栏上的“轨道管理器”按钮，打开“轨道管理器”对话框，选择“标题轨 #2”选项，添加一条标题轨道。

设置回放速度

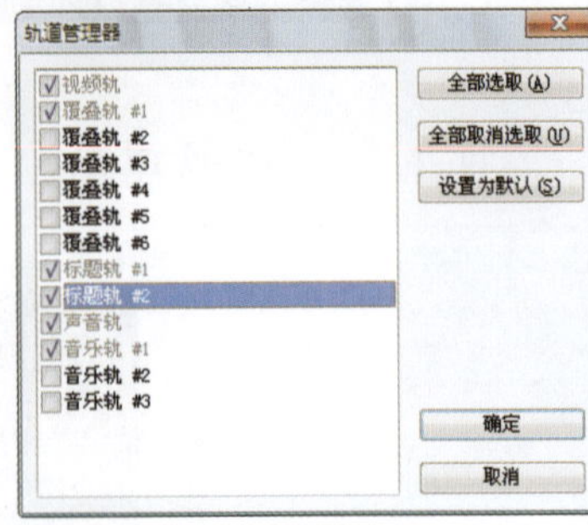

新添加一条标题轨

03 进入“标题”步骤，在预览窗口中双击，输入文字“新年快乐！”，将持续时间调整为10秒。在“编辑”选项面板中应用如图所示的样式和阴影效果。

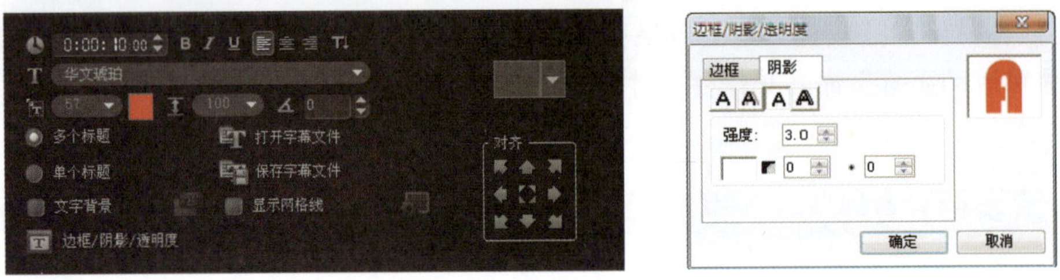

输入文字并修改字体

04 打开“动画”选项面板，勾选“应用动画”复选框，将“类型”设置为“飞行”，选择第二个样式；在“飞行动画”对话框中，将动画的“暂停”时间设置为“中等”。

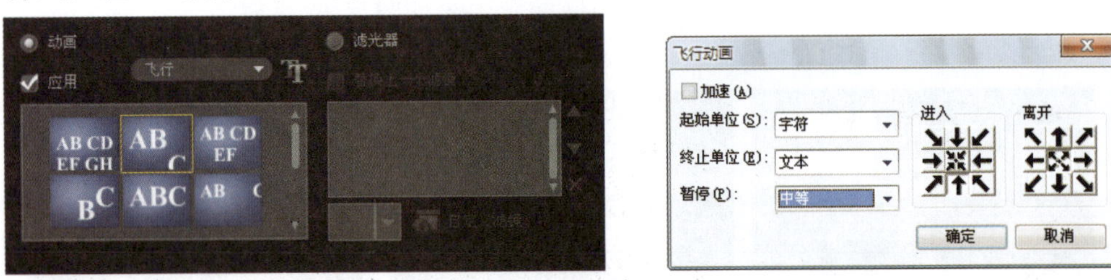

应用动画样式

05 选中第二个标题轨，将文字修改为“Happy New Year！”，调整其持续时间为4秒。在“编辑”选项面板中应用如图所示的样式和阴影效果。

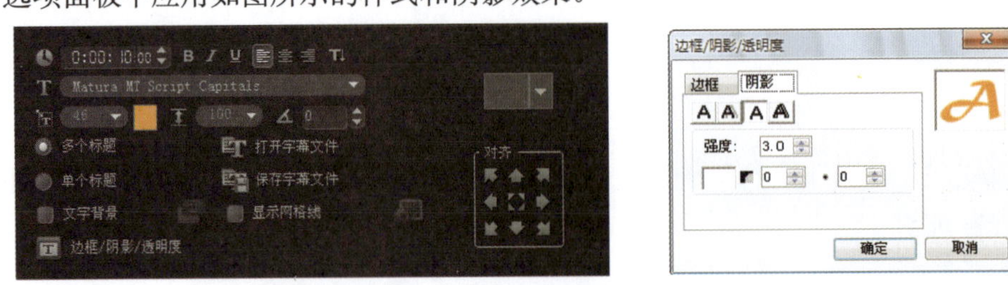

输入文字并修改字体

06 打开“动画”选项面板，勾选“应用动画”复选框，设置“类型”为“飞行”，选择第二个样式；在“飞行动画”对话框中，将动画的“暂停”时间设置为“中等”。

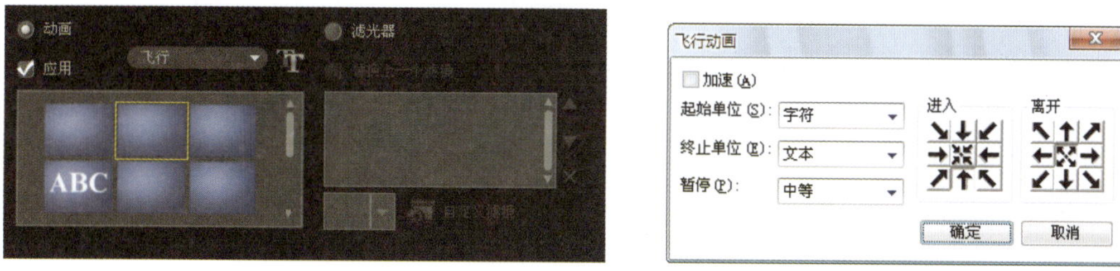

设置文本属性

07 在时间轴上调整标题轨道2中的标题，使其于6秒位置开始播放。

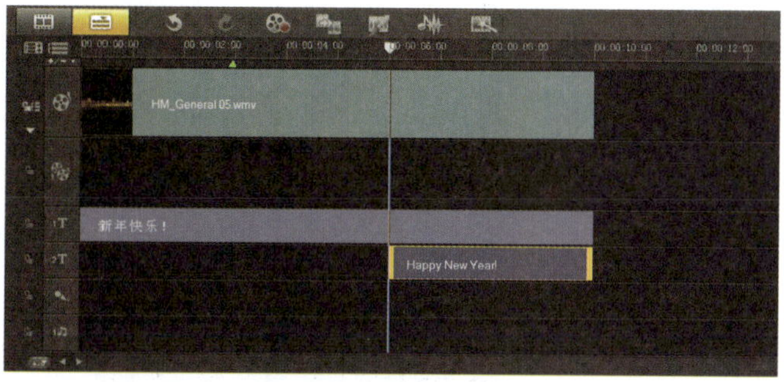

调整播放起始点

08 在预览窗口中播放查看最终效果后，执行“文件”→“保存”命令，将修改完成的项目文件以“双轨字幕”命名并保存到计算机中。

Example 实例 103 三维透视标题效果

实例目标

在好莱坞的电影效果中常常可以看到模拟三维效果的字幕，本实例将介绍如何通过会声会影X3制作该效果。

完成文件：实例文件\ Chapter 7\实例103\Complete\三维透视标题效果.VSP

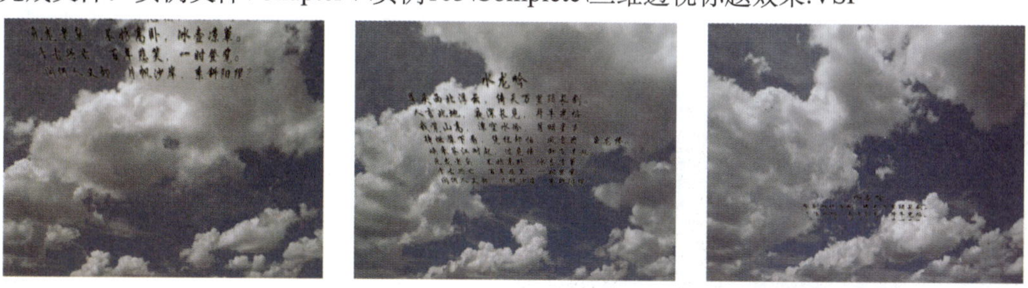

效果图

实例要点

- 编辑文字动画并输出为视频。
- 将文字动画视频应用到覆叠轨，调整其形状，模拟三维效果。

操作步骤

01 启动会声会影X3，按下“F6”键，在打开的“参数选择”对话框中设置背景色为白色，单击“确定”按钮返回编辑窗口。

02 进入“标题”步骤，在预览窗口中双击，输入说明性文字，调整其持续时间为10秒。在“编辑”选项面板中，将“字体”设置为“华文行楷”，字号为26，颜色为黑色，没有边框和阴影。

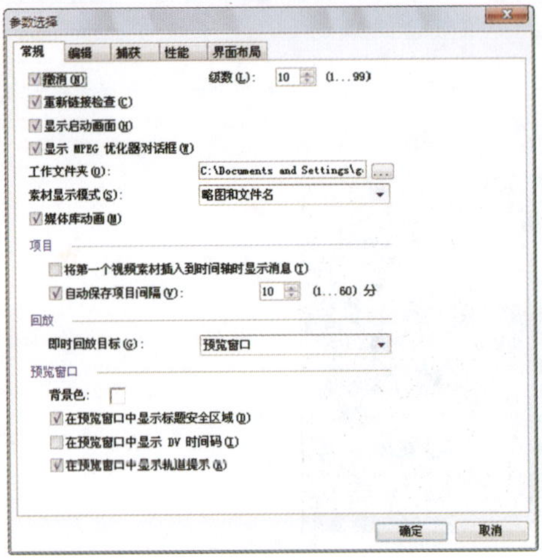

设置背景色

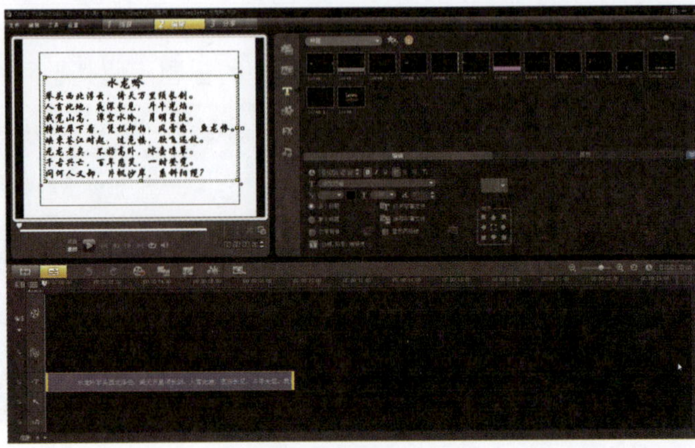

输入文字并修改属性

03 打开“动画”选项面板，勾选“应用动画”复选框，将“类型”设置为“飞行”，选择第七个样式。

04 进入“分享”步骤，执行“创建视频文件”→“自定义”命令，选择保存的名称和目录，文件类型为AVI，单击“选项”按钮。

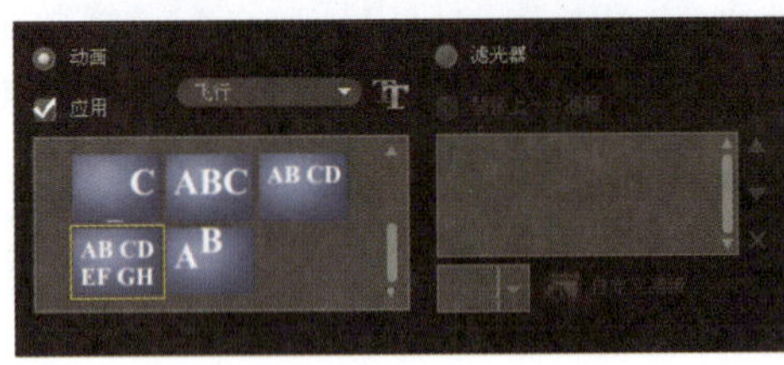

应用动画

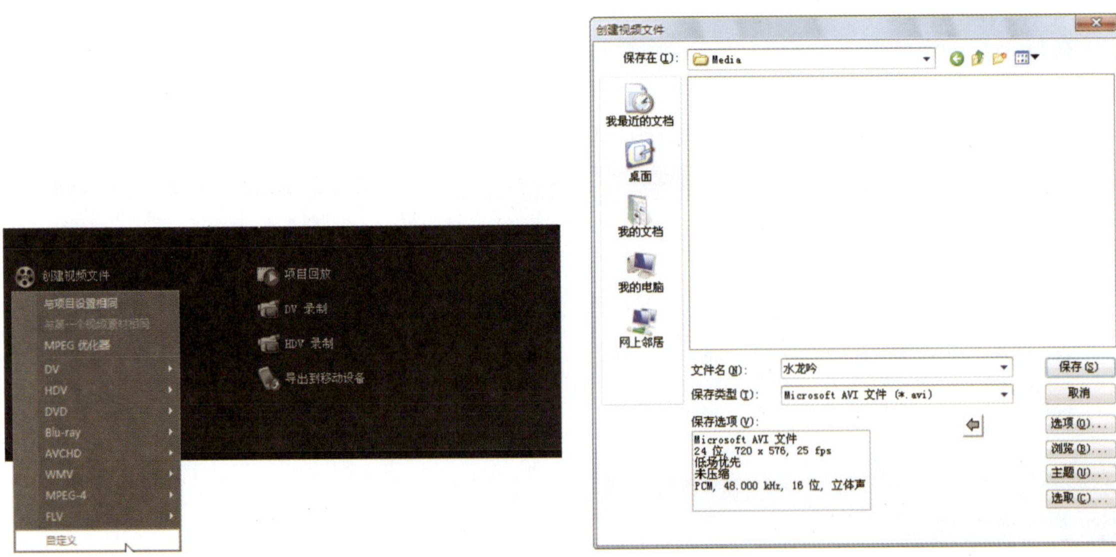

创建视频文件

05 在打开的“视频保存”对话框中，进入“常规”选项卡，将“数据轨”设置为“仅视频”。进入“AVI”选项卡，将“压缩”格式设置为“Inter Indeo?Video 4.5”，单击“确定”按钮。

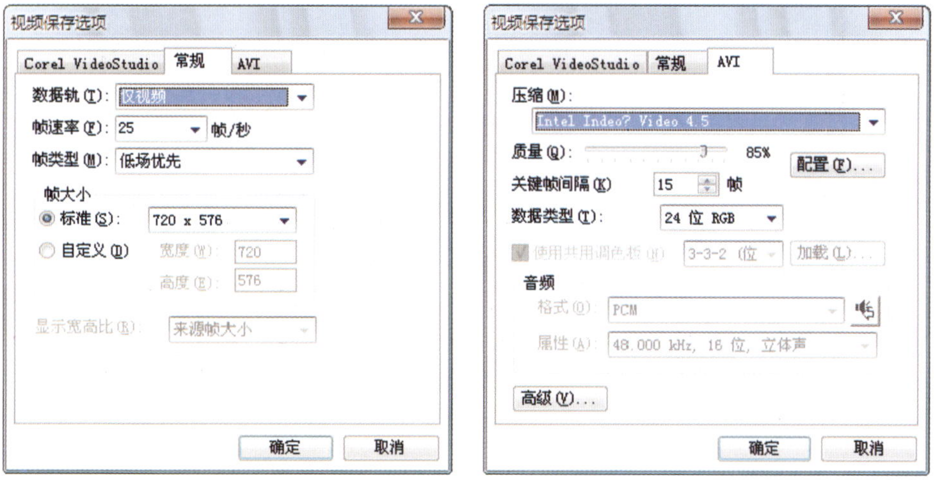

设置输出参数

06 设置好输出的参数后，单击“保存”按钮输出影片，将项目以“水龙吟”为名称保存。

07 新建一个项目，在时间轴上单击鼠标右键，从弹出的快捷菜单中选择“插入视频”命令，选择本书实例光盘中Chapter 7\实例103\Media目录下的视频素材“bg”，单击“打开”按钮将其导入，然后设置其持续时间为10秒。

08 将开始输出的“水龙吟.avi”字幕视频动画导入到覆叠轨上，在预览窗口中单击鼠标右键，选择“调整到屏幕大小”命令。

设置全屏显示

09 在“属性”选项面板中，单击“遮罩和色度键”按钮，在打开的面板中，勾选“应用覆叠选项”复选框，将“类型”设置为“色度键”，“颜色”为白色，“相似度”为100，去掉文字的白色背景。

去掉白色背景

⑩ 在预览窗口中，通过拖曳字幕动画视频的顶点手柄使其变形，模拟出如图所示的三维效果。

变形素材

⑪ 在预览窗口中播放查看最终效果后，执行“文件”→“保存”命令，将修改完成的项目文件以“三维透视标题效果”命名并保存到计算机中。

第8章 声音编辑

Example 实例 104　剪辑音频素材

实例目标

当导入不同来源的视频和音频时，由于播放时间的不同，为了使音频和视频匹配，需要对音频或者视频进行裁剪。本实例介绍的是剪辑音频素材。

完成文件：实例文件\Chapter 8\实例104\Complete\剪辑音频素材.VSP

实例要点

- 导入音频素材文件。
- 拖动音频的开始或者结尾，以及输入具体数值来修整音频长度。

操作步骤

01 新建一个影片项目，在时间轴轨道上单击鼠标右键，选择“插入音频”→“到声音轨”命令，导入本书实例光盘中Chapter 8\实例104\Media目录下的音频素材。

02 将时间指针移动到00:00:06:00（即第6秒）的位置，即将要剪切的位置。

选择剪切位置

03 将鼠标移动到开始处，然后单击并向右拖曳鼠标，直到与时间指针对齐，调整音频文件的开始时间。

调整音频开始位置

04 如图所示，音频文件的开始位置发生了变化，时间指针前的部分被剪切掉了。

音频文件的开始位置变化

05 在“音乐和声音”选项卡的“轨回放位置”中，将时间设置为00：00：01：00，表示音频长度为1秒，程序将自动调整音频结束位置的时间。

调整音频结束位置

06 在时间轴窗口中，可以看到音频的尾端被剪切掉了，整个音频的播放长度只剩下1秒的时间。

07 在预览窗口中，同样可以清楚地看到音频被剪切的情况。

剪切后的音频

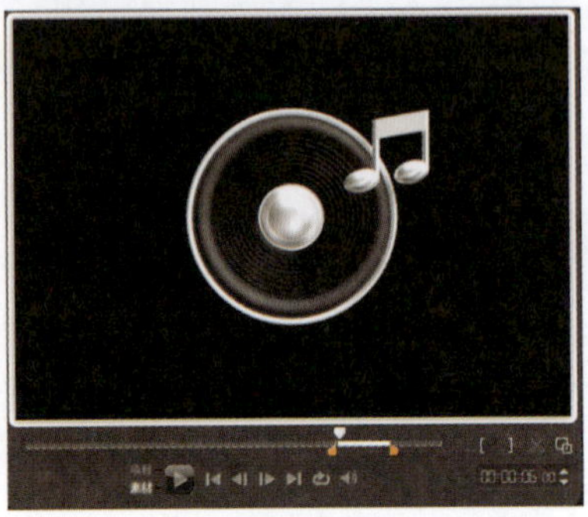

在预览窗口中查看音频

Example 实例 105 控制音量和声道

实例目标

无论使用有声视频还是另外导入的音频文件，会声会影X3都可以对音量进行调整。

完成文件：实例文件\Chapter 8\实例105\Complete\调节音量和声道.VSP

实例要点

- 导入音频素材文件。
- 通过输入数值或拖动滑块来调整音量大小。
- 在属性选项卡中设置音频左右声道。

操作步骤

01 新建一个影片项目，在时间轴轨道上单击鼠标右键，选择“插入音频”→“到声音轨”命令，导入本书实例光盘中Chapter 8\实例105\Media目录下的音频素材。在预览窗口中进行试听，感觉音量的大小。

02 在“音乐和声音”选项卡的“素材音量”文本框中输入50，经过试听后可以感觉到声音变小了。

03 单击“素材音量”文字框右边的按钮，打开音量控制滑块，上下拖曳滑块就可以控制音量变大或减小。

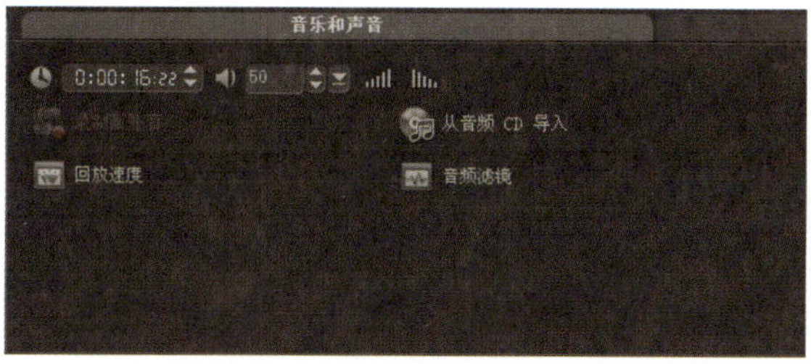

输入数值调整音量

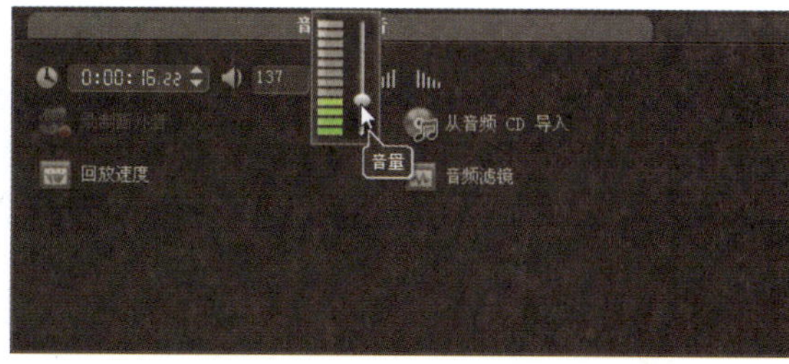

拖动滑块调整音量

04 单击时间轴上方工具栏中的“混音器”按钮，打开“环绕混音”设置面板。选项卡中的图形界面直观地体现了音频的各种属性。

05 在时间轴中将时间指针移动到音频的入点位置，在“环绕混音”选项卡中，将音量滑块拖曳到最低位置，使音频变为静音状态。

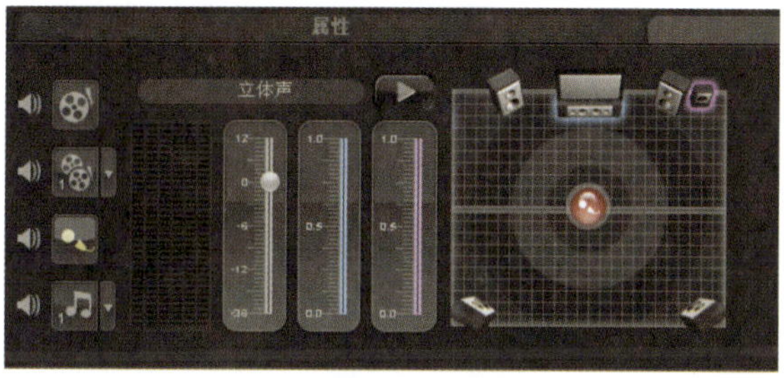

打开“环绕混音”设置面板

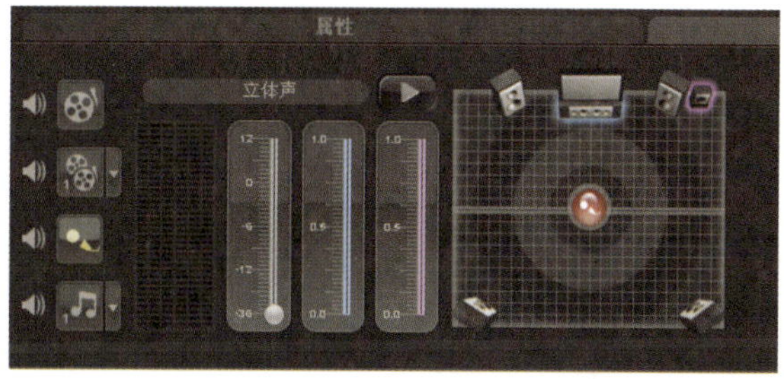

设置音频静音

06 在时间轴中将时间指针移动到音频的末尾位置，在“环绕混音”选项卡中，将音量滑块拖曳到最高的位置，为音频添加一个逐渐放大的音量效果。

07 在时间轴窗口中，可以看到音量调节曲线随着播放时间的增加，曲线也在不断地向上攀升。

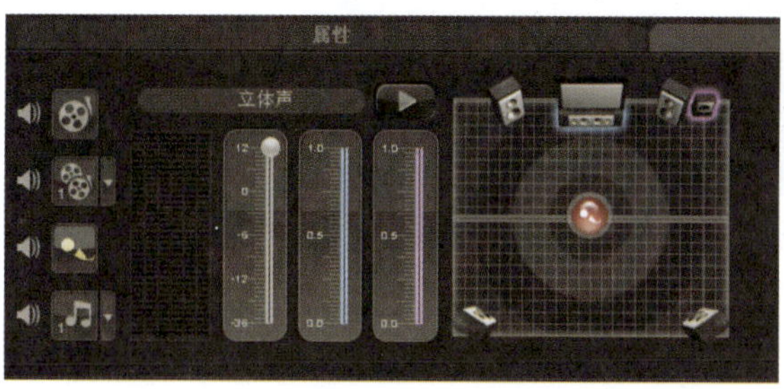

设置音量渐增效果

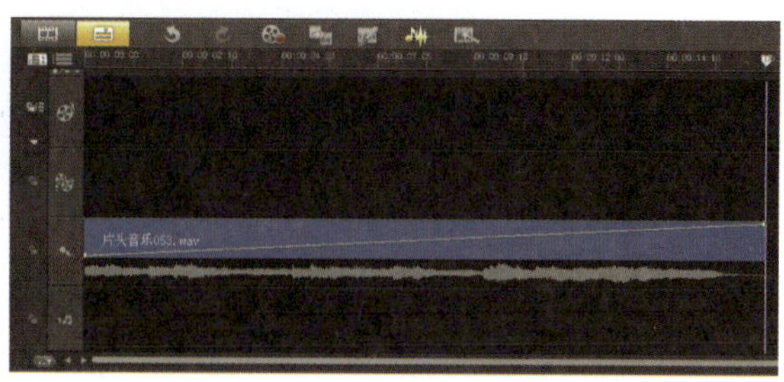

查看音量调节曲线

08 单击“环绕混音”旁边的“属性”选项卡，进入属性设置。在“属性”选项卡中勾选“复制声音”复选框，选择“左”单选项，预览音乐后可以发现只能听到音频左声道的声音。

只听左声道的声音

09 选择“右”单选项，预览音乐后可以发现只能听到音频右声道的声音。

只听右声道的声音

Example 实例 106 调整音频速率

实例目标

在某些特殊场合下使用调整音频速率会带来意想不到的效果。

完成文件：实例文件\Chapter 8\实例106\Complete\调整音频速率.VSP

实例要点

- 导入音频素材文件。
- 在“回放速度”对话框中进行音频速率的调整。

操作步骤

01 新建一个影片项目，在时间轴轨道上单击鼠标右键，选择“插入音频”→“到声音轨”命令，导入本书实例光盘中Chapter 8\实例106\Media目录下的音频素材。

导入音乐文件

02 将音频视图切换到时间轴视图，在“音乐和声音”选项卡中单击“回放速度”按钮，打开该对话框。

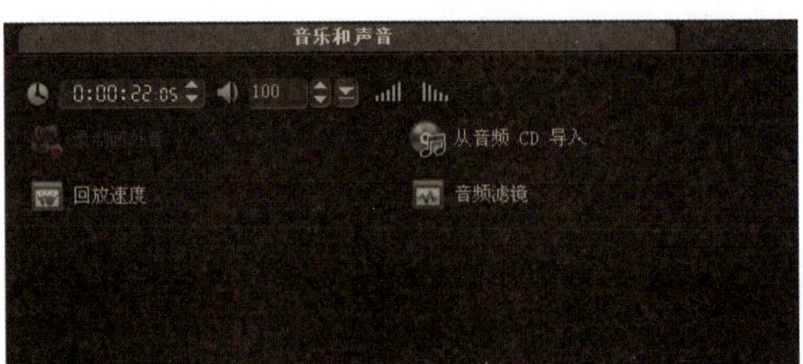

单击“回放速度”按钮

03 在“回放”对话框中，通过输入数值或者拖曳滑块将“速度”设置为250，单击“确定”按钮。

04 在时间轴窗口中可以看到，音频的速度调快之后，音频的长度也随之变短了。

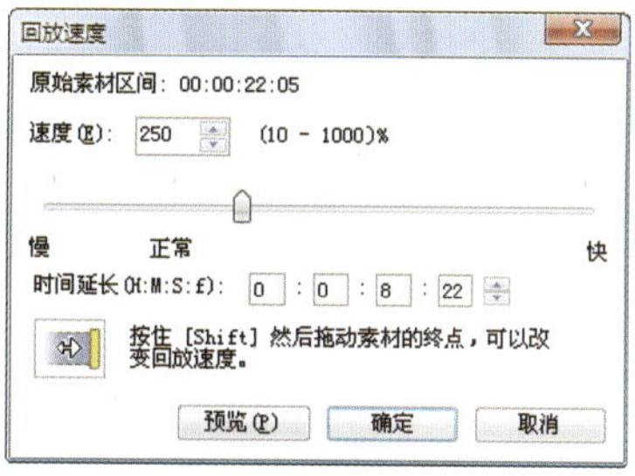

调整音频速度

音频的长度发生变化

Example 实例 107 制作回音效果

实例目标

回音效果也是在某些特殊场合下的使用的效果，可以通过滤镜来实现。

完成文件：实例文件\Chapter 8\实例107\Complete\制作回音效果.VSP

实例要点

- 导入音频素材文件。
- 使用“长回音”滤镜编辑回音效果。

操作步骤

01 新建一个影片项目，在时间轴轨道上单击鼠标右键，选择“插入音频”→“到声音轨”命令，导入本书实例光盘中Chapter 8\实例107\Media目录下的音频素材。

02 双击时间轴道上的音频素材，打开“音乐和声音”参数设置选项卡，在“音乐和声音”选项卡中单击“音频滤镜”按钮，打开“音频滤镜”对话框。

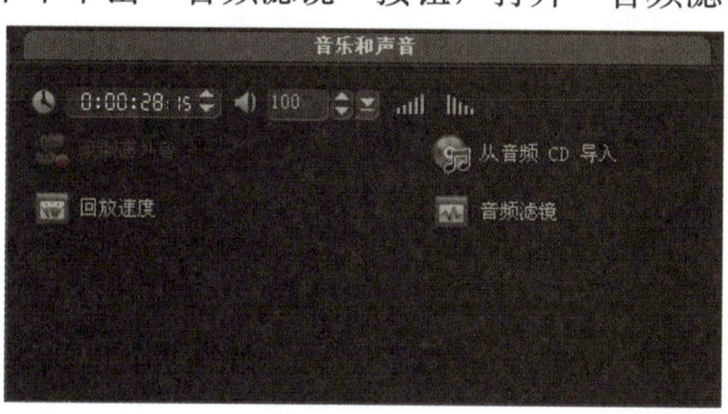

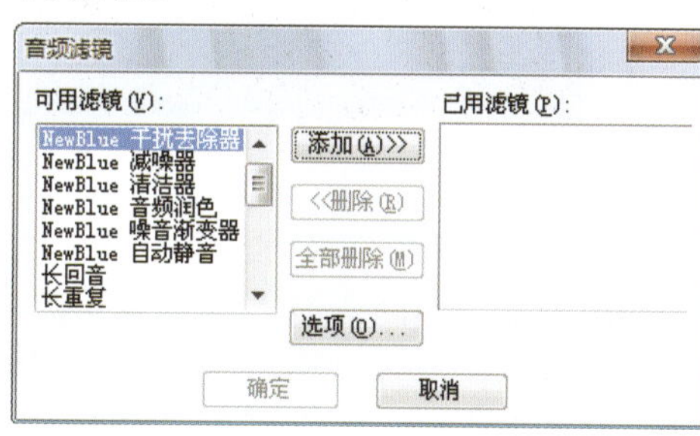

打开“音频滤镜”对话框

03 在“音频滤镜”对话框中选择“长回音”滤镜，单击“添加”按钮或双击“长回音”滤镜，即可将其添加到右边的“已用滤镜”中，单击“确定”按钮，完成回音效果的制作。

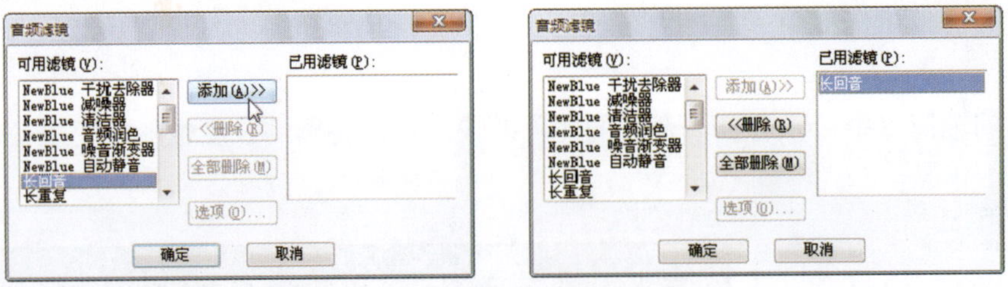

添加滤镜

Example 实例 108 制作音频反射效果

实例目标

与回音效果一样，反射效果也是在某些特殊场合下使用的效果。

完成文件：实例文件\Chapter 8\实例108\Complete\制作音频反射效果.VSP

实例要点

- 导入音频素材文件。
- 使用“体育场”滤镜编辑反射效果。

操作步骤

01 新建一个影片项目，在时间轴轨道上单击鼠标右键，选择“插入音频”→“到声音轨”命令，导入本书实例光盘中Chapter 8\实例108\Media目录下的音频素材。

02 双击时间轴道上的音频素材，打开“音乐和声音”参数设置选项卡，在“音乐和声音”选项卡中单击“音频滤镜”按钮，打开“音频滤镜”对话框。

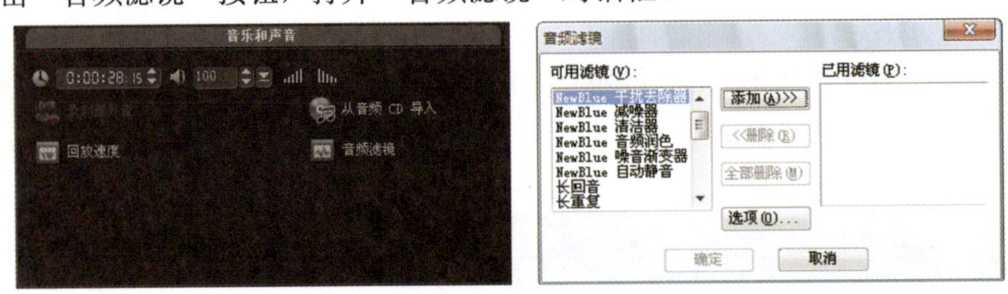

打开“音频滤镜”对话框

03 在“音频滤镜”对话框中双击“可用滤镜”下的“体育场”滤镜，将其添加到右边的“已用滤镜”中，单击“确定”按钮即可完成音频反射效果的制作。

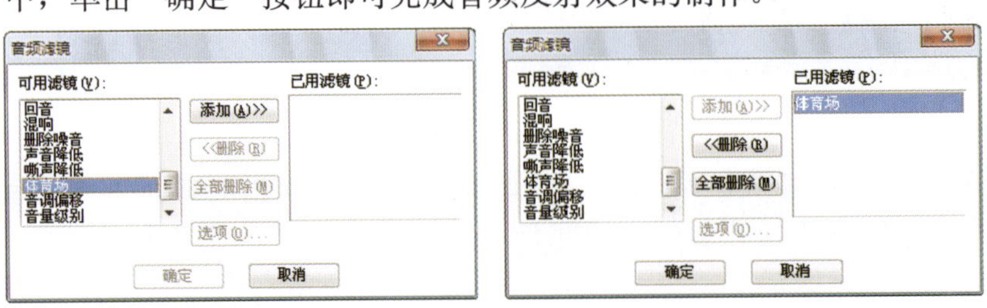

添加音频滤镜

Example 实例 109 创建5.1声道视频文件

实例目标

5.1声道输出指影碟机可以以5.1声道方式输出音频。在各种声场解码、声场技术中，最常见或者说最标准的就是5.1声道输出，如杜比5.1、DTS5.1、THX5.1等，其他标准的解码方式也都可以很好地通过5.1声道输出。5.1声道输出包括中央声道、前置主左/右声道、后置左/右环绕声道，以及所谓的“0.1”重低音声道，总共至少可连接6个音箱。

在会声会影X3中，只有创建DVD视频才能使用5.1声道效果，它可以更加忠实地还原音频。本实例不是在时间轴轨道中进行编辑，主要是教会读者如何使视频文件具备5.1声道效果。

实例要点

在“项目属性”对话框中对项目的参数进行设置，使其具备5.1环绕声道效果。

操作步骤

01 执行“设置”→“项目属性”命令，打开“项目属性”对话框，在“编辑文件格式”下拉列表中选择“MPEG files”选项。

02 单击“编辑”按钮，打开“项目选项”对话框，在“音频声道”下拉列表中选择“多声道环绕声”选项。

03 进入“压缩”选项卡，在“介质类型”中选择“PAL DVD”选项，将“视频数据速率”设置为6000kbps～9000kbps之间，将“音频格式”设置为“杜比数码音频”，将“音频类型”设置为“3/2（L，C，R，SL，SR）”，单击“确定”按钮即可。

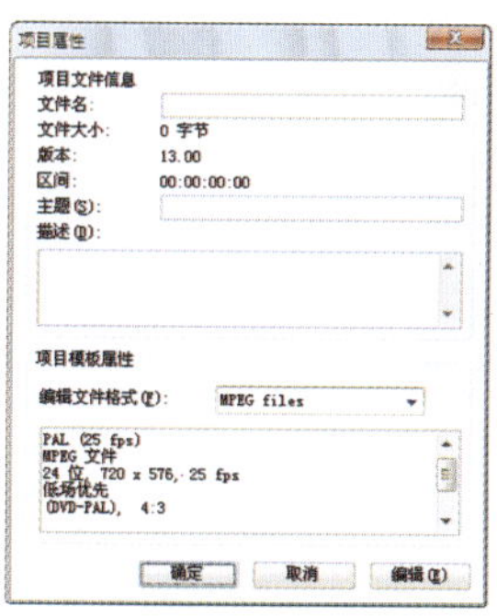

“项目属性”对话框

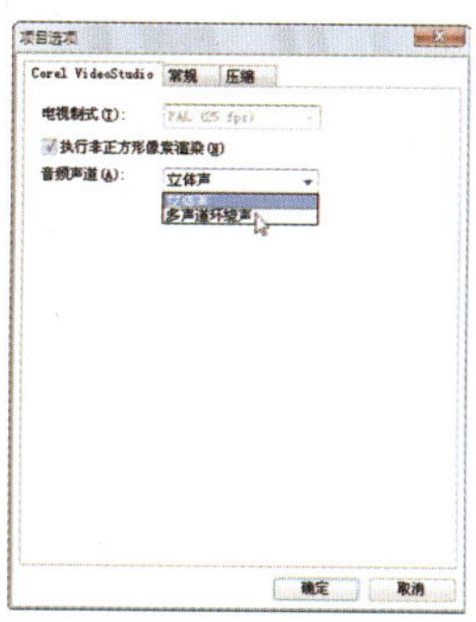

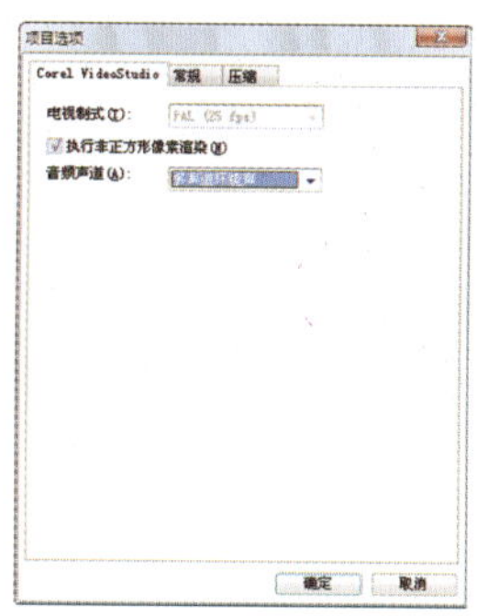

“项目选项”对话框

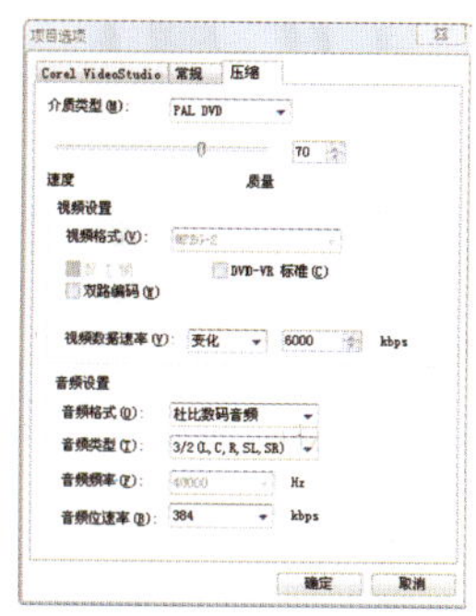

设置5.1声道效果

Example 实例 110 为影片配旁白

实例目标

会声会影为视频提供了添加旁白的功能，可以更好地为视频进行说明和配乐。

完成文件：实例文件\Chapter 8\实例110\Complete\为影片配旁白.VSP

实例要点

- 导入视频文件素材。
- 连接好麦克风，为视频文件录制旁白。

操作步骤

01 新建一个影片项目，在时间轴轨道上单击鼠标右键，选择“插入视频”命令，导入本书实例光盘中Chapter 8\实例110\Media目录下的视频素材。

02 将麦克风与连接并测试可用。在时间轴中选中声音轨道，在“音乐和声音”参数设置选项卡中单击“录制画外音”按钮。

03 在打开的对话框中，单击“开始”按钮，然后开始录制旁白。

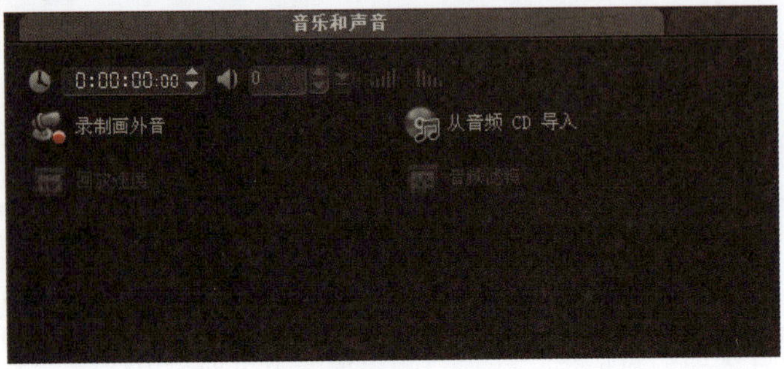

单击“录音”按钮

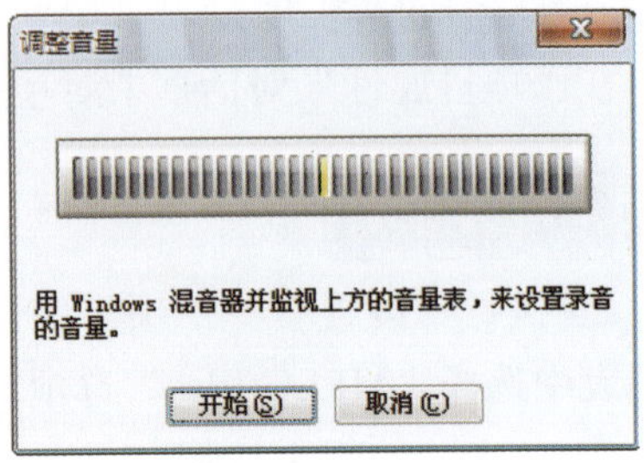

开始录制

04 录制完需要的音频文件后，单击“停止”按钮停止录音。

停止录音

05 录制完成后，时间轴的声音轨道上将自动添加录制的旁白音频，它是以录制的时间来进行命名的，通常保存在“C:\Documents and Settings\ Administrator \My Documents\Corel VideoStudio Pro\Corel VideoStudio Pro\13.0”目录下。

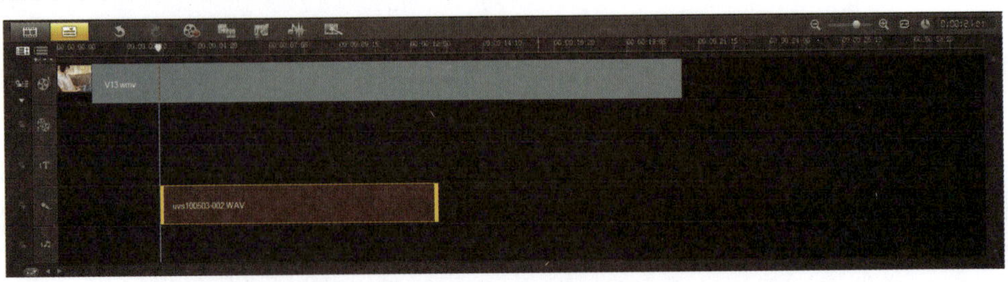

录制的声音旁白

第9章 视频转换与影片输出

Example 实例 111 使用影片向导快速制作影片

实例目标

除了前面介绍的影片制作方法，会声会影X3还提供了快速制作简单影片的方法，就是使用影片向导功能。

实例要点

- 启动影片向导编辑窗口，导入准备的视频素材。
- 选择主题模板，添加背景音乐。
- 创建视频文件。

操作步骤

01 启动会声会影X3，在启动界面中单击“简易编辑”按钮，启动Corel VideoStudio 2010。

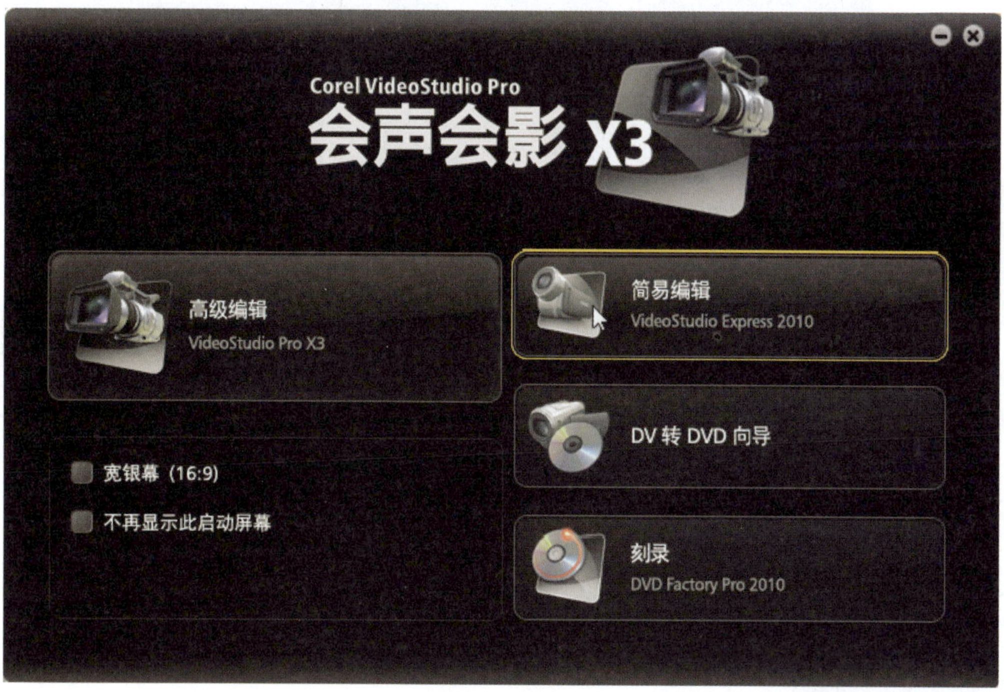

选择“影片向导”

02 将鼠标指针移动到“Corel VideoStudio 2010”窗口的“导入”按钮上，在出现的悬浮菜单中选择“我的电脑”图标并单击。

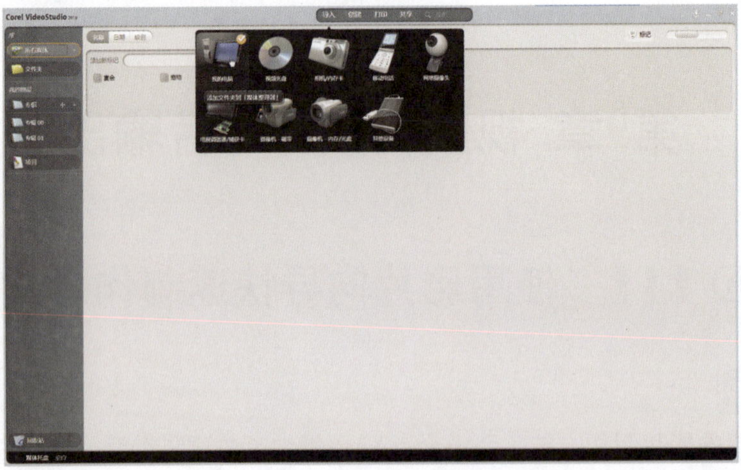

单击“我的电脑”图标

03 在打开的窗口中选中本书实例光盘Chapter 9\实例 111\Media目录前的复选框，单击“开始”按钮，导入该目录中的素材文件。

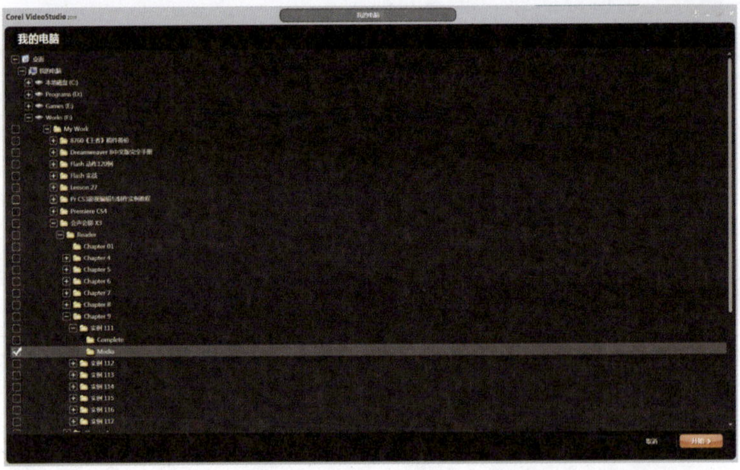

导入视频素材

04 在“Corel VideoStudio 2010”窗口中，展开“文件夹”项，可以看到导入的图像素材。

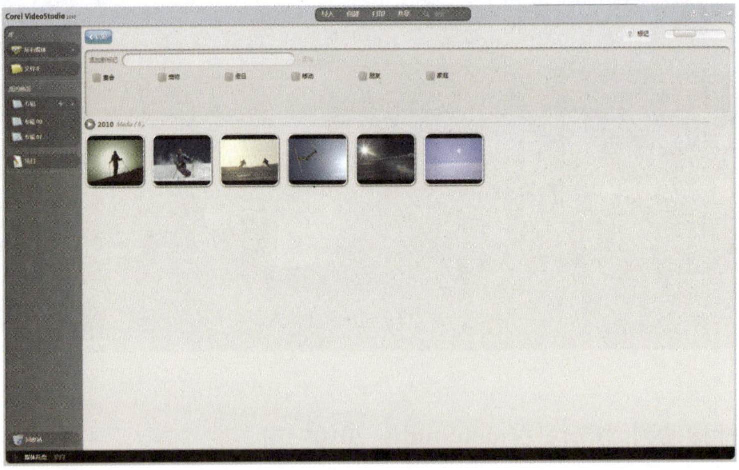

查看导入的素材

05 将鼠标指针移动到单击标题栏的“创建”按钮上，单击出现的悬浮按钮“电影”，使用模板创建电影。

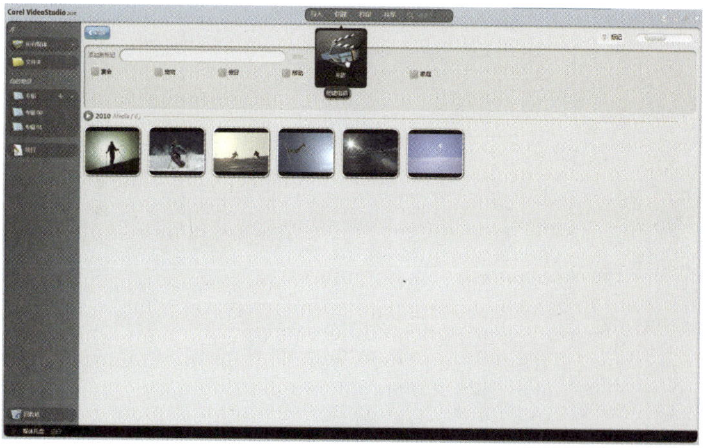

开始创建电影

06 在打开的创建电影窗口下方的样式列表中选择一个要应用的电影模板，将项目名称修改为“雪域风采”，然后单击右下角的“选择图片和视频”按钮。

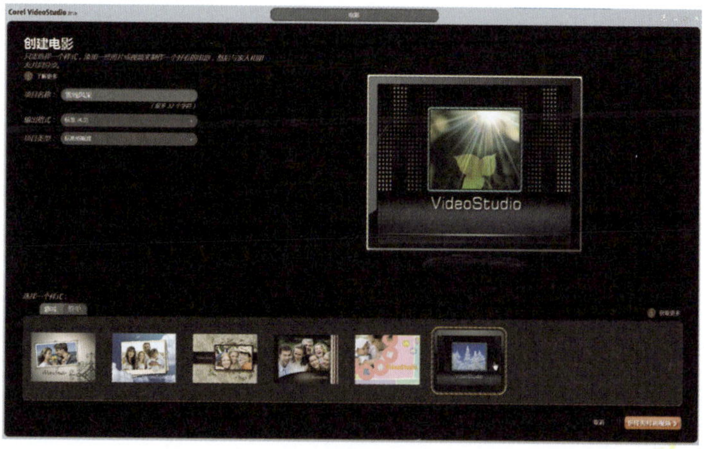

选择电影模板

07 在“Corel VideoStudio 2010”窗口中，将开始导入的图像拖曳到下方的窗口中，然后单击“转至电影”按钮。

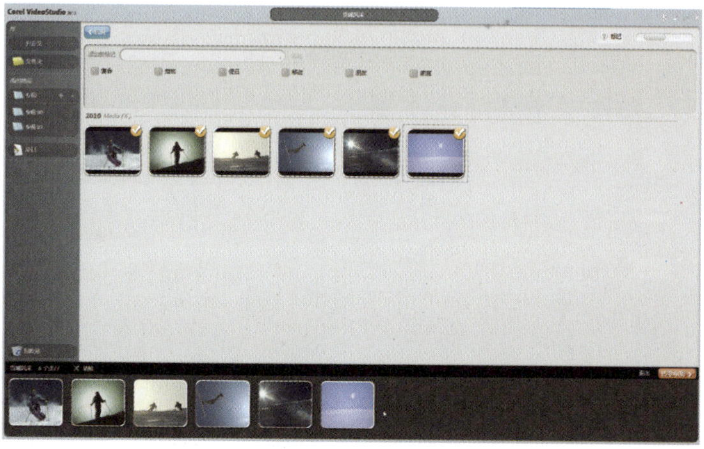

将素材添加到项目中

08 在打开的电影编辑窗口中，选中“标题”选项卡，对电影中的标题进行编辑。将标题文本内容修改为“雪域风采”，字体修改为“华文琥珀”。

设置影片标题

09 向后拖曳播放进度条至下一个标题内容处，按照上面步骤将标题内容修改为“雪域风采”，字体样式修改为“华文琥珀”。

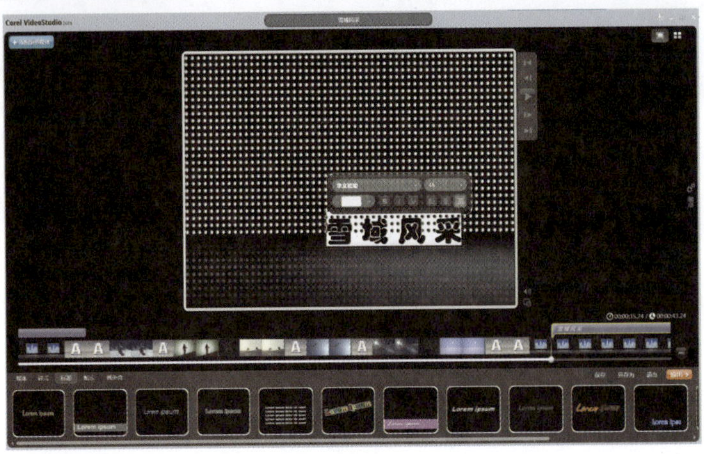

修改标题字体

10 完成所有的编辑后，单击“输出”按钮，进入“输出电影”设置页面，单击“文件”选项，将电影输出为视频文件。

设置电影的输出方式

⑪ 在“另存为视频文件”页面中，将文件名设置为“雪域风采”，将视频格式设置为“WMV”后，单击“保存”按钮，开始导出视频文件。

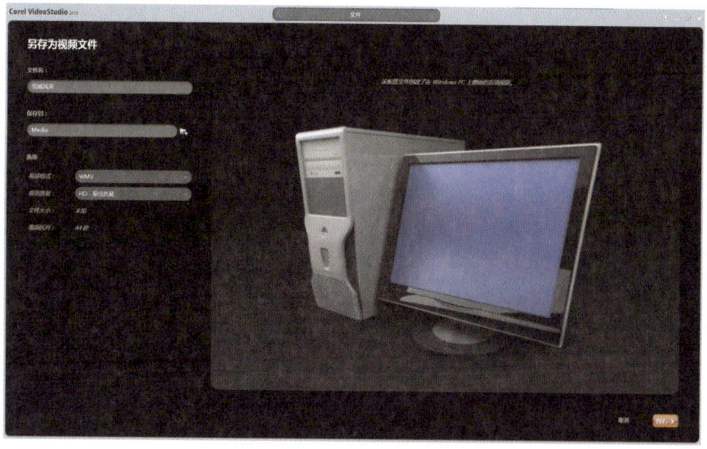

导出视频文件

⑫ 进入设置的保存目录，打开输出完成的影片文件，查看播放效果。

Example 实例 112 制作DVD影片

实例目标

通常我们欣赏的DVD都带有导航菜单，会声会影X3提供的DVD刻录功能也可以实现这一效果。

实例要点

- 添加需要刻录的视频文件。
- 设置章节，划分播放段落。
- 选择播放菜单，预览播放效果后开始光盘刻录。

操作步骤

01 将一张空白的DVD放入DVD刻录光驱中，启动会声会影X3，在启动画面中单击“刻录”选项，启动“Corel DVD Factory 2010”程序。

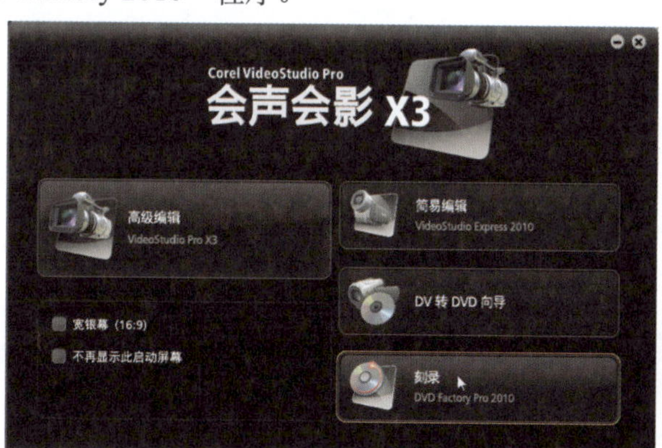

选择“刻录”选项

02 在“Corel DVD Factory 2010”窗口中，将鼠标指针移动到“导入”菜单按钮上，在弹出的悬浮菜单中单击“我的电脑”图标，从计算机中导入视频文件。

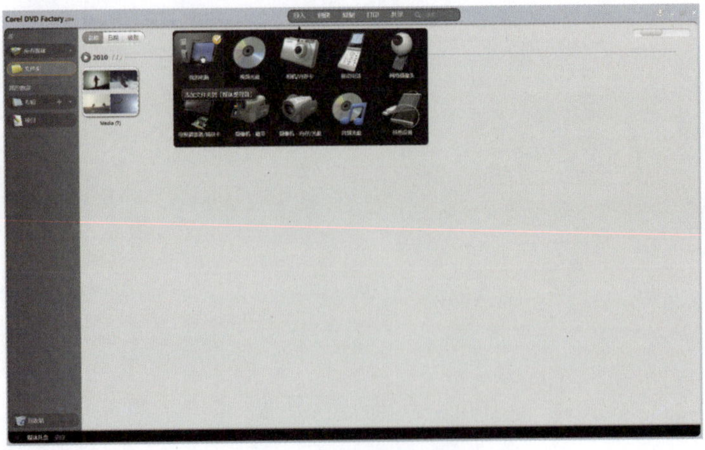

单击“我的电脑”图标

03 在打开的“我的电脑”导入窗口中，选择存放视频的文件夹，勾选该文件夹前面的复选框，单击“开始”按钮。

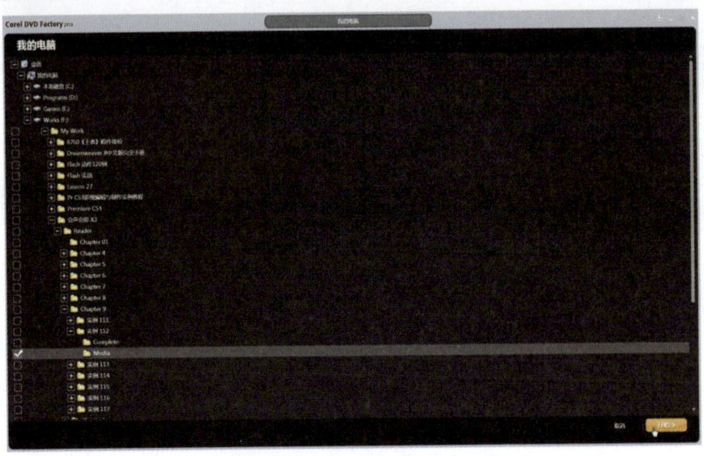

选择视频存放文件夹

04 在“Corel DVD Factory 2010”窗口，展开“文件夹”项，可以看到刚才导入的视频素材存放文件夹。

查看导入的素材

05 选择“创建”菜单，在弹出的菜单中选择“视频光盘”按钮，创建一个视频光盘。

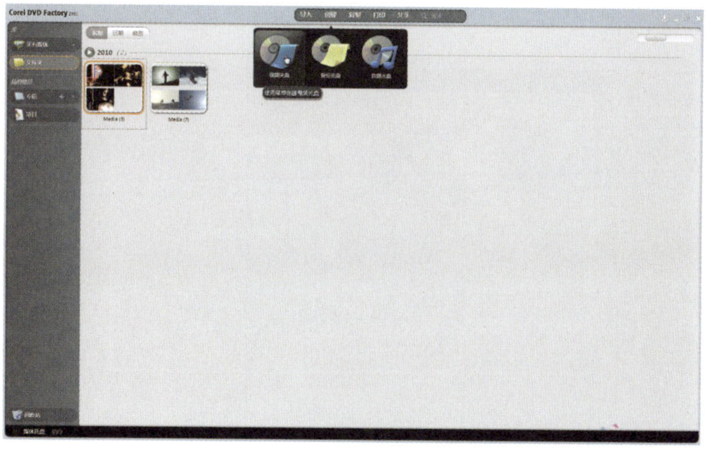

选择创建光盘

06 在打开的“创建视频光盘”窗口中，选择一个样式模板后，将项目名称修改为“MY DVD”，单击“选择照片和视频”按钮，为光盘添加内容。

选择光盘样式

07 在“Corel DVD Factory 2010”窗口中，将导入的素材文件夹打开，将其中的内容依次拖曳到下面的项目存放窗口中，然后单击“转到菜单编辑”按钮。

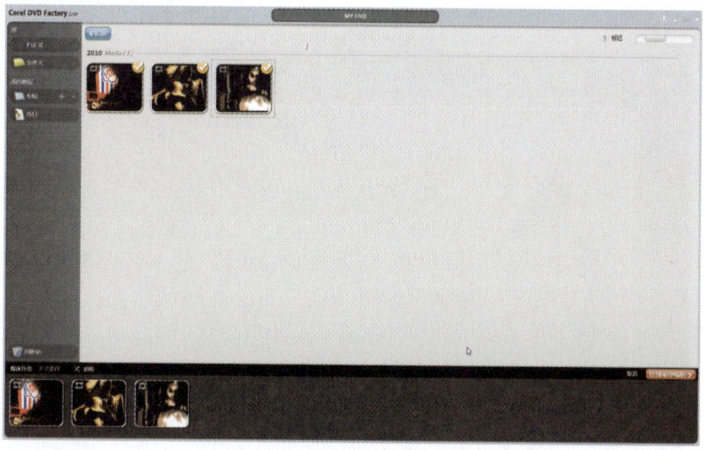

添加素材到项目

08 在“菜单编辑”窗口中，双击编辑窗口中的文本，使其处于可编辑状态，再将标题文本内容分别修改为需要的内容。

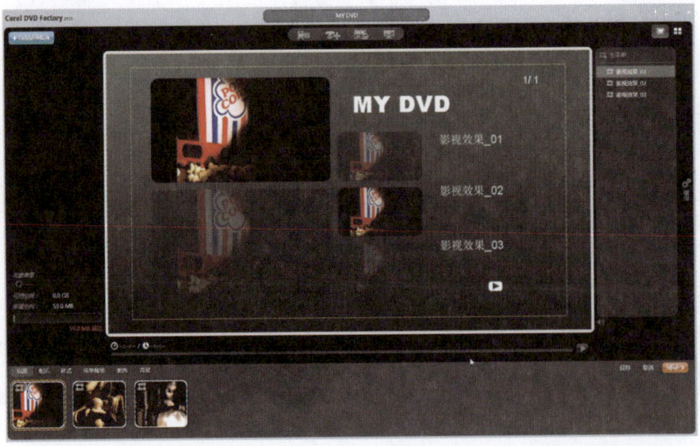

编辑文本内容

09 单击 “添加章节”按钮，进入章节添加界面，将播放头定位到指定位置后，单击“+ 添加章节”命令，添加新的章节。完成章节添加后，单击“应用”按钮，应用添加的章节。

添加章节

10 在“Corel DVD Factory 2010”窗口中，单击 “在家庭播放器中预览光盘”按钮预览光盘效果后，单击左上角的“后退”按钮返回。

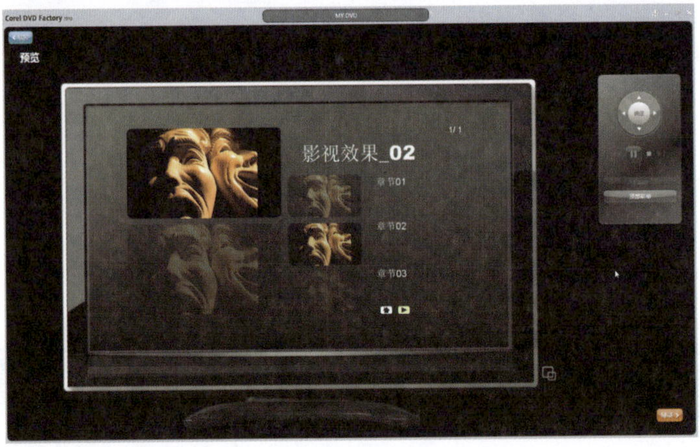

预览效果

⑪ 单击“Corel DVD Factory 2010”窗口右侧的“设置”选项，对光盘的参数进行如图所示的设置。

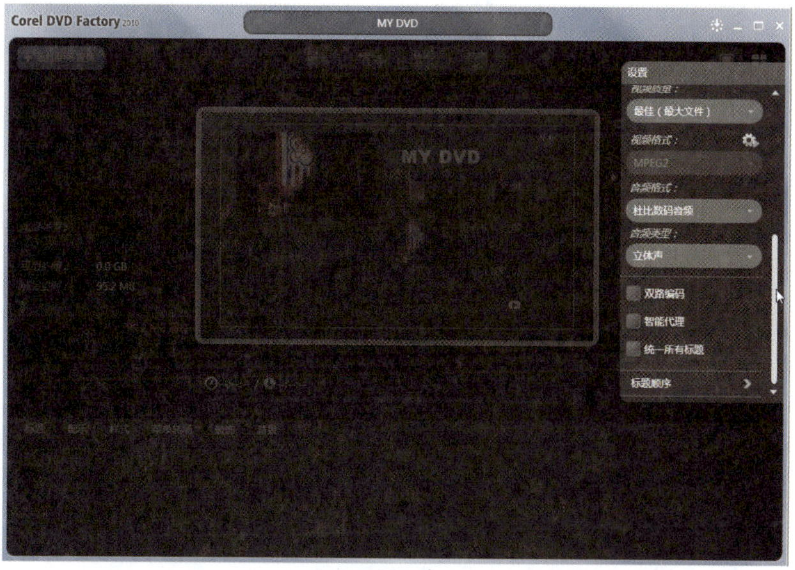

设置光盘参数

⑫ 完成所有的设置后，单击“刻录”按钮，开始刻录光盘。

⑬ 光盘刻录完成后，在程序弹出的提示框中单击“确定”按钮，刻录光驱将自动弹出刻录好的光盘。

⑭ 单击“刻录”窗口右下方的“关闭”按钮，退出刻录程序。打开设置为工作文件夹的目录，可以看到程序在刻录时创建的项目文件，并将转换的视频保存到对应的文件夹中。

Example 实例 113 制作可用手机播放的MPEG-4影片

实例目标

将编辑的影片或拍摄的精彩DV视频，制作成可以在手机中播放的MP4影片，可以和更多的朋友一起分享。

实例要点

选择时间轴窗口中的视频文件，在单击“导出到移动设备”按钮弹出的命令菜单中选择需要的视频格式即可。

操作步骤

01 启动会声会影X3后，在时间轴窗口中单击鼠标右键并选择“插入视频”命令。在打开的对话框中，选择本书实例光盘中Chapter 9\实例 113\Media目录下的视频素材，单击“打开”按钮将其导入。

02 单击 3 分享 按钮，进入“分享”工作步骤，单击选项面板中的“导出到移动设备”按钮，在弹出的菜单中选择需要的视频格式。

选择Mobile Phone MPEG-4视频格式

03 在弹出的“将媒体文件保存至硬盘/外部设备”对话框中，为输出影片设置好文件名。

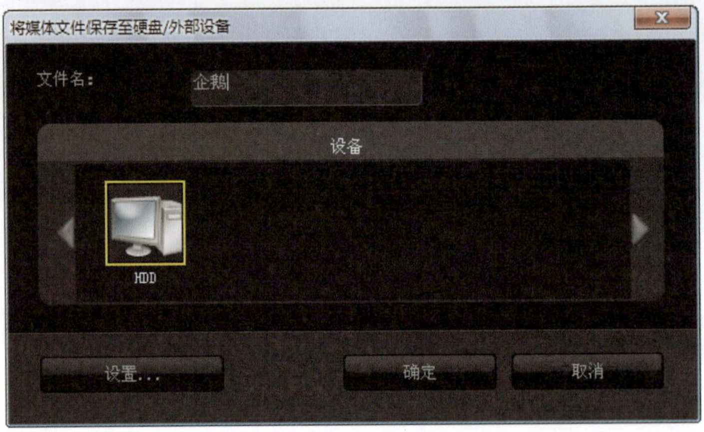

将视频保存到电脑硬盘中

04 单击“设置”按钮，在打开的“设置”对话框中，为输出影片选择好导出目录。

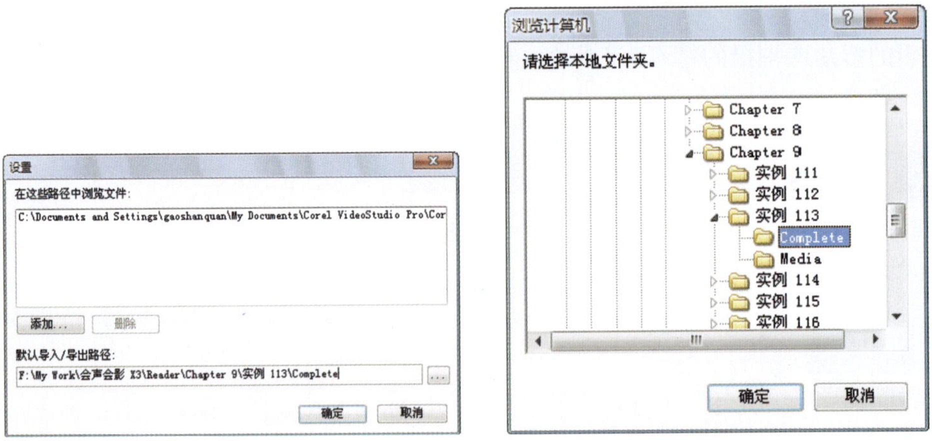

选择导出路径

05 设置好保存路径后，单击“确定”按钮返回“将媒体文件保存至硬盘/外部设备”对话框；单击“确定”按钮执行输出，程序即开始对所选视频文件进行格式转换的输出。

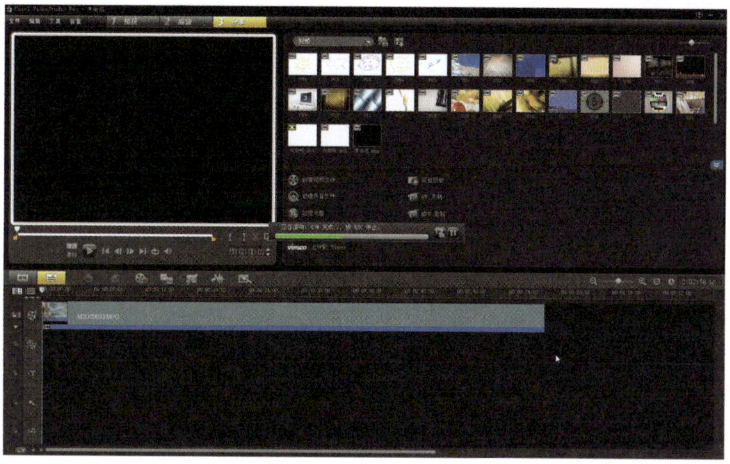

渲染输出

06 渲染输出完毕后，进入设置的保存目录，打开生成的视频文件，查看该视频文件的播放效果。

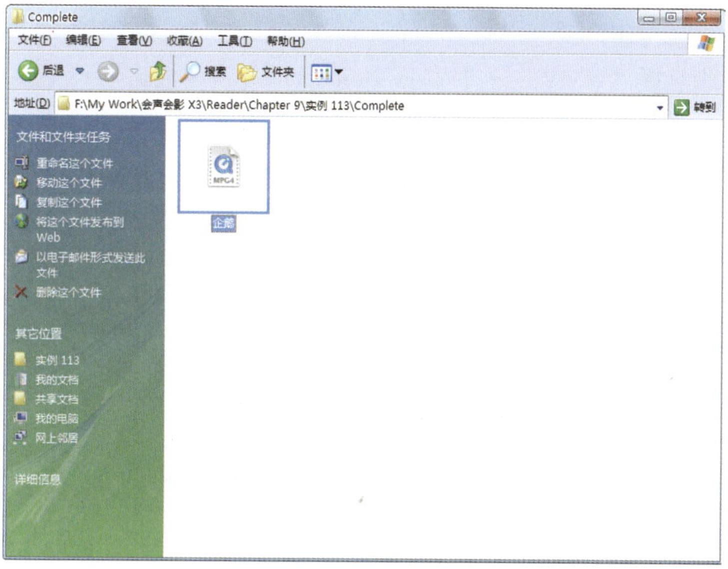

播放输出文件

Example 实例 114 上传到YouTube视频网站

实例目标

YouTube是设立在美国的一个视频分享网站，是目前该类型的网站中最受欢迎的网站之一，在这里包含了各种各样的视频，你也可以将自己的视频上传到该网站与全世界一起分享。

实例要点

- 先将视频素材输出成YouTube允许上传的视频文件。
- 使用“在线共享视频”功能，将视频上传到YouTube网站。

操作步骤

01 在时间轴窗口中单击鼠标右键并选择“插入视频”命令，导入本书实例光盘中Chapter 9\实例 114\Media目录下的视频素材。

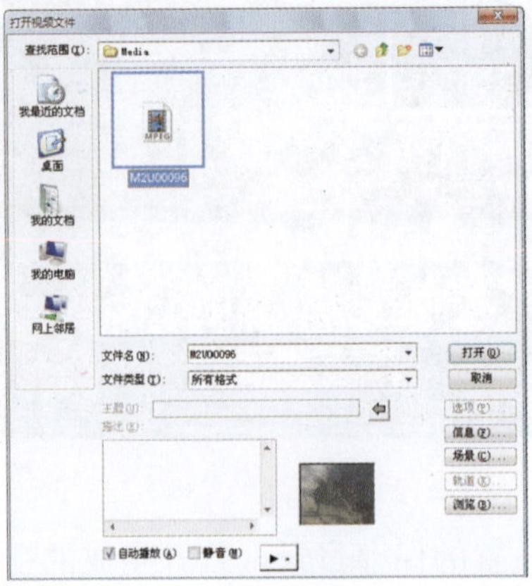

选择视频素材

02 单击 3 分享 按钮，进入“分享”工作步骤，单击选项面板中的“创建视频文件”按钮，在弹出的菜单中选择“WMV”→“WMV Broadband”视频格式。

选择WMV Broadband视频格式

03 在打开的“创建视频文件”对话框中，为视频文件设置好保存路径和文件名，然后单击“保存”按钮开始对文件进行渲染。

04 文件渲染完成后，在选项面板中选择“在线共享视频”→“浏览要上传的文件”命令。

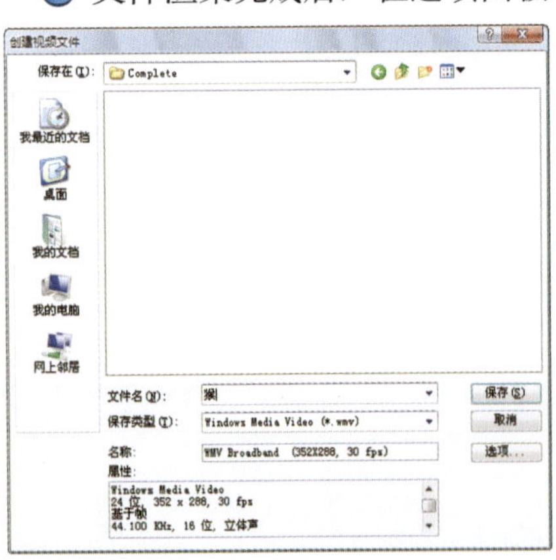

保存文件

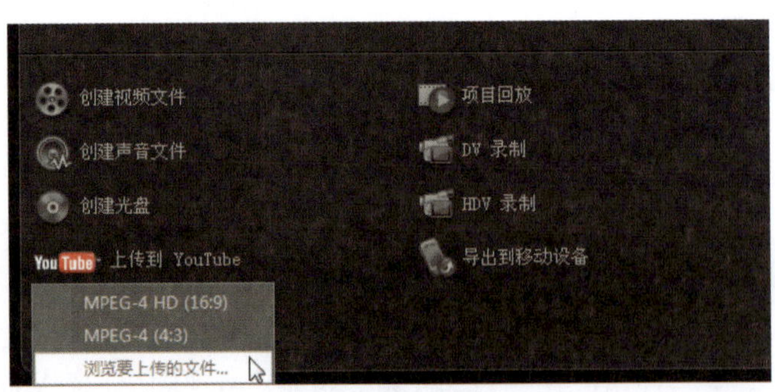

“浏览要上传的文件”命令

05 在打开的对话框中选择渲染完成的视频文件，单击“打开”按钮。

06 在弹出的“步骤1-注册YouTube”对话框中，如果要上传文件，需要单击“加入YouTube”按钮，在YouTube注册一个账户。如果已经有了账户，则可以直接输入用户名和密码，单击“下一步”按钮。

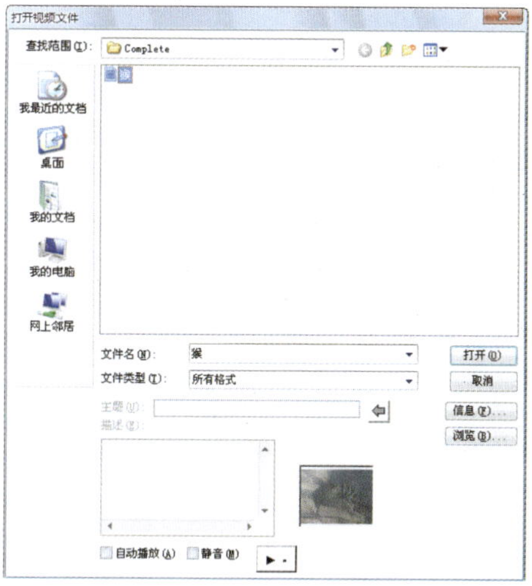

打开文件

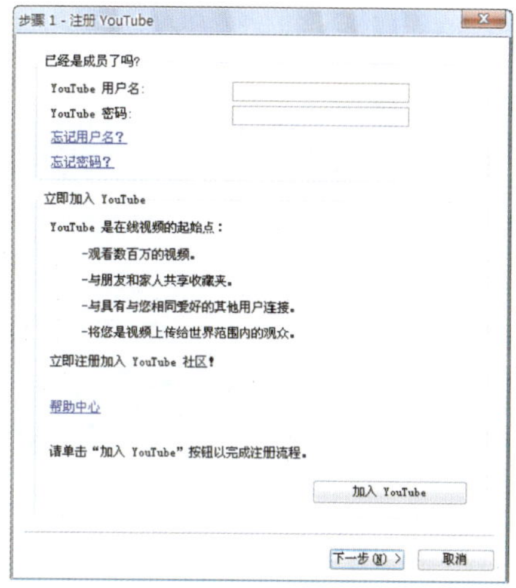

登录YouTube网站

07 按照提示完成各个步骤的内容填写后，在出现的页面中单击“上载视频”按钮，将文件上传到YouTube网站。

08 打开Internet Explorer浏览器，登录到YouTube网站，在“我的账户/我的视频”页面中，可以看到视频已经上传成功。

Example 实例 115 将视频嵌入网页

实例目标

DV影片也可以嵌入到Web网页中，与更多的好友一起分享。

实例要点

- 先将视频素材输出成适合在网页中播放的视频文件。
- 使用“将视频文件导出到不同的介质上”功能，将视频嵌入网页。

选择视频素材

操作步骤

01 在时间轴窗口中单击鼠标右键并选择“插入视频”命令，导入本书实例光盘中Chapter 9\实例 115\Media目录下的视频素材。

02 单击 3 分享 按钮，进入“分享”工作步骤，单击选项面板中的“创建视频文件”按钮，在弹出的菜单中选择WMV Broadband视频格式。

选择WMV Broadband视频格式

03 在打开的“创建视频文件”对话框中，为视频文件设置好保存路径和文件名，然后单击“保存”按钮。

04 渲染输出完成后得到的视频文件，将被自动添加到视频素材库中。单击该素材后，执行“文件”→“导出”→“网页”命令。

选择输出为网页

05 在弹出的是否使用ActiveMovie控件的提示框中，单击“是”按钮。

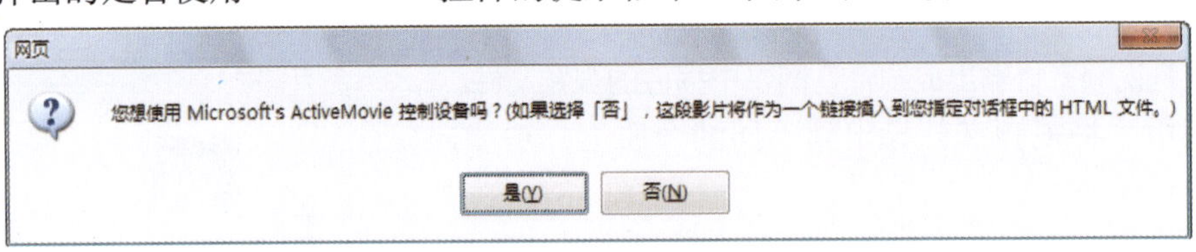

单击“是”按钮

06 在程序保存文件完成后，将自动启动Internet Explorer浏览器并打开保存的网页文件。默认情况下，浏览器阻止了包含Active控件的内容。单击网页上方的黄色文字条，在弹出的命令菜单中选择“允许阻止的内容”命令即可。

07 在浏览器程序弹出的“安全警告”提示框中，单击“是”按钮，确定在网页中播放视频内容。

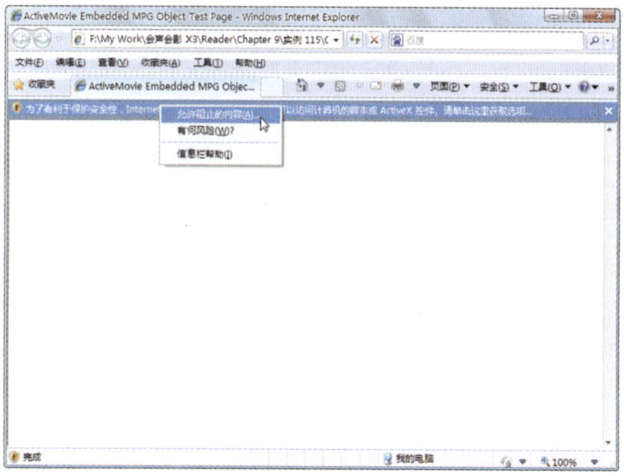

选择“允许阻止的内容”命令

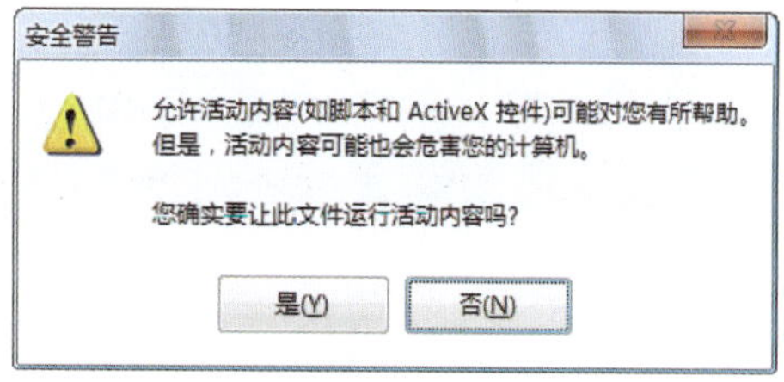

单击“是”按钮

08 Internet Exploner浏览器即开始下载输出保存的视频，并显示播放器界面，播放视频内容。

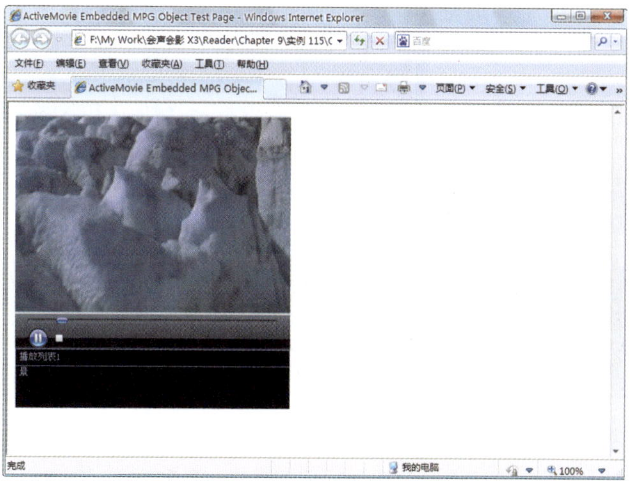

打开网页

Example 实例 116 制作屏幕保护程序

实例目标

通常每个人的计算机都是个性化的，将自己喜欢的视频片段制作成屏保文件将更加具有个性。

实例要点

- 先将视频素材输出成符合要求的WMV视频文件。
- 制作屏幕保护程序。

操作步骤

01 启动会声会影X3后，在时间轴窗口中单击鼠标右键并选择“插入照片”命令。在打开的对话框中，选择本书实例光盘中Chapter 9\实例 116\Media目录下的视频文件，单击“打开”按钮导入文件。

02 在时间轴面板中切换到故事板视图，为导入的图像素材添加合适的转场效果。

添加转场效果

03 单击3 分享按钮，进入“分享”工作步骤，单击选项面板中的“创建视频文件”按钮，在弹出的菜单中选择WMV视频格式。

选择WMV视频格式

04 在打开的“创建视频文件”对话框中，设置好名称和保存的目录后，单击“保存”按钮开始对文件进行渲染。

05 渲染输出完成后得到的视频文件，将被自动添加到视频素材库中。单击该素材后，执行“文件”→“导出”→“影片屏幕保护”命令即可。

导出为影片屏幕保护

06 程序即打开“显示 属性”窗口并展开“屏幕保护程序”选项卡，即可看见输出的视频已经被选择为屏幕保护程序。单击“预览”按钮，可以对其进行测试预览；单击“确定”按钮，即可将该视频作为屏幕保护程序。

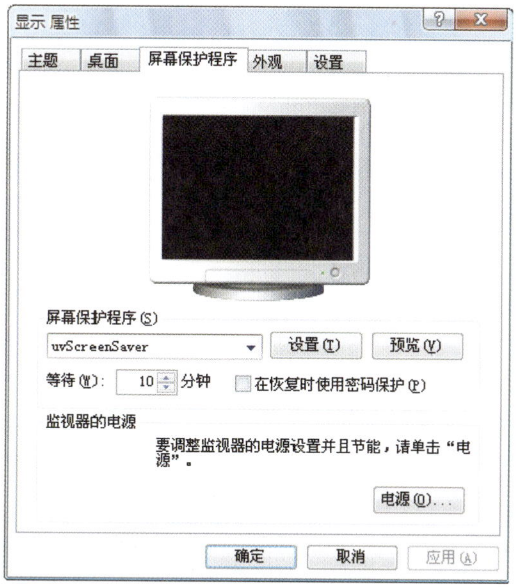

设置屏幕保护程序

Example 实例 117 批量转换视频文件格式

实例目标

利用会声会影X3提供的批量转换视频文件格式功能，可以一次性将多个不同格式的视频文件转换成同一格式的视频文件。

实例要点

在“成批转换”对话框中添加好需要转换格式的视频文件后，设置好转换格式选项和保存目录，即可执行转换。

操作步骤

01 启动会声会影X3后，单击工具栏中的“成批转换”按钮。

单击“成批转换”按钮

02 在打开的“成批转换”对话框中，单击“添加”按钮，导入本书实例光盘中Chapter 9\实例 177\Media目录下的视频素材。

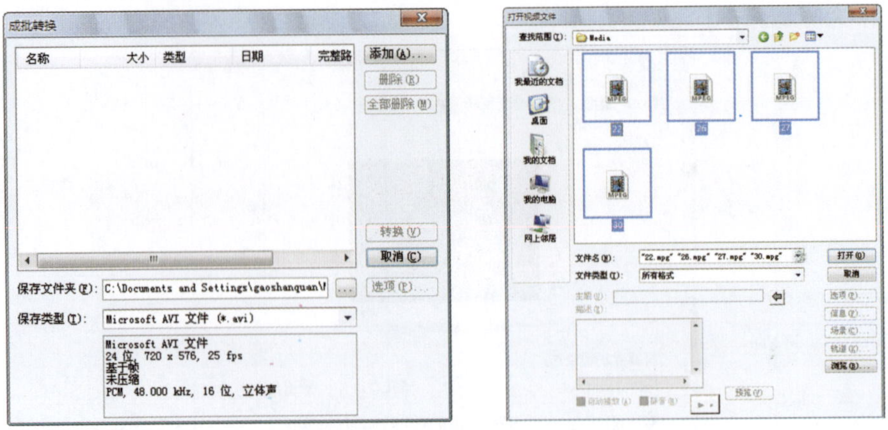

导入素材

03 在弹出的“改变素材序列”对话框中，单击“确定”按钮，将素材导入到转换列表中后，单击“保存文件夹”后面的...“浏览”按钮，为转换输出的文件设置保存目录。

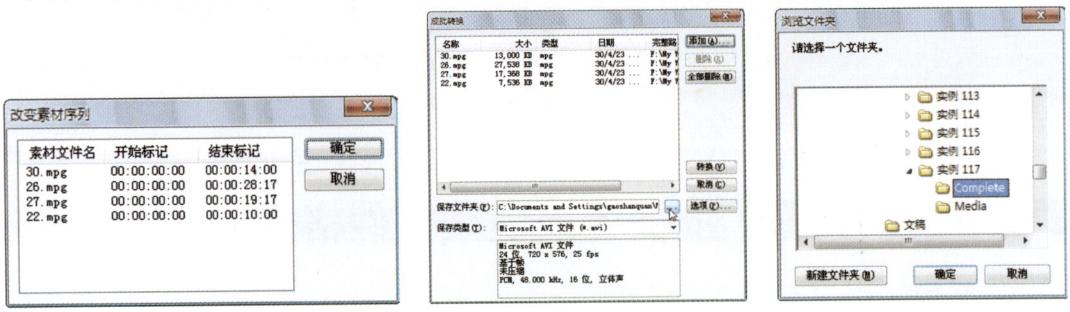

设置保存文件夹

04 设置好保存目录后，在“保存类型”下拉列表中选择“Windows Media Video”，然后单击“转换”按钮开始转换。

05 程序即开始逐个对选取的素材进行格式转换。在转换完毕后弹出的“任务报告”对话框中单击“确定”按钮，关闭对话框。进入设置的保存目录，即可查看转换输出的所有文件。

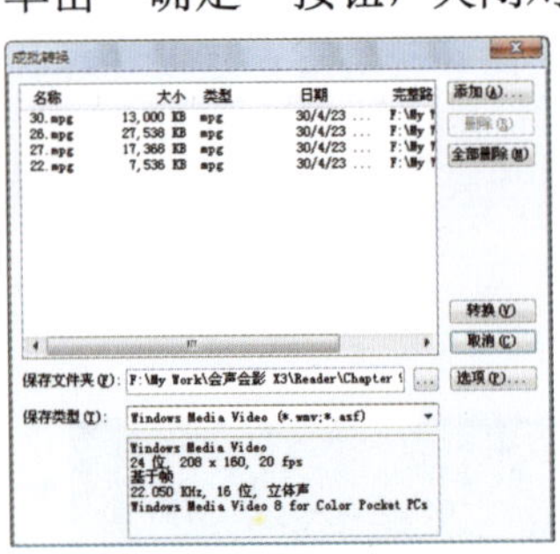

选择保存类型

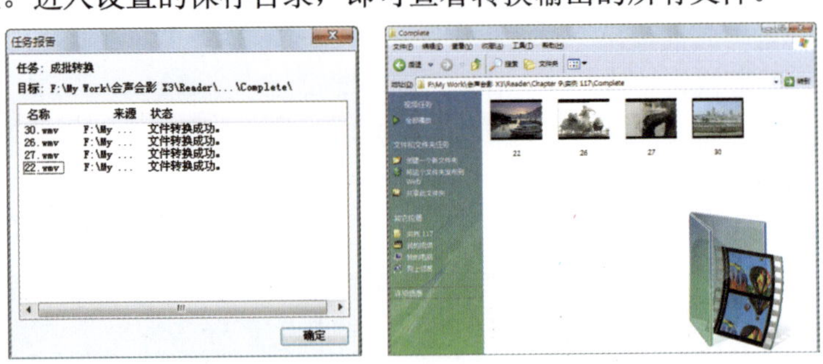

查看转换后的文件

第10章 综合实例应用

Example 实例 118 制作电子相册

实例目标

本例将利用在旅游时拍摄的照片作为图像素材，利用影片向导和会声会影编辑器配合工作，制作出一个漂亮、精美的动态电子相册。

电子相册完成效果

实例要点

- 装备好要使用的图像素材。
- 启动会声会影X3中的“简易编辑”功能，导入素材并应用模板，制作基本影片动画效果。
- 从影片向导进入会声会影编辑窗口，在模板影片的基础上进行转场效果的进一步编辑。

操作步骤

01 启动会声会影X3并在启动画面中单击“简易编辑”按钮，启动“Corel VideoStudio 2010”程序。

02 将鼠标指针移动到“Corel VideoStudio 2010”窗口的“导入”按钮上，在出现的悬浮菜单中选择“我的电脑”图标并单击。在打开的窗口中选中本书实例光盘Chapter 10\实例 118\Media目录前的复选框，单击“开始”按钮，导入该目录中的素材文件。

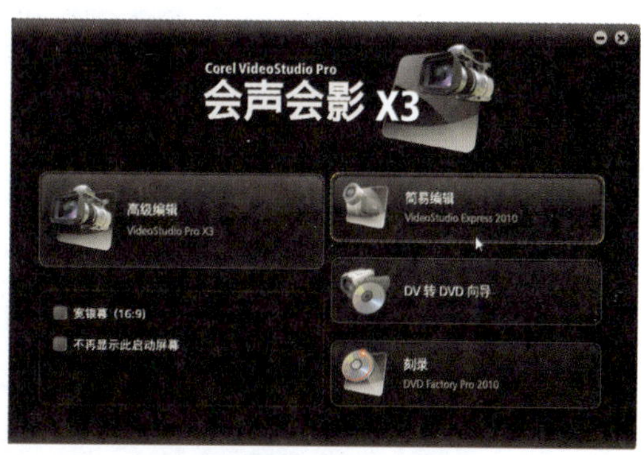

使用简易编辑功能

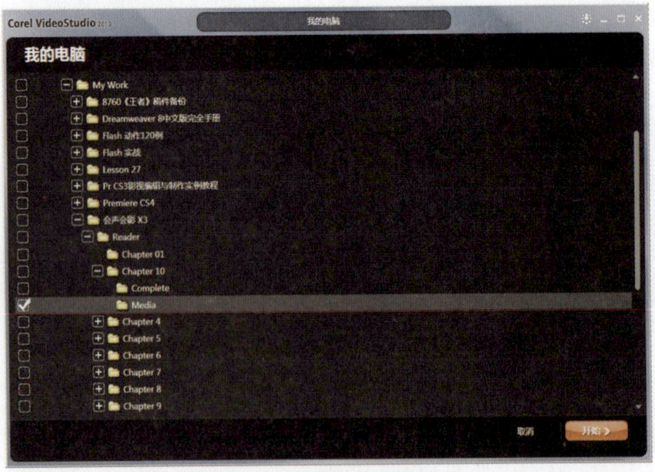

导入素材

03 在左侧的“库”面板中，将“类型”设置为“照片”，然后展开“文件夹”项目，可以看到刚才导入的图像素材。

查看导入的素材

04 将鼠标移到单击标题栏的“创建”按钮上，单击出现的悬浮按钮“电影”，使用模板创建电影。

创建电影

05 在打开的创建电影窗口下方的样式列表中选择一个要应用的电影模板，将项目名称修改为“石像湖游记”，然后单击右下角的“选择图片和视频”按钮。

选择模板

06 在“Corel VideoStudio 2010”窗口中，将开始导入的图像拖曳到下方的窗口中，然后单击“转至电影”按钮。

添加图像素材到项目中

07 在打开的电影编辑窗口中，选中“标题”选项卡，对电影中的标题进行编辑。将标题文本内容修改为“石像湖一日游”，字体修改为“华文琥珀”，字体样式设置为斜体。

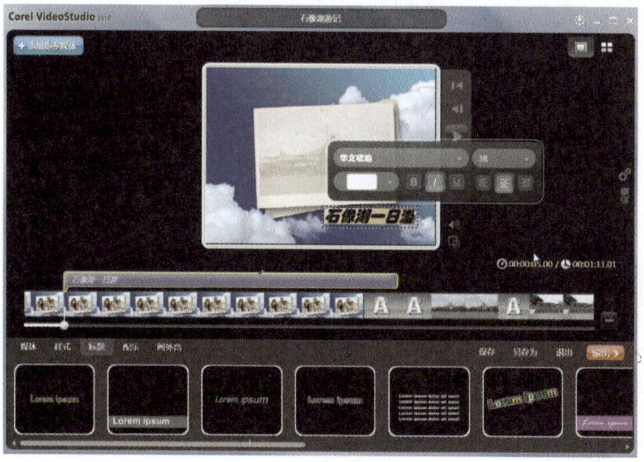

设置标题内容和样式

08 向后拖曳播放进度条至下一个标题内容处，按照上面步骤将标题内容修改为“石像湖游玩记”，字体样式修改为“华文琥珀”。

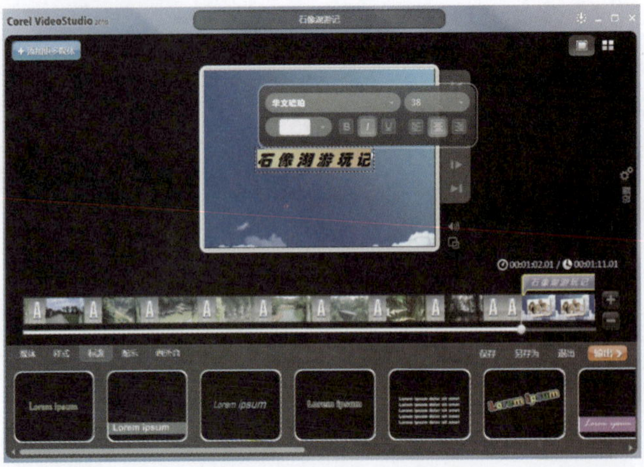

修改标题内容和样式

09 单击窗口中的播放按钮，在中间的预览窗口中预览影片的播放效果。

预览影片效果

10 单击“保存”按钮保存项目后，单击“输出”按钮，进入“输出电影”步骤窗口。单击“高级编辑”按钮，启动会声会影 X3主程序进行编辑。

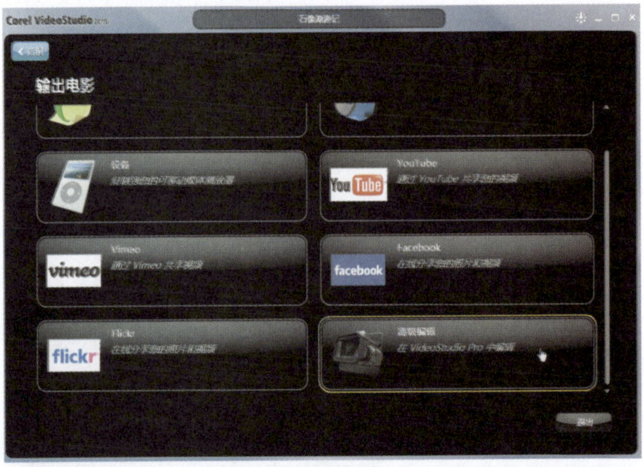

启用高级编辑

⑪ 主题模板中为图像素材间应用的转场效果全部是“交叉淡化-过滤”，为了得到变化更丰富的转场效果，可以在此选择其他想要的转场效果，将其拖动到视频轨中需要被替换的转场效果上，为图像素材应用新的转场。

⑫ 进入“分享”步骤，执行“创建视频文件”→“自定义”命令，设置保存的名称和目录，将“类型”设置为AVI。

应用新的转场效果

创建视频

⑬ 单击“选项”按钮，在“常规”选项卡中，将“帧大小”设置为720×576，在“AVI”选项卡中，将“压缩”格式设置为Intel Indeo? Video 4.5，将“音频”中的“格式”选项设置为PCM，单击“确定”按钮，输出视频。

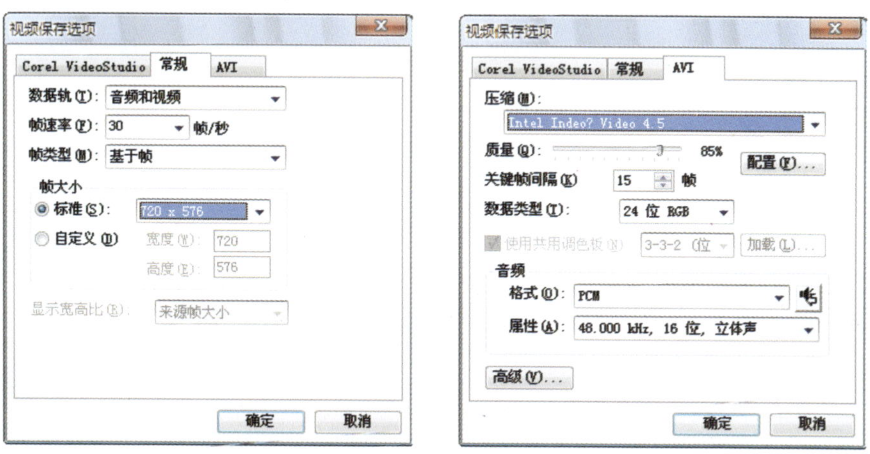

设置输出参数

⑭ 影片输出完成后，进入其保存目录并打开影片，欣赏完整的动态电子相册。

Example 实例 119 制作旅游记录片

实例目标

本例将利用在动物园和植物园观光时录制的视频作为素材，利用影片向导和会声会影编辑器配合工作，制作出精美的旅游记录片。

影片完成效果

实例要点

- 导入视频素材并进行排序。
- 启动会声会影X3，使用“简易编辑”功能，导入素材并应用模板，制作基本影片动画效果。
- 从影片向导进入会声会影编辑窗口，在模板影片的基础上进行转场效果和字幕的进一步编辑。

操作步骤

01 启动会声会影X3并在启动画面中单击“简易编辑”按钮，启动“Corel VideoStudio 2010”程序。

02 将鼠标指针移动到“Corel VideoStudio 2010”窗口的“导入”按钮上，在出现的悬浮菜单中选择“我的电脑”图标并单击。在打开的窗口中选中本书实例光盘Chapter 10\实例 119\Media目录前的复选框，单击“开始”按钮，导入该目录中的素材文件。

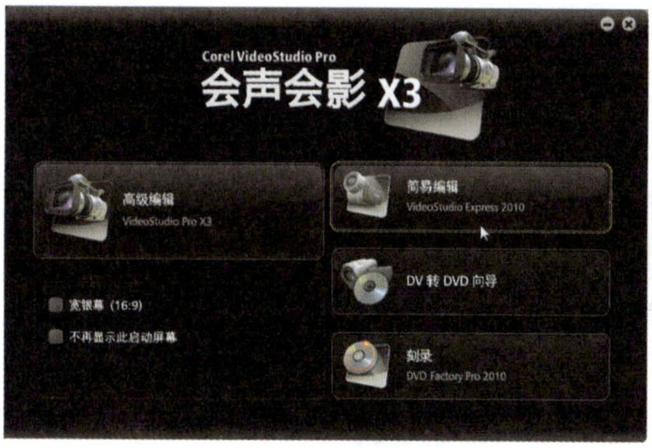

使用“简易编辑”功能

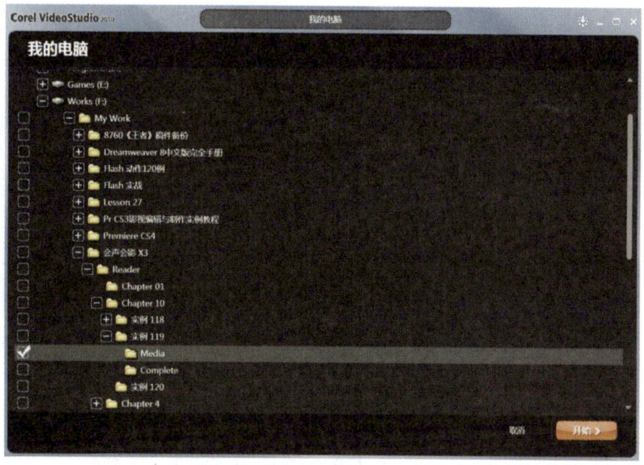

导出素材文件

03 在左侧的“库”面板中，将“类型”设置为“视频”，然后展开“文件夹”项目，可以看到刚才导入的视频素材。

查看导入的素材

04 将鼠标指针移动到单击标题栏的“创建”按钮上，单击出现的悬浮按钮“电影”，使用模板创建电影。

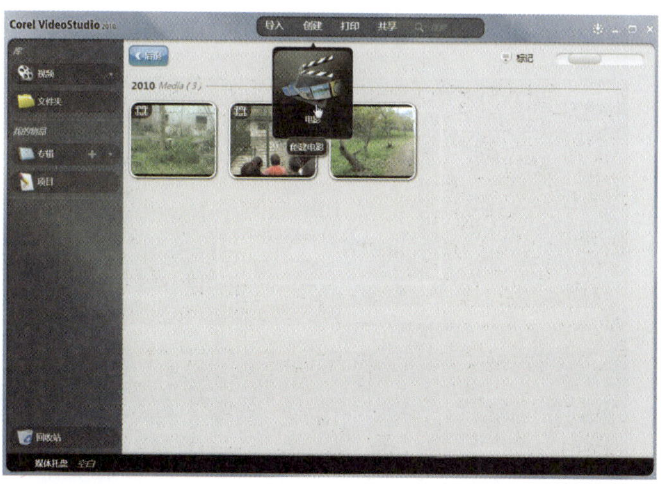

创建新的影片

05 在打开的创建电影窗口下方的样式列表中选择一个要应用的电影模板，将项目名称修改为“动植物园采风”，然后单击右下角的“选择图片和视频”按钮。

选择影片模板并设置项目名称

06 在“Corel VideoStudio 2010”窗口中，将开始导入的图像拖放到下方的窗口中，然后单击“转至电影”按钮。

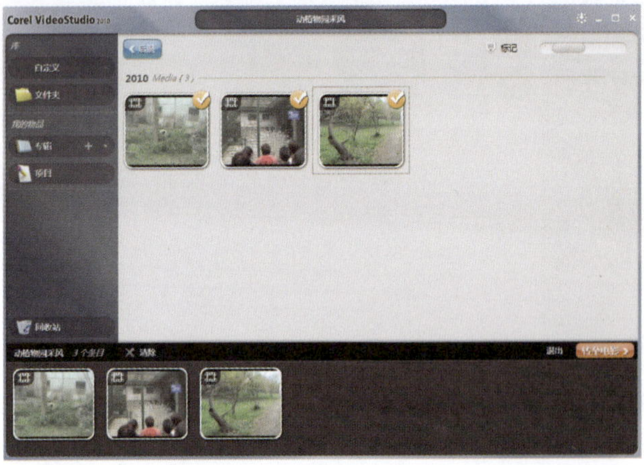

添加视频素材到项目

07 在打开的电影编辑窗口中，选中“标题”选项卡，对电影中的标题进行编辑。将标题文本内容修改为“动植物园采风”，字体修改为“华文隶书”，字体样式设置为粗体。

编辑影片标题

08 向后拖曳播放进度条至下一个标题内容处，按照上面的步骤将标题内容修改为“The End”，为其设置字体后，将字体样式设置为“粗体”和“斜体”。

编辑影片标题

09 单击“保存”按钮保存项目后，按下“输出”按钮，进入 “输出电影”步骤窗口。单击“高级编辑”按钮，启动会声会影 X3主程序进行编辑。

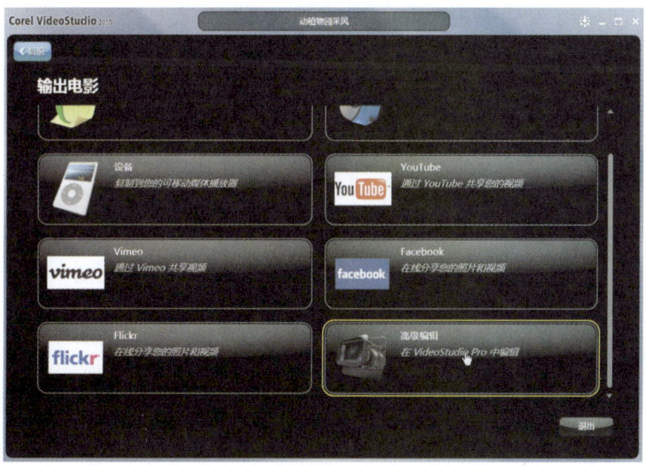

启用高级编辑

10 会声会影编辑窗口打开后，可以在时间轴窗口中查看影片项目内容的编排与效果设置。

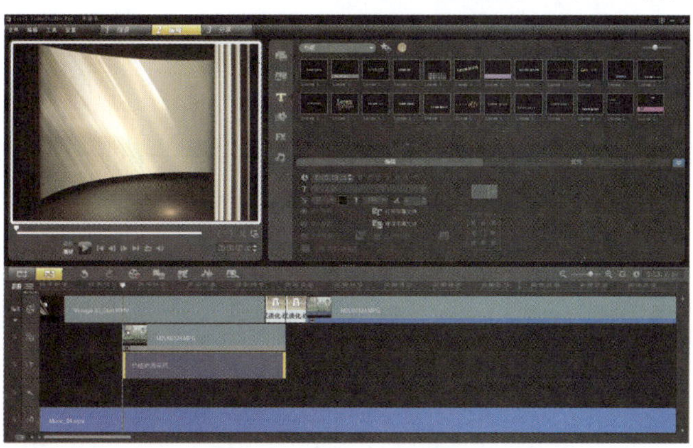

查看项目的编排与效果设置

⑪ 主题模板中为素材间应用的转场效果全部是“交叉淡化-过滤”，为了得到变化更丰富的转场效果，可以在此选择其他想要的转场效果，将其拖曳到视频轨中需要被替换的转场效果上，为素材应用新的转场效果。

应用新的转场效果

⑫ 进入“分享”步骤，执行“创建视频文件”→“自定义”命令，设置保存的名称和目录，将“类型”设置为AVI，单击“保存”按钮输出视频文件。

创建视频文件

⑬ 影片输出完成后，进入其保存目录并打开影片，欣赏完整的影片效果。

Example 实例 120 制作婚庆纪念

实例目标

用DV摄像机拍摄出婚礼的过程后，挑选出精彩的片段，然后利用会声会影X3编辑成一个完整的视频影片，制作成婚礼纪念光盘，以便长久保存。

影片完成效果

实例要点

- 在时间轴窗口中编排好视频素材，对视频进行基本的编辑处理。
- 为视频素材添加转场效果。
- 添加首尾标题文字。
- 加入音乐背景并对其进行播放效果的编辑。

操作步骤

01 启动会声会影X3，在时间轴窗口中按下鼠标右键并选择“插入视频”命令，选择本书实例光盘中Chapter 10\实例 120\Media目录下的视频素材“start”，按下“打开”按钮将它导入，然后调整它的持续时间为12秒。

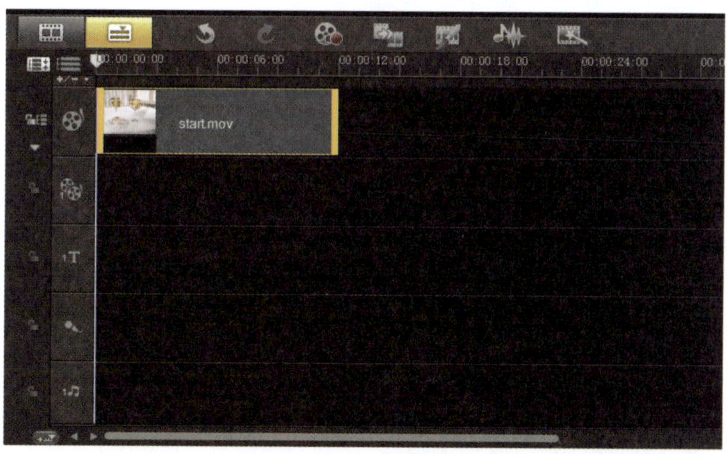

导入视频并设置区间

02 在时间轴上再次单击“插入视频”按钮，选择本书实例光盘Chapter 10\实例 120\Media目录下其他的视频素材，按下“打开”按钮，对它们进行排序后将其导入。

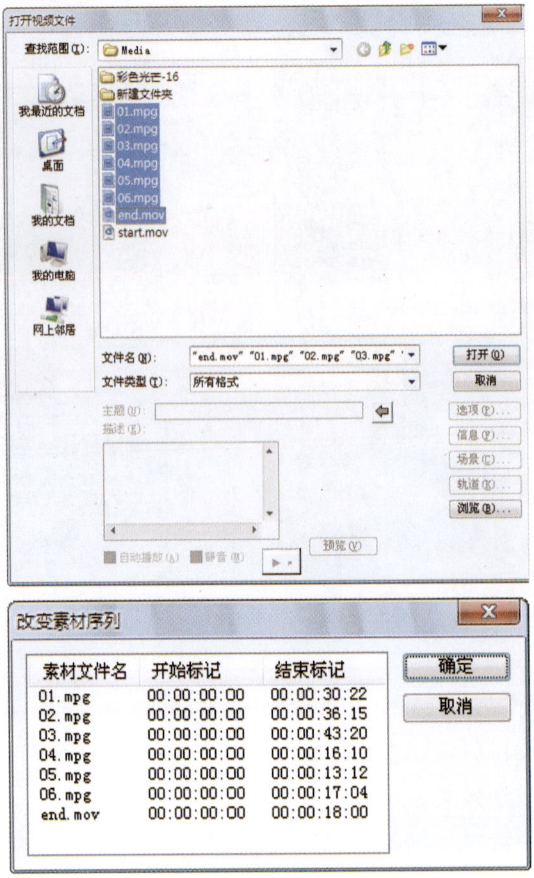

导入视频素材

03 按下快捷键“Ctrl+S”，将影片项目以“制作婚庆纪念”命名并保存到计算机中。

04 执行“设置”→“参数选择”命令，在打开的“参数选择”对话框中展开“编辑”选项卡，设置转场效果的默认区间为2秒。

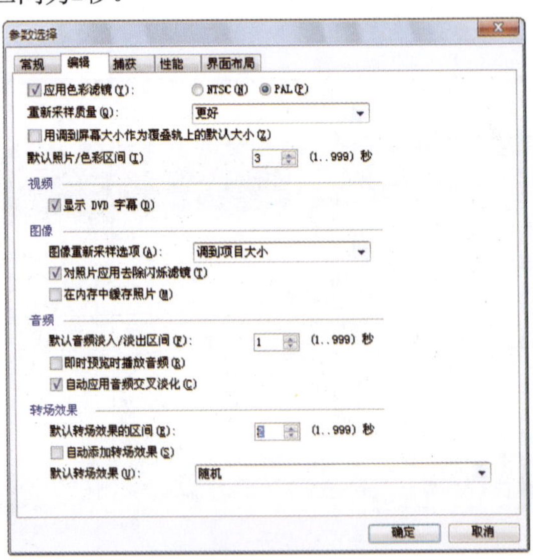

设置转场效果的默认区间长度

05 在编辑窗口中单击按钮，进入故事板模式，为视频片段添加各种转场效果。

添加转场效果

06 在工具栏上单击“轨道管理器”按钮，在打开的对话框中勾选“覆叠轨 #2”和“覆叠轨 #3”复选框，单击“确定”按钮。

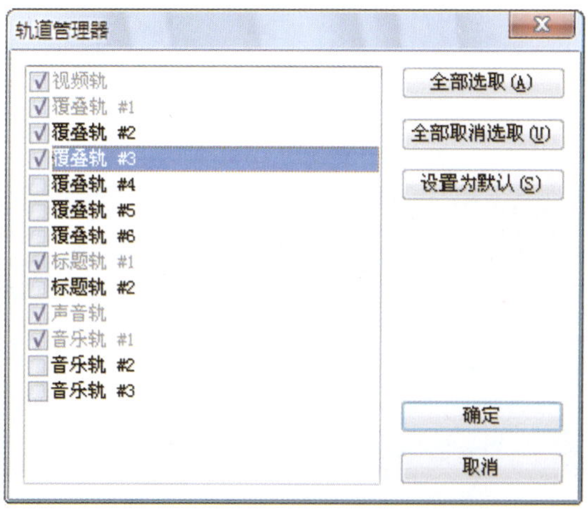

添加覆叠轨

07 在时间轴上单击鼠标右键，在弹出的菜单中选择“插入照片”命令，导入本书实例光盘Chapter 10\实例 120\Media目录下的“爱幻想.png”素材，并延长其长度到节目末尾。

导入图像素材

08 进入“标题”工作步骤，在窗口中加入标题文字“爱上充满幻想的你”，并调整其区间长度为与第一段视频相同；为其选择一个标题样式后，设置好需要的字体和色彩效果。

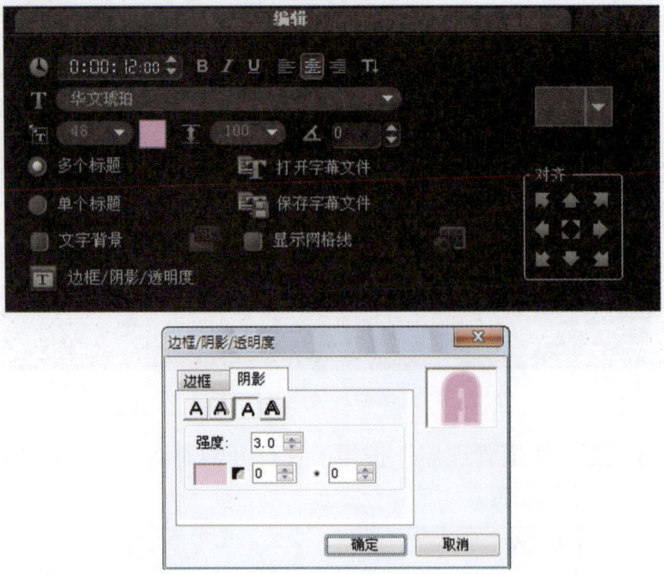

编辑标题文字

09 在“动画”选项面板中，勾选“应用动画”复选框，选择“移动路径”中的动画样式。

应用动画样式

10 在时间轴上单击鼠标右键，在弹出的菜单中选择“插入视频”命令，在打开的“打开视频文件”对话框中选择本书实例光盘Chapter 10\实例 120\Media目录，在“文件类型”下拉列表中选择“友立图像序列文件”。

⑪ 在打开的“定义图像序列”对话框中，单击“第一个图像文件”后的“选取”按钮。在打开的“选取图像序列”对话框中，选择本书实例光盘中Chapter 10\实例120\Media\彩色光芒-16目录下的第一个序列图像文件，单击“打开”按钮。

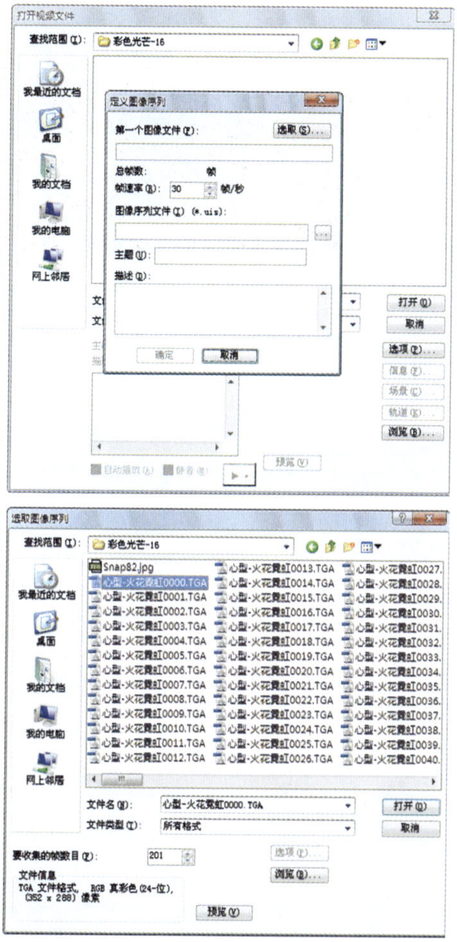

导入序列图像

⑫ 在“打开视频文件”对话框中，选中出现的“.uis”格式文件，单击“打开”按钮即可导入序列图像。

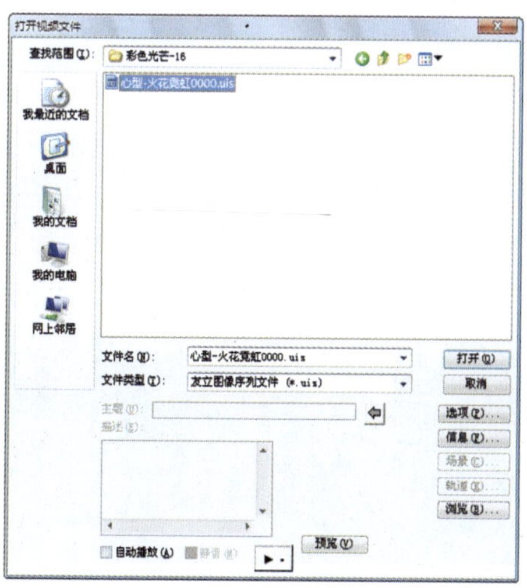

导入序列图像

⑬ 在时间轴中将导入的序列图像文件结束点与整个视频结尾对齐。

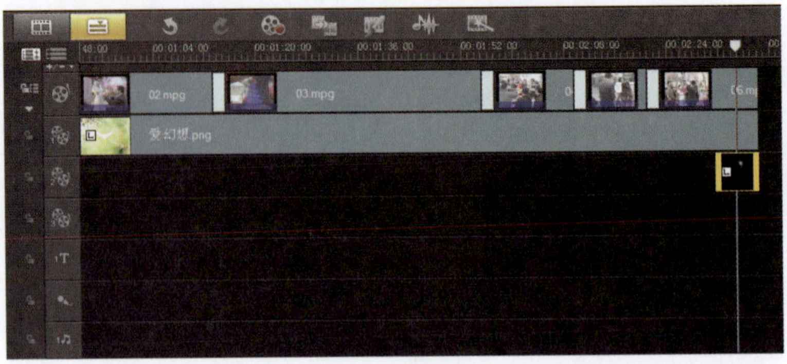

对齐序列图像

⑭ 选择最后一段视频素材，进入“标题”工作步骤，在窗口中加入标题文字“我们永远相爱吧！”。

输入标题

⑮ 设置好需要的字体和色彩效果，以及边框、阴影的样式。

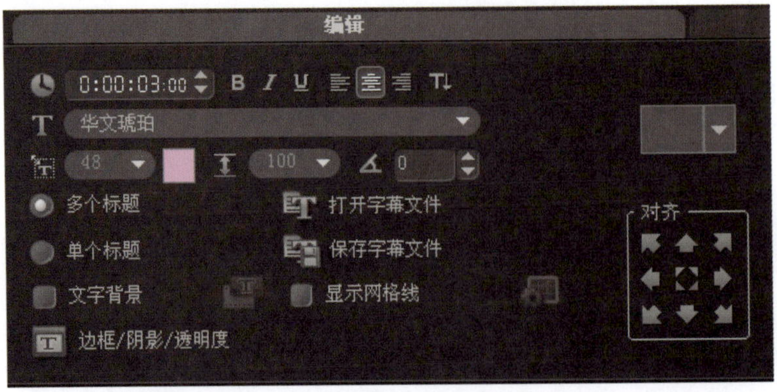

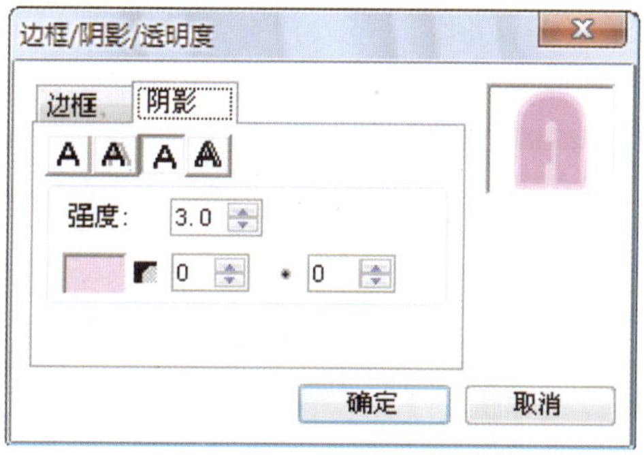

设置字体效果

⑯ 选择预览窗口中的标题文字，展开“编辑”选项面板，勾选“应用”复选框，选择“缩放”动画组中的第二个动画样式。单击“自定义动画属性”按钮，在打开的对话框中勾选“显示标题”复选框，将“缩放起始”设置为3.5，单击“确定”按钮。

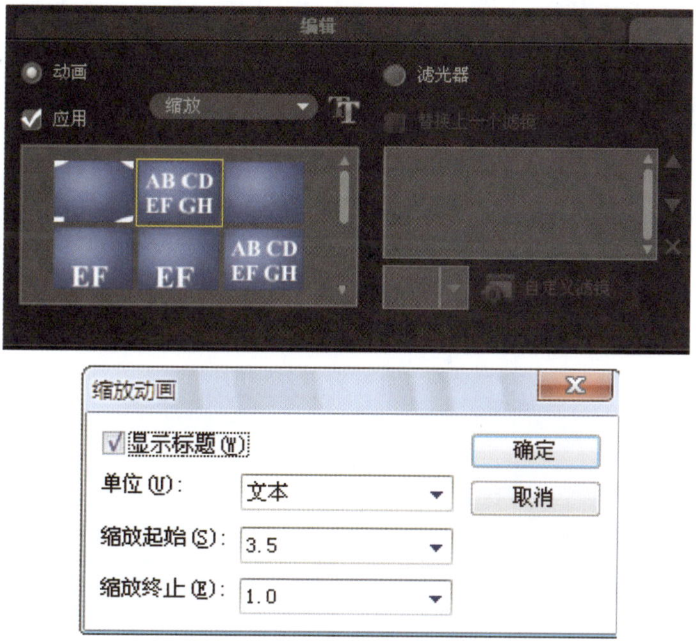

设置动画

⑰ 在时间轴上单击鼠标右键并选择“插入音频”→“到音乐轨”命令，导入音频素材“音乐.mp3”，调整其持续时间。

添加音效

⑱ 按下快捷键“Ctrl+S”保存工作，进入“分享”工作步骤并单击“创建视频文件”按钮，在弹出的命令选单中选择“PAL DV（4：3）”命令，输出视频影片。

执行输出渲染

⑲ 影片输出完成后，进入其保存目录并打开影片，欣赏完整的婚礼纪念影片。